江苏省"十四五"职业教育规划教材

高等职业教育安全类专业系列教材

防火防爆技术

主　编　陈　晨　刘　聪

副主编　韩久博　郭宇丰

西南交通大学出版社
·成都·

图书在版编目（CIP）数据

防火防爆技术 / 陈晨，刘聪主编. -- 成都：西南交通大学出版社，2024.7. -- ISBN 978-7-5643-9941-2（2025.8重印）

Ⅰ．X932

中国国家版本馆CIP数据核字第2024LL4683号

Fanghuo Fangbao Jishu
防火防爆技术

主　编／陈　晨　刘　聪	策划编辑／韩　林　黄庆斌　吴　迪　郑丽娟　周　杨 责任编辑／梁志敏 封面设计／吴　兵

西南交通大学出版社出版发行

（四川省成都市金牛区二环路北一段111号西南交通大学创新大厦21楼　610031）

营销部电话：028-87600564　　028-87600533

网址：https://www.xnjdcbs.com

印刷：成都市新都华兴印务有限公司

成品尺寸　185 mm×260 mm

印张　16.5　　字数　371千

版次　2024年7月第1版　　印次　2025年8月第2次

书号　ISBN 978-7-5643-9941-2

定价　49.80元

课件咨询电话：028-81435775

图书如有印装质量问题　本社负责退换

版权所有　盗版必究　举报电话：028-87600562

前言

众所周知，消防安全是构建和谐社会的基础，是保护和发展社会生产力、促进社会和经济持续健康发展的基本条件，是社会文明与进步的重要标志，也是提高国家综合国力和国际声誉的具体体现。

"防火防爆技术"是一门理论性和实践性都很强的课程，属于安全类专业核心课程。本书编写针对高职高专教学特点，力求理论体系完整，表达方式通俗易懂，突出实践能力培养。

全书根据防火防爆现代理论和技术的发展趋势，紧扣工业防火防爆工作实际，结合最新法规和技术标准，系统阐述了燃烧与爆炸的基本原理、防火防爆的基本技术与措施，专题介绍了建筑防火设计的要求。为增加防火防爆技术课程的实践性，本书针对防火防爆技术内容设计了四个专项综合技能实训项目。

为更好地培养学生消防安全管理能力，本书穿插了近十年来我国各行业特别重大火灾爆炸事故案例及分析，可以帮助学习者深入理解防火与防爆工作的要点，提升消防安全责任意识。

为丰富课堂内容，拓展课堂知识，本书配备了丰富的数字资源，包括各类消防安全知识、防火与防爆技术。学生只需通过手机扫一扫即可学习相关内容，进而获得全方位的学习体验。

本书是由江苏航空职业技术学院陈晨牵头,在结合企业实际工作需求,查询大量最新消防法规、技术标准基础上,联合兄弟院校骨干教师、行业企业专家共同编写。其中,江苏航空职业技术学院陈晨和昆明冶金高等专科学校刘聪担任主编,辽源职业技术学院韩久博和昆明冶金高等专科学校郭宇丰担任副主编。具体编写分工如下:郭宇丰编写模块一,刘聪编写模块二、模块三,韩久博编写模块七,陈晨编写模块四、模块五、模块六及模块八,全书由陈晨统稿。江苏安胜达安全科技有限公司史贤文高级工程师为本书的编写提供了大量的技术支持,并从企业实践的角度对本书的编写提出了宝贵的意见和建议,在此深表感谢!

本书可作为高等院校安全类专业的教学用书,也可作为建筑、消防等专业的参考教材工程设计、施工等工程技术及管理人员的参考用书。

限于编者水平,书中难免存在不足之处,恳请读者和专家批评指正。

编 者
2024 年 6 月

数字资源

序号	资源名称	资源类型	页码	资源位置
1	火灾爆炸事故特点与原因	微课视频	001	模块一
2	燃烧基本原理	微课视频	002	模块一 任务一
3	燃烧发生的条件	微课视频	005	
4	燃烧的形式与特点	微课视频	012	模块一 任务二
5	燃烧的类型	微课视频	020	模块一 任务三
6	火灾的分类	微课视频	025	模块一 任务四
7	典型案例事故分析(一)	PDF	028	模块一
8	爆炸及其种类	微课视频	030	模块二 任务一
9	爆炸极限	微课视频	036	模块二 任务二
10	粉尘爆炸	微课视频	044	模块二 任务三
11	典型案例事故分析(二)	PDF	051	模块二
12	典型案例事故分析(三)	PDF	083	模块三
13	防火的基本方法	微课视频	085	模块四 任务一
14	防火控制与隔绝装置	微课视频	096	模块四 任务二
15	防爆技术措施	微课视频	105	模块四 任务四
16	防爆安全装置	微课视频	111	模块四 任务五
17	典型案例事故分析(四)	PDF	120	模块四

续表

序号	资源名称	资源类型	页码	资源位置
18	建筑分类与建筑材料的燃烧性能	微课视频	122	模块五任务一
19	建筑耐火极限与耐火等级	微课视频	123	模块五任务一
20	消防救援设施	微课视频	130	模块五任务二
21	防火与防烟分区	微课视频	133	模块五任务三
22	防火分隔设施	微课视频	136	模块五任务三
23	消防安全疏散设施	微课视频	139	模块五任务四
24	典型案例事故分析（五）	PDF	145	模块五
25	灭火的基本方法	微课视频	147	模块六任务一
26	灭火器的类型及适用范围	微课视频	153	模块六任务二
27	灭火器的"身份证"——铭牌信息	微课视频	155	模块六任务二
28	建筑灭火器配置设计	微课视频	156	模块六任务二
29	消火栓系统	微课视频	160	模块六任务三
30	消火栓系统模拟动画	三维动画	160	模块六任务三
31	火灾自动报警系统	微课视频	166	模块六任务四
32	自动喷水灭火系统	微课视频	175	模块六任务五
33	典型案例事故分析（六）	PDF	188	模块六
34	机场货站危险品火灾爆炸风险辨识	微课视频	225	模块七任务四
35	机场火灾爆炸应急处置	微课视频	227	模块七任务四
36	典型案例事故分析（六）	PDF	242	模块六

目 录

模块 1　认识火灾的形成 ·· 1
　任务 1　燃烧的条件 ·· 2
　任务 2　燃烧形式的分析 ··· 12
　任务 3　燃烧类型的判断 ··· 20
　任务 4　火灾的分类与火灾事故等级划分 ························ 25

模块 2　认识爆炸的形成 ··· 29
　任务 1　爆炸类型的分析 ··· 30
　任务 2　爆炸极限的计算 ··· 36
　任务 3　粉尘爆炸的分析 ··· 44

模块 3　可燃易燃危险化学品燃爆特性的分析 ······················· 52
　任务 1　可燃易燃气体燃爆特性的分析 ··························· 53
　任务 2　可燃易燃液体燃爆特性的分析 ··························· 63
　任务 3　可燃易燃固体燃爆特性的分析 ··························· 75

模块 4　防火与防爆的技术措施 ·· 84
　任务 1　认识防火基本技术措施 ···································· 85
　任务 2　防火与控火安全装置的使用 ······························ 95
　任务 3　燃烧与爆炸关系的分析 ··································· 101
　任务 4　认识防爆基本技术措施 ··································· 105
　任务 5　防爆安全装置的使用 ······································ 111

模块 5　建筑防火的技术 ·· 121
　任务 1　学会建筑的分类与耐火等级的划分 ··················· 122
　任务 2　建筑总平面的布置 ··· 127
　任务 3　防火分隔的作用 ·· 133
　任务 4　安全疏散的实施 ·· 139

模块 6　灭火机理与灭火设施 ……………………………………………… 146
- 任务 1　认识灭火器灭火机理与灭火剂 …………………………………… 147
- 任务 2　灭火器的使用 ……………………………………………………… 153
- 任务 3　消防给水系统的使用 ……………………………………………… 160
- 任务 4　火灾自动报警系统的运行 ………………………………………… 166
- 任务 5　自动喷水灭火系统的运行与使用 ………………………………… 175
- 任务 6　其他灭火系统的使用 ……………………………………………… 184

模块 7　典型场所防火与防爆 …………………………………………… 189
- 任务 1　石油化工企业防火与防爆 ………………………………………… 190
- 任务 2　汽车生产企业涂装作业防火与防爆 ……………………………… 200
- 任务 3　加油站主要作业防火与防爆 ……………………………………… 206
- 任务 4　机场防火与防爆 …………………………………………………… 215
- 任务 5　其他危险场所的防火与防爆 ……………………………………… 231

模块 8　消防安全综合实训项目 ………………………………………… 243
- 实训 1　可燃性液体闪点的测定 …………………………………………… 244
- 实训 2　常见消防设施器材使用 …………………………………………… 247
- 实训 3　安全疏散规划与演练 ……………………………………………… 250
- 实训 4　自动喷水灭火系统 ………………………………………………… 251

参考文献 …………………………………………………………………… 255

模块 1

认识火灾的形成

　　燃烧是人类社会中最常见的自然现象之一。在人类发展的历史长河中，火，燃尽了茹毛饮血的历史；火，点燃了现代社会的辉煌。正如传说中的那样，火是具备双重性格的"神"。火给人类带来文明和进步、光明和温暖。但是，它有时是人类的朋友，有时是人类的敌人。失去控制的火，就会给人类造成灾难。因此，人类想要进步就必须研究防火，而研究防火首先得先了解燃烧。

知识目标

1. 熟悉燃烧的学说与理论的产生和发展。
2. 掌握燃烧发生的充分、必要条件。
3. 掌握气体、液体、固体燃烧的形式。
4. 熟悉各种燃烧类型，了解自燃的分类。

火灾爆炸事故特点与原因

能力目标

1. 能够判断现实中的现象是否属于燃烧。
2. 掌握燃烧与火灾的关系。
3. 掌握闪燃的实际意义。
4. 掌握火灾的定义和分类，并能通过实际案例判断火灾的类别。

素质目标

1. 养成良好的用火习惯。
2. 提高火灾防范意识。

任务 1 燃烧的条件

1.1 燃烧学说的本质

燃烧基本原理

按考古学的发现，人类最早使用火的时间可以追溯到距今 140 万～150 万年以前。在古希腊的神话中，火是神的贡献，是普罗米修斯为了拯救人类从天上偷来的。在我国，燧人氏钻木取火的故事更为感人，也更为贴合实际。但这些都与火的本质相距甚远。

燃烧的理论较多，如燃素学说、燃烧氧化学说、燃烧分子碰撞理论、活化能理论、过氧化物理论、链式反应理论等。而目前最受大众认可的是 1777 年由法国科学家拉瓦锡（A. L. Lavoisier）在英国科学家普里斯特利实验的基础上经大量重复实验得出的氧化学说。

1. 燃素学说

物质燃烧现象是古代和近代化学的重要研究对象。17 世纪中叶以后，随着资本主义生产的发展，金属冶炼、燃烧及其他高温化学反应都需要对燃烧现象做出理论上的解释，所以建立燃烧理论已成为整个化学发展的中心课题。燃素学说理论应运而生，该理论由德国化学家贝歇尔（J.J.Becher，1635—1682）提出，并由他的学生斯塔尔（Scheele）加以补充和发展。燃素学说认为物质之所以能够燃烧是因为它们都含有可燃的元素，这种元素被命名为"燃素"。一切可燃物均含有燃素，可燃物是由燃素和灰渣构成的化合物，燃烧时分解、放出燃素，留下灰渣。燃素和灰渣结合又可复原为可燃物。依此来解释一切燃烧现象以至所有的化学变化。例如：金属燃烧，逸去燃素而留下灰渣；灰渣同富有燃素的木炭共热，又还原为金属；金属溶于酸，则放出燃素（氢气），而留下灰渣（盐）等。这种理论曾足以解释当时所知道的大多数化学现象，这就使斯塔尔深信，燃素为一切化学变化的根本，化学反应为燃素作用之种种表现，因此燃素学说在当时已不只是燃烧理论，而是被扩展为整个化学反应过程的普遍理论。

2. 燃烧氧化学说

1755 年苏格兰化学家布拉克（J.Black，1728—1799）发现了"固定空气"（二氧化碳）；1766 年英国化学家卡文迪什（H.Cavendish，1731—1830）发现了"来自金属"的"易燃空气"（氢气）；1772 年苏格兰的化学家卢瑟福（D.R.Mtherford，1749—1819）发现了"浊气"（氮气）；氧气的发现对于推翻燃素学说具有决定性的意义，氧气最早由瑞典化学家舍勒（C.W.Scheet，1742—1786）发现。但真正推翻燃素学说的是法国科学家拉瓦锡，他重做了波义耳烧金属增重的实验，得出了燃烧增重是普遍现象，且燃烧可能是可燃物和某种气体的结合。他又重做了普利斯特列发现氧气的实验,得出了金属燃烧是金属和氧气发生的氧化反应。1777 年,拉瓦锡撰写《燃烧理论》,提出:物质燃烧时放出光和热,物质在氧存在时才能燃烧,物质在空气中燃烧时吸收其中的氧,燃烧后增加的重量恰好等于吸收的氧的重量;一般可燃物(非金属)燃烧后变为酸,金属燃烧后变为灰渣即金属氧化物。这就是"燃烧的氧化学说"。这样,这个以氧为中心的理论以其简明的思想解释了燃素学说无法解释的种种矛盾,使人们能够按照燃烧的本来面目掌握燃烧的规律。

3. 燃烧的分子碰撞理论

虽然燃烧的氧学说解决了燃烧的本质问题,但其发生过程还需要进一步研究。为解释燃烧的过程,又出现了燃烧的分子碰撞理论、活化能理论和过氧化物理论等。燃烧的分子碰撞理论认为燃烧的氧化反应是由于可燃物和助燃物两种气体分子的互相碰撞而引起的。众所周知,气体的分子都处于急速运动的状态中,并且不断地彼此互相碰撞,当两个分子发生碰撞时,就有可能发生化学反应。但是用这种理论解释燃烧的氧化反应时,其可能性却非常小。例如,氢与氯的混合物在常温下避光储存于容器中,它们的分子每秒钟彼此碰撞达 10 亿次之多,但觉察不到有任何反应。可是,若把这种混合物置于日光之下,虽不改变其温度和压力,氢与氯两者却能以极快的速度进行反应,生成氯化氢,并有燃烧爆炸现象。由此可见,气态下物质的反应速度,并不能仅以分子碰撞次数的多少来解释,这是因为在互相碰撞的分子之间一般会产生排斥力,只有在它们的动能极高时,才能在分子的组成部分产生显著的振动,引起键的变弱,才有可能使分子各部位重排,亦即才有可能引起化学反应。

4. 活化能理论

为使可燃物和助燃物两种气体分子间产生氧化反应,仅仅依靠两个分子发生碰撞作用还不够,这是因为在互相碰撞的分子间一般会产生排斥力。这就是说,在通常的条件下,这些分子没有足够的能量来发生氧化反应,只有当一定数量的分子获得足够的能量以后,才能在碰撞时引起分子的组成部分产生显著的振动,使分子中的原子或原子群之间的结合减弱,引起键的削弱以便有可能使分子各部分重排,也就是有可能引起化学反应。这些具有足够能量的、在互相碰撞时会发生化学反应的分子,称为活性分子。活性分子所具有的能量要比普通分子平均能量多出一定值。使普通分子变为活性分子所必需的能量,称为活化能。

5. 过氧化物理论

过氧化物理论认为,分子在热能、辐射能、电能、化学反应能等各种能量作用下可被活化。在燃烧反应中,首先是氧分子(O=O)在热能作用下活化,被活化的氧分子的双键之一断开,形成过氧基—O—O—,这种基团能汇合于被氧化物质的分子上面形成过氧化物:

$$A + O_2 \longrightarrow AO_2$$

在过氧化物的成分中有过氧基,这种基团中的氧原子较游离氧分子中的氧原子更不稳定。

因此，过氧化物是强氧化剂，它不仅能氧化形成过氧化物的物质 A，而且也能氧化用分子氧很难氧化的其他物质 B：

$$AO_2+A \longrightarrow 2AO$$

$$AO_2+B \longrightarrow AO+BO$$

例如，氢和氧的燃烧反应，通常直接表达为：

$$2H_2+O_2 \longrightarrow 2H_2O$$

过氧化物理论则认为先是氢和氧形成过氧化氢，而后才是过氧化氢与氢生成 H_2O。其反应式如下：

$$H_2+O_2 \longrightarrow 2H_2O_2$$

$$H_2O_2+H_2 \longrightarrow 2H_2O$$

有机过氧化物通常可看作过氧化氢 H—O—O—H 的衍生物，其中，有一个或两个氢原子被烃基所取代而成为 H—O—O—R 或 R—O—O—R。所以，过氧化物是可燃物质被氧化的最初产物，它是不稳定的化合物，在受热、撞击、摩擦等情况下会分解而产生自由基和原子，从而又促使新的可燃物质的氧化。

过氧化物理论在一定程度上解释了为何物质在气态下有被氧化的可能性。它假定氧分子只进行单键的破坏，这比双键破坏要容易一些。因为破坏 1 mol 氧的单键只要 29.3 ~ 33 kJ 的能量。但是若考虑到 C—H 键也必须被破坏，氧分子必须加合于碳氢化合物之上而形成过氧化物，则氧化过程还是很困难的。因此，巴赫又提出了另一种说法，即易氧化的可燃物质具有足以破坏氧中单键所需的"自由能"，所以说不是可燃物质本身而是它的自由基被氧化。这种观点就是近代关于氧化作用的链式反应理论的基础。

6. 链式反应理论

链式反应的发现及其机理的研究，标志着现代化学动力学研究的重大进展。德国的博登斯坦（M.Bodenstein，1871—1942）通过卤素与氢反应生成卤化氢的机理的研究提出了链式反应的概念。经过长时间的发展，随着对链式反应机理的深入研究，链式反应理论认为物质的燃烧经历以下过程：可燃物质或助燃物质先吸收能量而离解成为游离基，再与其他分子相互作用形成一系列连锁反应，将燃烧热释放出来。以氯和氢的作用为例来进行说明，氯在光的作用下被活化成活性分子，于是构成一连串的反应：

$$Cl_2 \xrightarrow{光照} Cl\cdot+Cl\cdot \text{（链的引发）}$$

$$Cl\cdot+H_2 \longrightarrow HCl+H\cdot$$

$$H\cdot+Cl_2 \longrightarrow HCl+Cl\cdot \text{（链的传递）}$$

$$Cl\cdot+H_2 \longrightarrow HCl+H\cdot$$

$$H\cdot+Cl_2 \longrightarrow HCl+Cl$$

$$Cl·+Cl \longrightarrow Cl_2（链的终止）$$
$$H·+H \longrightarrow H_2$$

上述反应式表明，最初的游离基（或称活性中心、作用中心等）是在某种能源的作用下生成的，产生游离基的能源可以来自受热分解或受光线照射、氧化、还原、催化和受射线照射等。由于从平均动能上看，游离基比普通分子具有更多的能量，因而其反应能力非常强，在一般条件下是不稳定的，容易与其他物质分子进行反应而生成新的游离基，或者自行结合成稳定的分子。因此，利用某种能量设法使反应物产生少量的活性中心——游离基时，这些最初的游离基即可引起链式反应，从而使燃烧得以持续进行直至反应物全部反应完毕。在链反应中，如果作用中心消失，就会使链式反应中断从而使反应减弱直至燃烧停止。总的来说，链式反应机理大致可分为三段：第一段是链引发，即游离基生成，使链式反应开始；第二段是链传递，游离基作用于其他参与反应的化合物，产生新的游离基；第三段是链终止，即游离基消失，链式反应终止。造成游离基消失的原因是多方面的，如游离基相互碰撞生成分子、与掺入混合物中的杂质发生副反应、与非活性的同类分子或惰性分子互相碰撞而将能量分散、撞击器壁而被吸附等。

综上所述，燃烧是一种复杂的物理化学反应。光和热是燃烧过程中发生的物理现象，游离基的连锁反应则说明了燃烧反应的化学实质。按照链式反应理论，燃烧不是两个气态分子之间直接起作用，而是它们的分裂物——游离基这种中间产物进行的链式反应。

1.2 燃烧发生的必要条件

经过后续科学家的不断研究，人们发现燃烧是可燃物与氧化剂作用产生的放热反应，通常伴有火焰、发光和（或）发烟现象。简而言之，燃烧是一种放热、发光的化学反应。它服从于化学反应动力学、化学热力学定律以及质量守恒和能量守恒等基本定律，但其放热、发光、发烟等基本特征表明它不同于一般的氧化还原反应，根据这些特征，可以区别燃烧现象与其他氧化现象。

燃烧发生的条件

例如，灯泡中的钨丝通电后会同时发光、放热，但这并不是一种燃烧现象，因为它没有发生化学反应；又如铁生锈，虽然发生了氧化反应放出热量，但放出的热量不足以使产物发光，所以也不是燃烧现象。而像煤、木炭点着后即发生碳、氢等元素的氧化反应，同时放热、发光、产生新物质，这就是一种燃烧现象。

燃烧的条件是指制约燃烧发生和发展变化的因素。燃烧反应想要发生，必须要有氧化剂和还原剂参加，另外还要有引发燃烧的能量，也就是说，燃烧必须具备以下要素：第一，要有可燃物；第二，要有助燃物；第三，要有点火源。

1. 可燃物

一般说来，不论是固体、液体还是气体，凡是能在空气、氧气或其他氧化剂中发生燃烧反应的物质都称为可燃物，否则称为不燃物。可燃物既可以是单质（如碳、硫、磷、氢、钠、铁等）也可以是化合物或混合物（如乙醇、甲烷、木材、煤炭、棉花、纸、汽油等）。

从广义上讲，可燃物应当是指所有能够燃烧的物质，但是在实际工作中，可燃物与不燃物的概念对某些物质来讲却不易划分。物质燃烧的难易程度随外界条件的变化而变化，其中有两个重要影响因素：一是物质本身的表面积与体积比，例如块状铝材在空气中是非燃烧体，而粉状铝不仅能燃烧，而且会发生爆炸；二是空气中的含氧量，增大空气中的含氧量，很多难燃材料会变得易燃，减小空气中的含氧量，易燃材料会变得难燃，例如铁在纯氧中会发生剧烈燃烧，而在大气环境条件下是不会燃烧的，因而习惯上还是称其为不燃物。因此，从狭义上讲，可燃物应当是指在标准状态下的空气中能够燃烧的物质。

可燃物按照物理形态可以分为气体可燃物、液体可燃物和固体可燃物。

（1）气体可燃物。凡是在空气中能发生燃烧的气体，都称为可燃气体。

（2）液体可燃物。凡是在空气中能发生燃烧的液体，都称为可燃液体。

（3）固体可燃物。凡遇明火、热源能在空气（氧化剂）中燃烧的固体物质，都称为可燃固体。

2. 助燃物

凡能帮助和支持燃烧的物质，即能与可燃物发生反应的物质都称为助燃物，助燃物是引起燃烧反应必不可少的条件。

燃烧是一种氧化还原反应，由氧化还原反应理论得知：失去电子的过程称为氧化，得到电子的过程称为还原；失去电子的物质称还原剂，得到电子的物质称氧化剂。因此，助燃物就是氧化剂，是直接"参与"燃烧的一些处于高氧化态、具有强氧化性的物质。其特点是易于分解并放出氧和热量，本身不一定可燃，但能导致可燃物燃烧。

常见的助燃物有空气和氧气，还有一些卤族元素（氟、氯、溴、碘）以及一些化合物（如硝酸盐、氯酸盐、重铬酸盐、高锰酸盐及过氧化物等）。根据它们生产储存时引发火灾的危险性，这些氧化剂可分为甲、乙两类。甲类的氧化剂有氯酸钠、氯酸钾、过氧化氢、过氧化钠、过氧化钾以及次氯酸钙等；乙类的氧化剂有发烟硫酸、发烟硝酸、高锰酸钾和重铬酸钠等。空气助燃的助燃性能会随着空气中的氧含量变化而变化。例如，空气中的氧含量大约为21%，当空气中的氧含量逐渐降低时，燃烧反应会逐渐减弱；当空气中氧含量降至14%左右时燃烧反应较为困难；当其中氧含量降至14%以下时，燃烧反应就很难维持；而在纯氧条件下，燃烧会变得非常剧烈，甚至能使一些平时不会燃烧的铁、铝等金属产生剧烈的燃烧。

3. 点火源

点火源是指能够引起可燃物与助燃物发生燃烧反应的能量来源，有时也称着火源。点火源这一燃烧要素的实质是提供一个初始能量，在这种能量的激发下，使可燃物与氧化剂发生剧烈的氧化还原反应，引起燃烧。

点火源的种类很多，最常见的是热能，也有其他能量，如电能、化学能、光能和机械能等，都可以起到点火源的作用。例如，常见的火焰、火星、电火花、高温物体等，都是直接释放热量的点火源；而静电放电、化学反应放热、光线照射与聚焦、撞击与摩擦、绝热压缩等则是其他能量（如电能、化学能、光能、机械能）产生热量的点火源。已经燃烧的物质可以成为附近可燃物的点火源。还有一种点火源没有明显的外部特征，而是自可燃物内部发热，由于热量不能及时失散而引起温度升高导致燃烧。这种情况可视为"内部点火源"。这类点火源造成的燃烧现象通常叫自燃。

可燃物、助燃物和点火源是构成燃烧的三个要素，缺一不可。但是，上述三个条件即使同时存在，燃烧也不一定会发生。例如，用一根火柴可以引燃一张纸，却不能引燃一块木板；再如，点燃的蜡烛用玻璃罩罩住后，空气不能进入，蜡烛很快就会熄灭。这说明要想燃烧发生，既要具备"质"的方面的条件，也要具备"量"的方面的条件。

1.3 燃烧发生的充分条件

1. 一定的可燃物浓度

可燃物与适量的助燃物作用并达到一定的数量比例，才能够产生燃烧，此比例范围对可燃物来讲，就是其燃烧极限。燃烧极限是成分或压力的极限，超过这一极限，可燃物和助燃物的混合物就不能燃烧。对于气相燃烧的物质来说，燃烧极限就是指人们通常所说的爆炸浓度极限范围。

可燃蒸气在空气中都有两个可燃极限。通常把混合气能保证顺利点燃并传播火焰的最低浓度称为该可燃物的燃烧下限（着火下限），能保证点燃并传播火焰的最高浓度称为该可燃物的燃烧上限（着火上限）。可燃蒸气的浓度过高或过低，都不能被点燃及传播火焰。这就是混合气浓度过稀或过浓都不能实现顺利点火的原因。

2. 一定的氧气（氧化剂）含量

实验证明，虽有空气（氧气）存在，但如果其浓度不够，燃烧也不会发生。由于可燃物质性质不同，燃烧所需要的含氧量也不同；在等量情况下，使某些物质完全燃烧，所需要的含氧量也有差异。表1-1所示为部分常见物质燃烧所需的最低含氧量。

表1-1 部分常见物质燃烧所需要最低含氧量

物质名称	含氧量（%）	物质名称	含氧量（%）
汽油	14.4	乙醇	15.0
煤油	15.0	多量棉花	8.0
氢气	5.9	橡胶屑	13.0

3. 一定的引火能量（点火能）

点火源必须具有足够的温度，才能点燃一定量的可燃物和助燃物。点火源将热量传递到可燃物与助燃物上，使其温度升高，反应加速，最后从缓慢氧化状态过渡到剧烈的燃烧反应状态，即可燃物被引燃了。从链式反应理论看，则是火源的能量可以激发游离基的产生，加速链式反应中的游离基增长速度，使可燃物引燃。引燃能就是指能够引起一定浓度可燃物质燃烧所需要的最小能量，也叫最小点火能（Minimum Ignition Energy）。若点火源的能量小于最小点火能，就不能引燃着火，故最小点火能是衡量可燃物危险性的一个重要参数。只有达到最小点火能，才能引起燃烧。

由于可燃物种类繁多，状态有气、液、固三种，化学性质又有活泼与不活泼之分，且助燃物的氧化能力对可燃物的燃烧性能也起着至关重要的作用，因而不同的可燃物发生燃烧所需要点火源的最小能量（即最小点火能）也不尽相同，如表1-2所示。

表 1-2 部分可燃物的最小点火能

可燃物名称	最小点火能/mJ		可燃物名称	最小点火能/mJ	
	空气中	氧气中		粉尘云	粉尘层
二硫化碳	0.015		铝粉	15	1.6
氢	0.019	0.001 3	镁粉	80	0.24
乙炔	0.019	0.000 3	醋酸纤维素粉	15	—
乙烯	0.09	0.001	沥青粉	80	6.0
环氧乙烷	0.105		聚乙烯粉	10	—
甲醇	0.215		聚苯乙烯粉	40	—
甲烷	0.28		酚醛塑料粉	10	40
丙烯	0.282	0.031	尿素树脂粉	80	—
乙烷	0.25		乙烯基树脂粉	10	—
丙烷	0.26		苯二甲酸酐粉	15	—
苯	0.55		硫黄粉	15	1.6
氨	0.77		烟煤粉	40	—
丙酮	0.15		木粉	30	—

例如，对于气体或液体蒸气来说，甲醇在空气中用电火花点火时，能引起燃烧的最小点火能为 0.215 mJ（毫焦耳），而二硫化碳蒸气燃烧所需要的最小点火能仅为 0.015 mJ。二者能被引起燃烧的点火源的最低能量不同，即 0.10 mJ 的火源能点燃二硫化碳，却无法使甲醇燃烧。对于固体来说，在氧气中的硬纸板在 380 ℃ 的热源作用下可在 3 s 的时间被点燃，而毛毡只需 250 ℃ 的热源作用便在 3 s 的时间被点燃。这就是说，某种点火源对于某种可燃物来说是能点燃的，对于另一种可燃物来说则可能起不到点燃作用，且每一种可燃物被点燃都需要有一定强度的点火源，否则，燃烧便不能发生。

因此，在防火工作中，要针对生活和生产中不同场所的点火源进行科学的管理，不能一概而论限制一切点火源的存在；在实际过程中要根据可燃物性质的不同，对点火源进行科学的分析，要根据火场周围可燃物性质的不同，及时做出火势是否会蔓延的清醒判断，这些工作都离不开对点火源进行定性、定量的研究。

常见的点火源有火柴焰、烟头、电火花等，每种火源都具有各自的温度，如表1-3所示。从表可见，多数火源的温度都超过500 ℃，超过一般可燃物所需要的点燃能量。所以，有火灾爆炸危险的场所内常会有以下安全要求：严禁烟火，禁止使用易产生火花的金属工具，不准机动车辆随便驶入，采用防爆电器，严格动火检修制度等，这些要求都是科学且必要的。

表1-3 常见点火源的温度

点火源名称	火源温度/℃	点火源名称	火源温度/℃
火柴焰	500～650	气体灯焰	1 600～2 100
烟头（中心）	700～800	酒精灯焰	1 180
烟头（表面）	250	煤油灯焰	700～900
机械火星	1 200	植物油灯焰	500～700
电火花	700	蜡烛焰	640～940
煤炉炽热体	800	打火机焰	1 000
烟囱飞火	600	焊割火花	2 000～3 000
石灰遇水发热	600～700	汽车排气管火星	600～800

4. 相互作用

燃烧不仅要必须具备三要素"质"和"量"的方面的条件，而且还必须使以上条件相互结合、相互作用才会发生并持续，否则燃烧也不能发生。

对于无焰燃烧，由于无链式反应，可用经典三角形（见图1-1）表示燃烧三要素之间的关系，燃烧三角形的每一个边代表一个燃烧要素，只要它们同时存在并相互结合，便会发生燃烧。对于有焰燃烧，由于燃烧过程中存在未受抑制的游离自由基作中间体，所以燃烧三角形增加了一个空间坐标，形成燃烧四面体，如图1-2所示。

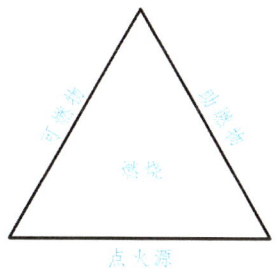

图1-1 燃烧三角形

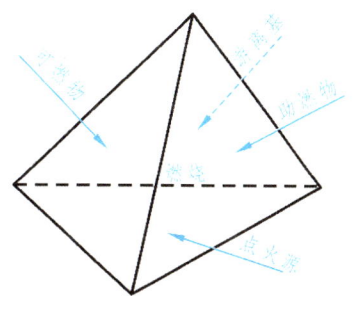

图1-2 燃烧四面体

课后作业

1. 下列说法正确的是（　　）。

   A. 有发光、放热现象的变化一定是燃烧

   B. 剧烈的燃烧都会引起爆炸

   C. 爆炸一定属于化学变化

   D. 燃烧一定伴随着发光、放热现象

2. 扇子一扇，燃着的蜡烛立即熄灭，其原因是（　　）。

   A. 供给的氧气减少

   B. 供给的氧气增加

   C. 使蜡烛着火点降低

   D. 温度低于蜡烛的着火点

3. 手帕浸泡在浓度为70%的酒精溶液中，浸透后取出，将手帕展开，用镊子夹住两角，用火点燃。当手帕上的火焰熄灭后，手帕完好无损。对于这一现象，下列解释正确的是（　　）。

   A. 这是魔术，你看到的是一种假象

   B. 火焰的温度低于棉布的着火点

   C. 手帕上的水汽化吸热，使手帕的温度低于棉布的着火点

   D. 酒精燃烧后使棉布的着火点升高

4. 氢气在氟气中点燃产生苍白色火焰，放出大量热，下列说法中，不正确的是（　　）。

   A. 此反应属于燃烧

   B. 此反应不属于燃烧，因为没有氧气参加

   C. 此反应中元素的化合价发生了变化

   D. 此反应属于化合反应

5. 古语道"人要实，火要虚"，其中"火要虚"的意思是：燃烧木柴时通常架空些，才能燃烧得更旺。火要虚的实质是（　　）。

   A. 散热的速度加快

   B. 增大木柴与空气的接触面积

   C. 木柴的着火点降低

   D. 提高空气中氧气的含量

6. 简述燃烧的充要条件。
7. 简述燃烧的本质。
8. 常见的点火源有哪些？

任务 2　燃烧形式的分析

燃烧的形式种类繁多，根据燃烧物质的形态可以分为气体燃烧、液体燃烧、固体燃烧，每种形态的燃烧又经历了不同的燃烧历程，其燃烧所产生的温度和燃烧速度都不同。学生通过本任务的学习，应对物质的燃烧历程有所认识，从而能够更好地为今后的工作奠定基础。

2.1　燃烧形式

燃烧的形式与特点

2.1.1　气体燃烧

根据气体燃烧过程的控制因素不同，可分为扩散燃烧和预混燃烧两种燃烧形式。

1. 扩散燃烧

扩散燃烧是指可燃性气体和可燃物蒸气分子与气体氧化剂互相扩散，边混合边燃烧。在扩散燃烧中，化学反应速度要比气体混合扩散速度快得多。整个燃烧速度的快慢由物理混合速度决定。气体（蒸气）扩散多少，就烧掉多少。人们在生产、生活中的用火（如燃气做饭、煤气灯照明、烧气焊等）均属这种形式的燃烧。

扩散燃烧的特点：燃烧比较稳定，扩散火焰不运动，可燃气体与氧化剂气体的混合在可燃气体喷口进行。对于稳定的扩散燃烧，只要控制得好，就不至于造成火灾，一旦发生火灾也较易扑救。

2. 预混燃烧

预混燃烧又称为动力燃烧或爆炸式燃烧。它是指可燃气体、可燃物蒸气或粉尘预先同空气（或氧）混合，遇火源产生带有冲击力的燃烧。预混燃烧一般发生在封闭体系中或在混合气体向周围扩散的速度远小于燃烧速度的敞开体系中，燃烧放热造成产物体积迅速膨胀，压力升高，压强可达 709.1~810.4 kPa。通常的爆炸反应即属此种燃烧。

预混燃烧的特点：燃烧反应快，温度高，火焰传播速度快，反应混合气体不扩散，在可燃混气中引入一火源即产生一个火焰中心，成为热量与化学活性粒子集中源。如果预混气体从管口喷出则发生动力燃烧，若流速大于燃烧速度，则在管中形成稳定的燃烧火焰，由于燃烧充分，燃烧速度快，燃烧区呈高温白炽状，如汽灯的燃烧即是如此。若混气在管口流速小于燃烧速度，则会发生"回火"。如制气系统检修前不进行置换就烧焊，燃气系统开车前不进行吹扫就点火，用气系统产生负压回火或者漏气未被发现而用火时，往往形成动力燃烧，有可能造成设备的损坏和人员伤亡。

2.1.2 液体燃烧

易燃、可燃液体在燃烧过程中并不是液体本身在燃烧,而是液体受热时蒸发出来的液体蒸气被分解、氧化达到燃点而燃烧,即蒸发燃烧。因此,液体能否发生燃烧、其燃烧速率的高低,与液体的蒸气压、闪点、沸点和蒸发速率等性质密切相关。

常见的可燃液体中,液态烃类燃烧时,通常具有橘色火焰并散发浓密的黑色烟云。醇类燃烧时,通常具有透明的蓝色火焰,几乎不产生烟雾。某些醚类燃烧时,液体表面伴有明显的沸腾状,这类物质的火灾较难扑灭。在含有水分、黏度较大的重质石油产品,如原油、重油、沥青油等发生燃烧时,有可能产生沸溢现象和喷溅现象。

1. 沸 溢

以原油为例,其黏度比较大,且都含有一定的水分,以乳化水和水垫两种形式存在。所谓乳化水是指原油在开采运输过程中,原油中的水由于强力搅拌成细小的水珠悬浮于油中。长时间放置后,油水分离,水因比重大而沉降在底部形成水垫。

燃烧过程中,这些沸程较宽的重质油品产生热波,在热波向液体深层运动时,由于温度远高于水的沸点,因而热波会使油品中的乳化水汽化,大量的蒸汽穿过油层向液面上浮,在向上移动过程中形成油包气的气泡,即油的一部分形成了含有大量蒸汽气泡的泡沫。这样,必然使液体体积膨胀,向外溢出,同时部分未形成泡沫的油品也被下面的蒸汽膨胀力抛出罐外,使液面猛烈沸腾起来,就像"跑锅"一样,这种现象叫沸溢。

2. 喷 溅

在重质油品的燃烧过程中,随着热波温度的逐渐升高,热波向下传播的距离也加大,当热波达到水垫时,水垫的水大量蒸发,蒸汽体积迅速膨胀,以至把水垫上面的液体层抛向空中,向罐外喷射,这种现象叫作喷溅。

一般情况下,发生沸溢要比发生喷溅的时间早得多。发生沸溢的时间与原油的种类、水分含量有关。根据实验,含有1%水分的石油,经 45~60 min 燃烧就会发生沸溢。喷溅发生的时间与油层厚度、热波移动速度以及油的燃烧线速度有关。

2.1.3 固体燃烧

固体可燃物由于其分子结构的复杂性、物理性质的不同,其燃烧方式也不相同,主要有下列四种。

1. 蒸发燃烧

可熔化的可燃性固体受热升华或熔化后蒸发,产生可燃气体进而发生的有焰燃烧称为蒸发燃烧。发生蒸发燃烧的固体在燃烧前受热只发生相变,而成分不发生变化。一旦火焰稳定下来,火焰传热给蒸发表面,促使固体不断蒸发或升华燃烧,直至燃尽为止。分子晶体、挥发性金属晶体和有些低熔点的无定形固体的燃烧,如石蜡、松香、硫、钾、磷、沥青的热塑性高分子材料等的燃烧均为蒸发燃烧,燃烧过程中保持边熔化、边蒸发、边燃烧的形式,固体有蒸发面的部分会有火焰出现,燃烧速度较快。钾、钠、镁等之所以称为挥发金属，是因为其燃烧属蒸发式燃烧，而生成白色浓烟是挥发金属蒸发式燃烧的特征。

2. 分解燃烧

分子结构复杂的固体可燃物在受热后分解出其组成成分及与加热温度相应的热分解产物，这些分解产物再氧化燃烧，称为分解燃烧，如木材、纸张、棉、麻、毛、丝，以及热固性塑料、合成橡胶等合成高分子的燃烧。

煤、木材、纸张、棉花、农副产品等成分复杂的固体有机物受热不发生整体相变，而是分解释放出可燃气体，燃烧产生明亮的火焰，火焰的热量又促使固体未燃部分分解和分解产物均相燃烧。当固体完全分解且析出可燃气体全部烧尽后，留下的碳质固体残渣才开始无火焰的表面燃烧。

塑料、橡胶、化纤等高聚物，是由许多重复的较小结构单元所组成的大分子。绝大多数高分子材料都是易燃的，而且大部分发生分解式燃烧，燃烧放出的热量很大。一般说来，高聚物的燃烧过程包括受热软化熔融、解聚分解、氧化燃烧。分解产物随分解时的温度、氧浓度及高聚物本身的组成和结构不同而异。所有高聚物在分解过程中都会产生可燃气体，分解产生的较大分子会随燃烧温度的提高进一步热解或不完全燃烧。高聚物在火灾的高温下边熔化、边分解，边呈有焰均相燃烧，燃着的熔滴可把火焰从一个区域扩展到另一个区域，从而促使火热蔓延发展。

3. 表面燃烧

可燃物受热不发生热分解和相变，而是在被加热的表面上吸附氧，从表面开始呈余烬的燃烧状态叫表面燃烧（也叫无火焰的非均相燃烧）。

这类燃烧的典型例子如焦炭、木炭和不挥发金属等的燃烧。表面燃烧速度取决于氧气扩散到固体表面的速度，并受表面上化学反应速度的影响。焦炭、木炭为多孔性结构的简单固体，即使在高温下也不会熔融、升华或分解产生可燃气体。氧扩散到固体物质的表面，被高温表面吸附，发生气固非均相燃烧，反应的产物从固体表面解吸扩散，带着热量离开固体表面。整个燃烧过程中固体表面呈高温炽热发光而无火焰，燃烧速度小于蒸发速度。

铝、铁等不挥发金属的燃烧也是表面燃烧。不挥发金属的氧化物熔点低于该金属的沸点。燃烧的高温尚未达到金属沸点且无大量高热金属蒸气产生时，其表面的氧化物层已熔化褪去，使金属直接与氧气接触，发生无火焰的表面燃烧。由于金属氧化物的熔化消耗了一部分热量，减缓了金属被氧化，致使燃烧速度较慢，固体表面呈炽热发光。这类金属在粉末状、气溶胶状、刨花状时，燃烧进行得很激烈，且无烟生成。

4. 阴 燃

阴燃是指物质无可见光地缓慢燃烧，通常产生烟和温度升高的迹象。这种燃烧看不见火苗，可持续数天甚至数十天，不易发现。

固体的上述四种燃烧形式中，蒸发燃烧和分解燃烧都是有火焰的均相燃烧，只是可燃气体的来源不同。蒸发燃烧的可燃气体是相变产物，分解燃烧的可燃气体来自固体的热分解。固体的表面燃烧和阴燃都是发生在固体表面与空气的界面上，呈无火焰的非均相燃烧。阴燃和表面燃烧的区别就在于表面燃烧的过程中固体不发生分解。

2.2 燃烧温度

燃烧反应的其中一个特征是放热，可燃物质燃烧时所放出的热量，一部分经过热辐射散失，一部分用于加热燃烧产物，使产物温度升高。燃烧温度就是燃料燃烧时放出的热量使燃烧产物（烟气）所能达到的温度，有理论燃烧温度和实际燃烧温度之分。通常情况下，我们所说的燃烧温度为理论燃烧温度。燃烧体系放热量越大，燃烧产物温度越高。

就有焰型燃烧来说，由于可燃物质燃烧所产生的热量是从物质燃烧的火焰中释放出来的，因而火焰的温度就是燃烧温度。一般概念上说，燃烧温度取决于可燃物质的燃烧速度和燃烧程度。在同样条件下，可燃物质燃烧时，燃烧速度快的比燃烧速度慢的火焰温度高。在同样大小的火焰下，燃烧温度越高，它向周围辐射出的热量就越多，因而使可燃物质发生燃烧的速度就越快。

在实际火灾中，燃烧温度的高低随外界条件的变化而不同，对燃烧温度影响较大的因素有：可燃物种类、氧化剂的供给情况、散热条件等。例如，酒精灯火焰温度为 1 180 ℃；煤油灯火焰温度为 780～1 030 ℃；氢气在空气中燃烧时，火焰的最高温度为 2 130 ℃，而在纯氧中燃烧时，火焰的最高温度为 3 150 ℃。表 1-4 列举了几种可燃物质的燃烧温度。

表 1-4 部分可燃物质在空气中的燃烧温度

物质名称	燃烧温度/℃	物质名称	燃烧温度/℃
甲烷	1 800	一氧化碳	1 680
乙烷	1 895	二硫化碳	2 195
乙炔	2 127	丙烯腈	2 188
甲醇	1 100	氢气	2 130
乙醇	1 180	煤气	1 600～1 850
丙酮	1 000	硫化氢	2 110
乙醚	2 861	天然气	2 020
原油	1 100	石油气	2 120
汽油	1 200	氨	700
煤油	700～1 030	苯	2 032
重油	1 000	钠	1 400
木材	1 000～1 177	镁	3 000
石蜡	1 427	硫	1 820
甲苯	2 071	磷	900

2.3 燃烧速度

一般认为燃烧速度就是在单位面积上、单位时间内烧掉的可燃物质的数量。

由于可燃物质聚集状态（气体、液体和固体）的不同，当其接近火源或受热时，发生不同的变化，形成不同的燃烧过程，燃烧速度也不尽相同。

2.3.1 气体燃烧速度

由于气体的燃烧不需要像固体、液体那样经过熔化、蒸发等过程，所以燃烧速度很快。气体的燃烧速度随物质的组成不同而有所差异。简单气体燃烧（如氢气）只需受热、氧化等过程，而复杂的气体（如天然气、乙炔）等则要经过受热、分解、氧化过程才能开始燃烧。因此，简单气体的燃烧速度比复杂气体的燃烧速度快。

火焰传播速度在不同直径的管道中测试得出的结果是不同的。表 1-5 列出了甲烷和空气混合物在不同管径下的火焰传播速度。一般火焰传播速度随着管道直径的增大而增加，当直径达到某个值时传播速度不再增加；反之，该速度随着管道直径的减小而减少，当直径达到某个较小的值时火焰在管中便不再传播。管中火焰不再传播时的管径称为极限管径。

表 1-5 甲烷和空气混合物在不同管径时的传播速度　　　　单位：cm/s

甲烷体积分数（%）	管径					
	2.5 cm	10 cm	20 cm	40 cm	60 cm	80 cm
6	23.5	43.5	63	95	118	137
8	50	80	100	154	183	203
10	65	110	136	188	215	236
12	35	74	80	123	163	185
13	22	45	62	104	130	138

这种现象可以用链式反应理论来解释。随着管子直径的减小，燃烧反应的自由基与管壁碰撞的机会增加，燃烧温度与火焰传播速度就相应降低，直至停止传播。

此外，在管道中测试火焰传播速度时还与管子材料以及火焰的重力场有关。例如，对于 10%的甲烷与空气混合气，当管子平放时，火焰传播速度为 65 cm/s；当管子向上垂直放时，火焰传播速度为 75 cm/s，当管子向下垂直放时，火焰传播速度为 59.5 cm/s。

2.3.2 液体燃烧速度

液体的燃烧速度可用质量速度或直线速度两种方法表示。液体燃烧的质量速度是指在每平方米的面积上，1 h 烧掉液体的质量；直线速度是指 1 h 内烧掉的液体层的高度（cm）。

易燃液体在常温下蒸气压就很高,因此有火星、灼热物体等靠近时便能着火,随后,火焰便很快沿液体表面蔓延,其速度可达 0.5~2 m/s。另一类液体则必须在火焰或灼热物体长久作用下,使其表面层强烈受热而大量蒸发后才能着火,故在常温下生产、使用这类液体的厂房没有火灾爆炸危险。这类液体着火后只在不大的地段上燃烧,火焰在液体表面上蔓延得很慢。几种易燃液体的燃烧速度如表 1-6 所示。

表 1-6 几种易燃液体的燃烧速度

液体名称	燃烧速度	
	直线速度/(cm/h)	质量速度/[kg/(m²·h)]
苯	18.9	165.37
乙醚	17.5	125.84
甲苯	16.08	138.29
航空汽油	12.6	91.93
车用汽油	10.5	80.85
二硫化碳	10.47	132.97
丙酮	8.4	66.36
甲醇	7.2	57.6
煤油	6.6	55.11

为了使液体燃烧继续下去,必须向液体传入大量热,使表层的液体被加热并蒸发。火焰通过辐射加热液体,故火焰沿液面蔓延的速度除了决定于液体的初温、热容、蒸发潜热外,还决定于火焰的辐射能力。如苯在初温为 16 ℃ 时燃烧速度为 165.37 kg/(m²·h);在 40 ℃ 时燃烧速度为 177.18 kg/(m²·h);60 ℃ 时燃烧速度为 193.3 kg/(m²·h)。此外,风速对火焰蔓延速度也有很大影响。具体影响因素有以下几方面:

1. 液体初温

可燃液体的初始温度越高,把液体加热到燃点所需要的热量就越少,因此初温越高,燃烧速度越快。

2. 容器直径大小

将液体放于圆柱形立式容器中实验,发现容器直径小于 0.03 m 时,燃烧速度随直径增大而减少。容器直径为 0.03~1 m 时,燃烧速度随直径增大而逐渐上升到某一恒定值。当容器直径大于 1 m 时,液体的燃烧速度不受直径变化的影响。

3. 容器中液面深度

随着容器中液位的下降,直线燃烧速度相应降低。这是因为随着液位下降,液面到火焰底部的距离加大,所以火焰向液面的传热速度降低。

4. 液体含水量

液体中含水时,液体的燃烧速度下降,而且含水量越多,燃烧速度越慢。

5. 风的影响

风有利于空气和液体蒸气的混合,可使燃烧速度加快。

2.3.3 固体燃烧速度

固体物质的燃烧速度一般要小于可燃气体和可燃液体的燃烧速度。不同的可燃固体物质其燃烧速度有很大差异。例如,萘及其衍生物、三硫化磷、松香等,在常温下是固体,燃烧过程是受热熔化、蒸发、气化分解、氧化、起火燃烧,一般速度较慢。而其他一些固体物质,如硝基化合物、含硝化纤维素的制品等,本身含有不稳定的基团,燃烧是分解式的,燃烧比较剧烈、速度很快。

对于同一种固体可燃物质,其燃烧速度还取决于燃烧比表面积,即燃烧的表面积与体积的比例越大,燃烧速度越大;反之,则燃烧速度越小。部分固体可燃物质的燃烧速度如表 1-7 所示。

表 1-7 部分固体可燃物质的燃烧速度　　　　　　　　　　　单位:kg/(m²·h)

物 质 名 称	平均速度	物 质 名 称	平均速度
天然橡胶	30	纸张	24
人造橡胶	24	有机玻璃	41.5
布质电胶木	32	聚苯乙烯树脂	30
酚醛塑料	10	棉花(含水分 6%～8%)	50

课后作业

1. 扩散燃烧的特点是(　　)。

A. 燃烧比较稳定,扩散火焰不运动,可燃气体与氧化剂气体的混合在可燃气体喷口进行

B. 燃烧反应快,温度高,火焰传播速度快,反应混合气体不扩散

C. 在可燃混气中引入一火源即产生一个火焰中心,成为热量与化学活性粒子集中源

D. 燃烧充分,燃烧速度快,燃烧区呈高温白炽状

2. (　　)的燃烧方式是表面燃烧。

A. 木炭　　　B. 合成塑料　　　C. 蜡烛　　　D. 焦炭　E. 铁

3. 下列属于蒸发燃烧的是(　　)。

A. 焦炭的燃烧　　　　　B. 沥青的燃烧

C. 煤的燃烧　　　　　　D. 铁的燃烧

4. 对于原油储罐，当罐内原油发生燃烧时，不会产生下列哪种现象？（　　）。
   A. 闪燃　　　　　　　　B. 热波
   C. 蒸发燃烧　　　　　　D. 阴燃
5. 汽油闪点低，易挥发，流动性好，存有汽油的储罐受热不会产生（　　）。
   A. 蒸汽燃烧及爆炸　　　B. 容器爆炸
   C. 泄露产生流淌火　　　D. 沸溢和喷溅
6. 木材的燃烧属于（　　）。
   A. 蒸发燃烧　　　　　　B. 分解燃烧
   C. 表面燃烧　　　　　　D. 阴燃
7. 生活中利用燃气做饭属于（　　）。
   A. 分解燃烧　　　　　　B. 动力燃烧
   C. 扩散燃烧　　　　　　D. 预混燃烧
8. 固体可燃物由于其分子结构的复杂性和物理性质的不同，燃烧方式也不相同，但不包含（　　）。
   A. 蒸发燃烧　　B. 分解燃烧　　C. 阴燃　　D. 闪燃
9. 气体可燃物、液体可燃物和固体可燃物的燃烧速度哪一个更快？（　　）
   A. 气体快　　B. 液体快　　C. 固体快　　D. 一样快

任务 3 燃烧类型的判断

燃烧类型指的是物质在氧气或其他氧化剂的作用下发生燃烧时所呈现的特定特征和方式。常见的燃烧类型包括完全燃烧、不完全燃烧、闪燃、爆炸等。本任务的学习对于火灾预防、灭火、安全设计和事故调查等方面都具有重要意义,可以帮助学生更好地理解火灾的本质,采取相应的措施来降低火灾风险,并提高应对火灾的能力。

燃烧的类型

3.1 闪 燃

闪燃是液体可燃物的特征之一。各种液体的表面都有一定量的蒸气存在,蒸气的浓度取决于该液体的温度。在一定温度下,液态可燃物液面上蒸发出的蒸气与空气形成的混合气体恰好等于燃烧下限浓度时,遇火源产生的一闪即灭的现象叫作闪燃。在一定的条件下,易燃和可燃液体蒸发出足够的蒸气,在液面上能发生闪燃的最低温度,叫作该物质的闪点。闪燃是短暂的闪火,不是持续的燃烧,这是由于易燃、可燃液体在闪点温度下,蒸发速度还不太快,液体表面上蒸发出来的气体仅能维持一刹那的燃烧,而新的蒸气还未来得及补充以维持稳定的燃烧,因而燃一下就灭了。

闪燃现象出现后,受环境温度等因素的影响,液体蒸发速度往往会加快,这时遇火源就会产生持续燃烧,在一定条件下(如爆炸性混合物达到爆炸极限,并遇到较高的点火能量),就会出现燃烧速度比较快的燃烧现象,即爆燃。因此,闪燃现象往往是爆燃的前兆,由于爆燃能够形成很高的燃烧速度和温度,因此积极控制和预防闪燃现象的出现,就具有极其重要的现实意义。

闪点与物质的饱和蒸气压有关,饱和蒸气压越大,闪点越低。同一液体饱和蒸气压随其温度的增高而变大,所以温度较高时容易发生闪燃。如果可燃液体的温度高于它的闪点,一旦接触点火源就会被点燃,所以把闪点低于 45 ℃ 的液体叫易燃液体,易燃液体比可燃液体危险性高。易燃液体与可燃液体又分别根据其闪点的高低分为不同的级别,如表 1-8 所示。闪点这个概念主要适用于可燃性液体,某些固体如樟脑和萘等,也能在室温下挥发或缓慢蒸发,因此也有闪点,几种液体的闪点如表 1-9 所示。

表 1-8 易燃和可燃液体闪点分类分级

种 类	级别	闪点/℃	举 例
易燃液体	I	≤28	汽油、甲醇、乙醇、乙醚、苯、甲苯等
	II	28~45	煤油、丁醇等
可燃液体	III	45~120	戊醇、柴油、重油等
	IV	>120	植物油、矿物油、甘油等

表 1-9　几种液体的闪点

物质	闪点/℃	物质	闪点/℃	物质	闪点/℃
汽油	−58～10	二氯乙烷	8	松节油	30
二硫化碳	−45	甲醇	9.5	丁醇	35
乙醚	−45.5	乙醇	11	戊醇	46
丙酮	−17	醋酸丁酯	13	乙二醇	112
苯	−15	醋酸戊酯	25	甘油	176.5
甲苯	1	煤油	28～45	桐油	239
醋酸乙酯	1	二乙胺	28	冰醋酸	40

3.2　着　火

可燃物质在某一点被点火源引燃后,若该点上燃烧所放出的热量足以把邻近的可燃物提高到燃烧所需温度,火焰就蔓延开来。因此,所谓着火就是可燃物与火源接触而能燃烧,移走火源后依然能持续燃烧的现象。例如,用火柴点燃柴草,就会引起柴草着火。

可燃物质开始持续燃烧所需的最低温度叫作该物质的燃点或着火点。物质的燃点越低,越容易着火。一些可燃物质的燃点如表 1-10 所示。

在火场上,如果有两种燃点不同的物质处在相同的条件下,受到火源作用时,燃点低的物质先着火。所以存放燃点低的物质往往是重点控制的地方。

表 1-10　几种可燃物质的燃点

物质	燃点/℃	物质	燃点/℃	物质	燃点/℃
磷	34	棉花	150	豆油	220
松节油	53	麻绒	150	烟叶	222
樟脑	70	漆布	165	粘胶纤维	235
灯油	86	蜡烛	190	松木	250
赛璐珞	100	布匹	200	无烟煤	280～500
橡胶	130	麦草	200	涤纶纤维	390
纸	130	硫	207		

3.3　自　燃

自燃是指可燃物在空气中没有外来火源的作用,靠自热或外热而发生燃烧的现象。例如黄磷暴露于空气中时,即使在室温下它与氧发生氧化反应放出的热量也足以使其达到自行燃烧的温度,故黄磷在空气中很容易自燃。

可燃物质无须直接的点火源就能自行燃烧的最低温度叫作该物质的自燃点。物质的自燃点越低，发生火灾的危险性越大。一些物质的自燃点如表 1-11 所示。

表 1-11 几种可燃物质的自燃点

物质	自燃点/℃	物质	自燃点/℃	物质	自燃点/℃
黄磷	34~35	二硫化碳	102	棉籽油	370
三硫化四磷	100	乙醚	170	桐油	410
赛璐珞	150~180	煤油	240~290	芝麻油	410
赤磷	200~250	汽油	280	花生油	445
松香	240	石油沥青	270~300	菜籽油	446
锌粉	360	柴油	350~380	豆油	460
丙酮	570	重油	380~420	亚麻仁油	343

在通常条件下，自燃是物质自发的着火燃烧，通常是由缓慢的氧化作用而引起，速度很慢，由于散热受到阻碍，析出的热量也很少，同时不断向四周环境散热，不能像燃烧那样发出光。根据热源的不同，物质自燃分为自热自燃和受热自燃两种。

1. 受热自燃

可燃物质在外部热源作用下，温度升高，当达到其自燃点时，即着火燃烧，这种现象称为受热自燃。

可燃物质与空气一起被加热时，首先开始缓慢氧化，氧化反应产生的热使物质温度升高，同时，也有部分散热损失。若物质受热少，则氧化反应速率慢，反应所产生的热量小于热散失量，则温度不再会上升。若物质继续受热，氧化反应加快，当反应所产生的热量超过热散失量时，温度逐步升高，达到自燃点而自燃。在工业生产中，可燃物由于接触高温表面、加热或烘烤过度、冲击摩擦等导致的自燃就属于受热自燃。

2. 自热自燃

某些物质在没有外来热源影响下，由于物质内部所发生的化学、物理或生化反应而产生热量，这些热量在适当条件下会逐渐积聚，使物质温度上升，达到自燃点而燃烧。这种现象称为自热燃烧。

造成自热燃烧的原因有氧化热、分解热、聚合热、发酵热等。自热燃烧的物质可分为：自燃点低的物质，遇空气、氧气发热自燃的物质，自然分解发热的物质，易产生聚合热或发酵热的物质。能引起本身自燃的物质常见的有植物类、油脂类、煤、硫化铁及其他化学物质等。

植物的自燃主要是由生物作用引起的，同时在这过程中也有化学反应和物理作用。许多植物如稻草、树叶、粮食等，一般都附着大量微生物，而且能自燃的植物都含有一定的水分，当大量堆积时，就可能因发热而导致自燃。微生物在一定的湿度下生存和繁殖，在其呼吸繁殖过程中会不断产生热量。由于植物产品的导热性很差，热量不易散失而逐渐积累，致使堆垛内温度不断升高，达到 70 ℃ 后细菌死亡，但这时植物产品中的有机化合物开始分解而产生多孔的炭，吸附大量蒸气和氧气。吸附过程是一种放热过程，从而使温度继续升高，达到 100 ℃；接着又引起新的化合物分解炭化，促使温度不断升高，可达 150～200 ℃，这时植物中的纤维开始分解，迅速氧化而析出更多的热量。由于反应速度加快，在积热不散的条件下，就会达到自燃点而自行着火。总体来说，影响植物自燃的因素是：首先要具有微生物生存的湿度，其次是散热条件。因此预防植物自燃的基本措施是使植物处于干燥状态并存放在干燥的地方,堆垛不宜过高过大,注意通风，加强检测，控制温度，防雨防潮等。

植物油和动物油是由各种脂肪酸油酯组成的，它们的氧化能力主要取决于不饱和脂肪酸甘油酯的含量。不饱和脂肪酸有油酸、亚油酸、亚麻酸、桐油酸等，它们分子中的碳原子存在一个或几个双键。由于双键的存在，不饱和脂肪酸具有较高的自由能，于室温下便能在空气中氧化，同时析出热量。生成的过氧化物易于释放出活性氧原子，使油脂中常温下难于氧化的饱和脂肪酸发生氧化。在不饱和脂肪酸发生氧化的同时，它们还进行聚合反应。不饱和脂肪酸的聚合过程也能在常温下进行，同时放出热量。这种过程如果循环持续地进行下去，在通风散热不良的条件下，由于积热升温，就能使浸涂不饱和油脂的物品自燃。

煤发生自燃的热量来自物理作用和化学反应，是由于煤本身的吸附作用和氧化反应并积聚热量而引起的。煤可分为泥煤、褐煤、烟煤和无烟煤 4 类，除无烟煤之外，都有自燃能力。一般含氢气、一氧化碳、甲烷等挥发物质较多，以及含有一些易氧化的不饱和化合物和硫化物的煤，自燃的危险性比较大。无烟煤和焦炭之所以没有自燃能力，就是因为它们的挥发物量太少。

煤在低温时，氧化速度不大，主要是表面吸附作用。它能吸附蒸气和氧等气体进行缓慢氧化并使蒸气在煤的表面浓缩变成液体，放出热量使温度升高，然后煤的氧化速度不断加快。如果散热条件不良就会积聚热量使温度继续升高，直到发生自燃。泥煤中含有大量微生物。它的自燃是由于生物作用和化学作用放出热量而引起的。煤的挥发物含量、粉碎程度、湿度和单位体积的散热量等因素对煤的自燃均有很大的影响。煤中挥发物（甲烷、氢气、一氧化碳）含量越高，则氧化能力越强，越易自燃。煤的颗粒越细，进行吸附作用与氧化的表面积越大，吸附能力强，氧化反应速度快，析出的热量也越多，所以越易自燃。

煤里一般含有铁的硫化物，硫化铁在低温下能发生氧化，煤中水分多，可促使硫化铁加速氧化生成体积较大的硫酸盐，使煤块松散碎裂，暴露出更多的表面，加速煤的氧化，同时硫化铁氧化时还放出热量，从而促进了煤的自燃过程。由此可知，有一定湿度的煤，其自燃能力要大于干燥的煤。这就是雨季里煤炭较易发生自燃的缘故。此外，煤的散热条件越差就越易自燃，若煤堆的高度过大且内部较疏松，即密度小、空隙率大，容易吸附大量空气，结果是有利于氧化和吸附作用，而热量又不易导出，所以就越易自燃。

课后作业

1. 一造纸厂外侧有一堆草垛,在阴雨天气发生了火灾。请根据描述,分析可能存在的起火原因。
2. 什么是闪燃与闪点?
3. 可燃液体为什么会发生一闪即灭的闪燃现象?
4. 根据促使可燃物升温的热量来源不同,自燃可分为哪两种?两者的区别是什么?
5. 预防闪燃现象的发生有什么现实意义?

任务 4　火灾的分类与火灾事故等级划分

依据燃烧物特性，火灾划分为：A、B、C、D、E、F 六类。依据《生产安全事故报告和调查处理条例》及《关于调整火灾等级标准的通知》将火灾等级调整为：特别重大火灾、重大火灾、特大火灾和一般火灾四个等级。

本任务的学习有助于提高学生的火灾安全意识，促进合理的应急响应规划，进行风险评估和管理，遵守法律法规，以及处理保险和索赔事宜。这些知识对于保障人员生命安全、减少财产损失以及维护社会稳定都具有重要意义。

火灾的分类

4.1　火灾的定义

广义地说，凡是超出有效范围的燃烧都称为火灾。火灾是工伤事故类别中的一类事故。在消防工作中有火灾和火警之分，两者都是超出有效范围的燃烧，当人员和财产损失较小时登记为火警。按照我国的国家标准《消防词汇 第 1 部分：通用术语》（GB/T5907.1—2014）的解释，火是"以释放热量并伴有烟或火焰或两者兼有为特征的燃烧现象"，火灾就是"在时间或空间上失去控制的燃烧"。由公安部、劳动部、国家统计局制定颁布的《火灾统计管理规定》（1997 年 1 月起施行）中，定义"凡在时间或空间上失去控制的燃烧所造成的灾害，都为火灾。"

4.2　火灾的分类

1. 按火灾中燃烧物的特性

依据燃烧物特性，火灾划分为 A、B、C、D、E、F 六类。

A 类火灾：普通固体可燃物燃烧引起的火灾。通常具有有机物性质，一般在燃烧时，能产生灼热的余烬，如木材、棉、毛、麻等。

B 类火灾：液体和可熔化固体燃烧引起的火灾，如汽油、原油、沥青、石蜡等。

C 类火灾：可燃气体燃烧引起的火灾，如煤气、天然气、甲烷、乙烷、丙烷、氢气火灾。

D 类火灾：金属燃烧引起的火灾，如钾、钠、镁、锂、铝等。

E 类火灾：带电火灾，如物体带电燃烧引起的火灾。

F 类火灾：厨房厨具火灾，如动植物油脂燃烧引起的火灾。

2. 按照火灾事故所造成的灾害损失程度分类

《生产安全事故报告和调查处理条例》（国务院令 493 号）和公安部办公厅《关于调

整火灾等级标准的通知》(公消〔2007〕234号)将火灾等级调整为特别重大火灾、重大火灾、特大火灾和一般火灾四个等级。

（1）特别重大火灾：造成30人以上死亡，或者100人以上重伤，或者1亿元以上直接财产损失的火灾。

（2）重大火灾：造成10人以上30人以下死亡，或者50人以上100人以下重伤，或者5 000万元以上1亿元以下直接财产损失的火灾。

（3）较大火灾：造成3人以上10人以下死亡，或者10人以上50以下重伤，或者1 000万元以上5 000万元以下直接财产损失的火灾。

（4）一般火灾：造成3人以下死亡，或者10人以下重伤，或者1 000万元以下直接财产损失的火灾。（注："以上"包括本数，"以下"不包括本数。）

3. 按起火的直接原因

根据我国目前统计，火灾按起火直接原因可分为下列几类：

（1）用火不慎：人们思想麻痹大意，或者用火安全制度不健全、不落实，以及不良生活习惯等造成火灾的行为。

（2）电气火灾：违反电器安装使用安全规定，或者电线老化或超负荷用电造成的火灾。

（3）违章操作：违反安全操作规定等造成火灾的行为，如焊接等。

（4）放火：蓄意造成火灾的行为。

（5）吸烟：乱扔烟头，或卧床吸烟引发火灾的行为。大兴安岭火灾的起因就是烟头。

（6）玩火：儿童、阿尔茨海默病患者或精神发育迟缓者玩火柴、打火机而引发火灾的行为。

（7）自然原因：如雷击、地震、自燃、静电等。

（8）其他。

课后作业

1. 石蜡火灾属于（　　）火灾。
A. A类　　　　B. B类　　　　C. C类　　　　D. D类

2. 造成20人重伤，直接经济损失1 000万元的火灾属于（　　）火灾。
A. 一般　　　　B. 较大　　　　C. 重大　　　　D. 特别重大

3. 以下材料中若发生火灾，属于A类火灾的是（　　）。
A. 煤气　　　B. 木材　　　C. 棉花　　　D. 纸张　　　E. 变压器

4. 下列属于重大火灾标准的是（　　）。
A. 4人死亡　　　　　　　　B. 3人重伤
C. 1 000万元财产损失　　　D. 接经济损失7 000万元

5. 请根据下列情景，写出各种火灾的类别，并提出扑救措施。

_____
_____
_____

_____
_____
_____
_____

_____
_____

_____
_____

📖 典型案例

典型案例事故分析（一）

模块 2

认识爆炸的形成

爆炸具有极强的破坏性,是各类企业安全风险防范的重点。本模块主要讲述爆炸的特征、分类、影响因素和爆炸极限等基础知识。学生通过学习,能够对爆炸事故进行预防,知晓粉尘爆炸的危害性,并能够提出防范措施。

知识目标

1. 掌握爆炸的特征、分类、影响因素和机理。
2. 掌握爆炸极限的定义和影响因素。
3. 掌握粉尘爆炸的定义、影响因素和爆炸条件等。

能力目标

1. 能够判断爆炸的分类。
2. 能够计算爆炸极限。
3. 能够提出粉尘爆炸的控制技术。

素质目标

1. 培养学生科学严谨、注重安全的工作态度。
2. 培养学生精益求精的工匠精神。

任务 1 　爆炸类型的分析

爆炸是某一物质系统在发生迅速的物理变化或化学反应时，系统本身的能量借助于气体的急剧膨胀而转化为对周围介质做机械功，通常同时伴随有强烈放热、发光和声响的效应。空气和可燃性气体的混合气体的爆炸、空气和煤尘或面粉的混合物爆炸等，都由化学反应引起，而且都是氧化反应。但爆炸并不都与氧气有关，如氯气与氢气混合气体的爆炸，且爆炸并不都是化学反应，如蒸汽锅炉爆炸、汽车轮胎爆炸则是物理变化。通过本任务的学习，学生应了解爆炸学说，掌握爆炸的过程及特点，熟悉爆炸的分类，以期在未来的工作中能够对预防爆炸提出有效意见和预防措施。

1.1　认识爆炸

爆炸及其种类

1.1.1　爆炸的特征

在自然界中存在着各种爆炸。我们把物质发生一种极为迅速的物理或化学变化，并在瞬间放出大量能量，产生高温，并放出大量气体，在周围介质中造成高压的化学反应或状态变化，同时产生巨大声响的现象称为爆炸。它通常借助于气体的膨胀来实现。例如乙炔罐里的乙炔与氧气混合发生爆炸时，大约在 1 s 内完成下列化学反应：

$$2C_2H_2+5O_2 =\!=\!= 4CO_2+2H_2O;\quad 产生热量\ Q$$

反应同时放出大量的热量和二氧化碳、水蒸气等气体，使罐内压力迅速升高 10～13 倍，其爆炸威力可以使罐体升空 20～30 m。

爆炸是物质剧烈运动的一种表现。爆炸将系统蕴藏的或瞬间形成的大量能量在有限的体积和极短的时间内骤然释放或转化为机械能以及光能和热能等形式，由一种状态迅速地转变成另一种状态。其过程可以表现为两个阶段，物质或系统的潜在能以一定的方式转化为强烈的压缩能；第二阶段，压缩能急剧膨胀，对外做功，从而引起周围介质的变形、移动和破坏。

爆炸的破坏形式主要包括震荡作用、冲击波、碎片冲击、造成火灾等。震荡作用即在爆炸破坏范围内对物体产生震荡和松散，从而导致物体损毁；爆炸产生的冲击波向四周扩散也会造成建筑物的破坏；爆炸后产生的强大热量会引燃一定范围的可燃物，从而引发火灾，加剧灾害的严重程度。

一般说来，爆炸现象具有以下特征：

（1）爆炸过程迅猛、快速。
（2）爆炸中心点附近压力急剧升高。
（3）发出或大或小的响声。
（4）产生冲击波。
（5）爆炸所波及的范围内介质发生震动或邻近物质遭到破坏。

1.1.2 认识爆炸学说

1. 连锁反应学说

爆炸性物质在热、冲击、摩擦等外力作用下，便有自由基生成，成为连锁反应的作用中心，由此造成接踵而来的连锁反应，同时向环境释放出巨大能量，做机械功。如对于爆炸性混合物，在连锁反应中，火焰则由一层层同心圆球面的形式向外传播。火焰的传播速度在起爆点 0.5～1 m 处开始为每秒数十米，以后逐渐上升，达到每秒数百米甚至数千米。若在火焰波扩散的路上有障碍物（贮罐、容器），由于气体温度的上升及由此引起的压力急剧增加（体积膨胀），会导致极大的破坏力。

连锁反应学说还说明，爆炸虽然反应迅速，但不是在达到着火的临界条件时就立即发生，而是经过链式反应所必需的一定时间后才能发生。因此，任何爆炸都有时间上的延滞，此延滞时间视链反应的历程与外界条件而定，可以由十万分之几秒到数小时。

2. 爆炸波学说

爆炸波学说可以用来解释可燃气体、蒸气与空气或氧气等氧化剂的混合物的爆炸。

该学说的主要内容是：当外界的冲击作用于有爆炸危险的混合物时，如其冲击力足以使物质迅速分解，则各种加速爆炸的机械的、热的和化学的现象便会依次发生。在有爆炸危险的物质中，所有能引起爆炸的能量会变为热量、引起冲击。此冲击与在反应中生成的气体分子运动的加速度有关。气体的冲击能使一层爆炸物被加热和分解，此层物质变为气体，并依次冲击到新的一层上。由此可见，爆炸是从冲击处以辐射状向外扩展的，并发生机械的、热的和化学的相互交替作用，这就是爆炸波这一名词的由来。

3. 爆炸电子本性假说

电子学说以原子间结合的不牢固来解释爆炸物质的不稳定性。在普通的化学反应中，外面的电子也能够从一个原子跳到另一个原子上。那么，可以假定在某些特别灵敏的爆炸性化合物中，价电子的结合就更弱。例如，在雷管中，甚至在很小的冲击之下，也会发生分子的变化，不仅以热的形式放出能量，并且同时还放出带有动能的游离电子。

4. 流体动力学爆炸理论

流体动力学的爆炸理论认为，爆炸是冲击波在炸药中传播而引起的。冲击波在炸药中传播可能有两种不同的情况：一种与在惰性介质中传播的冲击波相似，即不引起炸药中的化学变化，这种过程如无外部因素的持续作用，是不可能维持恒速传播的。这是因为冲击波阵面通过时，介质受到不可逆压缩，熵增加，引起能量的不可逆损失，所以必然要在传播中衰减下去；另一种情况，由于冲击波的剧烈压缩而引起炸药的快速化学反应，反应放出的能量又支持冲击波的传播，可以使之维持定速而不衰减，这种紧跟着化学反应的冲击波，或伴有化学反应的冲击波，称为爆轰波，爆轰就是爆轰波在炸药中传播的过程。

5. 气体爆轰动力学理论

这一理论设想了一个理想的爆轰过程，而且爆炸性气体在爆炸通过前后都服从理想气体定律，并假定气体的等熵指数与温度和成分无关。在这种条件下，根据能量守恒定律和理想气体定律，建立了一个爆炸物初始参数与爆炸参数之间的关系式，用此关系式表示爆炸波通过前后由于介质状态参数（如压力、体积）变化所引起的内能变化。

1.2 爆炸的分类

1.2.1 按照能量的来源分类

按照能量的来源，爆炸可以分为三类：物理爆炸、化学爆炸和核爆炸。

1. 物理爆炸

物理爆炸是由物理因素（如状态、温度、压力等）变化而引起的爆炸现象。即系统释放物理能引起的爆炸，爆炸前后物质的性质和化学成分均不改变，通常指受压容器爆炸和水蒸气爆炸，如高压蒸汽锅炉内过热，导致炉内蒸汽压力骤增，当超过锅炉耐压极限时，锅炉爆炸释放的高压蒸汽而形成爆炸。再如陨石撞击，在物体高速运动过程中受到碰撞，碰撞点附近的局部区域内迅速将动能转化为热能，从而导致了该部位的压力和温度急剧升高，并产生材料的严重变形，伴随巨大声响，形成爆炸现象。

2. 化学爆炸

由于物质发生剧烈的化学反应，使压力急剧上升而引起的爆炸称为化学爆炸。爆炸前后物质的性质和化学组成均发生了根本的变化。本书所讲述的爆炸如无特殊说明均为化学爆炸，如炸药爆炸、可燃气体（甲烷、乙炔等）爆炸、爆炸性混合物爆炸。化学爆炸是通过化学反应将物质内潜在的化学能在极短的时间内释放出来，使其化学反应处于高温、高压状态的结果。化学爆炸时，参与爆炸的物质在瞬间发生分解或化合，生成新的爆炸产物。如锂电池爆炸，电池受热失控后分解出的可燃气体与空气混合形成爆炸性混合气体，当锂电池喷出高温颗粒后引发爆燃，从而导致锂电池爆炸；再如高能炸药爆炸时的爆轰压可达 2×10^{10} Pa 以上，爆炸时产物的温度可以达到 2 000 ~ 4 000 ℃，因而使爆炸产物急剧向周围膨胀，产生强冲击波，对周围物体产生毁灭性的破坏作用。

3. 核爆炸

这是某些物质的原子核发生裂变反应或聚变反应时，释放出巨大能量而发生的爆炸，如原子弹、氢弹的爆炸。

1.2.2 按照爆炸反应相的不同分类

按照爆炸反应相的不同，爆炸可分为气相爆炸、液相爆炸和固相爆炸三类。

1. 气相爆炸

气相爆炸包括可燃性气体和助燃性气体混合物的爆炸；气体的分解爆炸；液体被喷成雾状物在剧烈燃烧时引起的爆炸，称为喷雾爆炸；飞扬悬浮于空气中的可燃粉尘引起的爆炸等。

2. 液相爆炸

液相爆炸包括聚合爆炸、蒸发爆炸以及由不同液体混合所引起的爆炸。例如硝酸和油脂、液氧和煤粉等混合时引起的爆炸；熔融的矿渣与水接触或钢水包与水接触时，由于过热发生快速蒸发引起的蒸发爆炸等。

3. 固相爆炸

固相爆炸包括爆炸性化合物及其他爆炸性物质的爆炸（如乙炔铜的爆炸）；导线因电流过载，导致导线过热，金属迅速汽化而引起的爆炸等。

1.2.3 按照爆炸时燃烧速度的不同分类

按照爆炸时燃烧速度的不同，爆炸可分为轻爆、爆炸和爆轰三类。

1. 轻爆

物质爆炸时的燃烧速度为每秒数米，爆炸时无多大破坏力，声响也不太大。例如，无烟火药在空气中的快速燃烧，可燃气体混合物在接近爆炸浓度上限或下限时的爆炸即属于此。

2. 爆炸

物质爆炸时的燃烧速度为每秒十几米至数百米，爆炸时能在爆炸点引起压力急剧上升，有较大的破坏力，有震耳的声响。可燃性气体混合物在多数情况下的爆性属于此类。

3. 爆轰

爆轰（detonation）又称爆震，是一个伴有大量能量释放的化学反应传输过程。物质爆炸时的燃烧速度为 1 000～7 000 m/s，反应区前沿为一以超声速运动的激波，称为爆轰波。爆轰波扫过后，介质成为高温高压的爆轰产物。由于在极短时间内发生的燃烧产物急速膨胀，像活塞一样挤压其周围气体，反应所产生的能量有一部分传给被压缩的气体层，于是形成的冲击波，由它本身的能量所支持，迅速传播并能远离爆轰的发源地而独立存在，同时引起处的其他爆炸性气体合物或炸药发生爆炸，从而产生一种"殉爆"现象。

1.3 爆炸的条件

1. 放热性

物质发生爆炸的必要条件之一即是反应的快速放热。爆炸本身是一个能量急剧转化的过程：化学能转化为热能，再由热能进一步转化为对周围介质所做的机械功。由此可见，热量是做功的，没有足够的热量，化学反应无法自行传播，也就不会发生爆炸。

有些化学物质，反应条件不同时其化学反应的放热或吸热情况也不同。例如，硝酸铵在低温加热作用时会发生缓慢分解的吸热反应：

$$NH_4NO_3 \Longrightarrow NH_3 + HNO_3 \quad Q = -714.7 \text{ J/mol}$$

而当其受到强起爆作用时就可以发生化学大爆炸，这就是一个放热分解反应：

$$NH_4NO_3 \Longrightarrow N_2 + 2H_2O + 0.5O_2 \quad Q = +529.2 \text{ J/mol}$$

因此，即便是同一种物质，反应是否具有爆炸性也取决于其在反应过程是否放出热量，只有放热反应才可能具有爆炸性。

2. 快速性

反应的快速性是可燃物质发生爆炸的第二个必要条件，也是爆炸过程区别于一般化学反应最重要的标志。反应速率慢的燃烧过程，其放出的热量和生成的气体都会扩散到反应体系周围的介质中，无法形成爆炸，如 1 kg 无烟煤在空气中燃烧可放出 8 900 kJ 的热量，但需要数分钟到数十分钟。而 1 kg 梯恩梯（TNT）爆炸放出的热量仅为 4 222 kJ，但它形成爆炸反应的时间只需百分之几秒至百万分之几秒，所以在爆炸完成的瞬间，气体尚未来得及膨胀就被反应热加热到 2 000～3 000 ℃，从而致使气体产生高压，此种高温高压气体骤然膨胀就形成了爆炸。

3. 生成气体产物

爆炸对周围介质做功主要是通过高温高压气体的迅速膨胀实现的，因此，在反应过程中产生大量气体产物也是可燃物质发生化学爆炸的一个重要因素，如 1 kg TNT 爆炸时可生成 1 180 L 气态产物，体积膨胀 1 000 余倍。由于爆炸反应的快速性和放热性，生成的高温高压气体产物在爆炸瞬间被压缩在原药体空间内，对外界急剧膨胀做功，从而形成爆炸向外扩散。

如果反应产物不是气体，而是液体或者固体，不能在有限的空间内形成急剧的膨胀做功，那么，即使是放热反应也不会形成爆炸现象。比如典型的铝热反应：

$$2Al + Fe_2O_3 \Longrightarrow Al_2O_3 + 2Fe \quad Q = +829 \text{ kJ/mol}$$

反应所放出的热量可以使生成产物迅速升温到 3000 ℃ 左右，生成的 Al_2O_3 和 Fe 在 3000 ℃ 时变为液态，但由于在反应过程中没有大量的气体生成，不能在反应空间内形成急剧的膨胀做功，因此不是爆炸反应。

综上所述，可燃物质发生化学爆炸的条件包括反应的放热性、快速性、生成气体产物三个条件。放热性即反应后生成的热量为爆炸提供的能量并增加了化学反应速率；快速性是使有限能量集中在较小容积内产生大功率的必要条件；生产气体产物则是由于反应放热将产物加热到很高的温度，可以使更多产物处于气体状态。

1.4 爆炸的机理

可燃气体、蒸气或粉尘与空气混合并达到爆炸极限范围，会形成爆炸性混合物。通过爆炸性混合物与高温热源的接触，产生了大量的链式反应的活性分子，并伴随热量向下传递。因此，爆炸性混合物发生爆炸有热反应和链式反应两种不同的机理。

热效应理论认为爆炸是由于热量在系统内部的传播，从而导致了系统化学反应的加速，直至发生爆炸。链式反应理论则认为系统化学反应是通过连锁反应自行加速，活化中心迅速增加促使系统反应不断加速，直至发生爆炸。但要根据具体情况而定是热效应主导还是链式反应主导，或者二者共同发生。

以氢气和氧气混合爆炸反应为例，当温度恒定、压力较小的情况下，其支链反应以吸热反应为主。由于压力较小，气体的扩散程度很高，反应产生的自由基容易扩散到器壁上销毁，支链的销毁速度大于生成速度，因此氢气和氧气的混合气体不爆炸。当压力继续增大，游离基与气体分子的碰撞概率增大，支链生成速度大于销毁速度，反应加速，混合物发生爆炸。压力持续增大，单位体积内分子浓度增大，游离基间的碰撞机会增大，会使链的销毁速度大于链的生成速度，混合物不会发生爆炸。当压力继续超过临界值时，连锁反应的支链反应变为放热反应，放热超过器壁散热，反应加快，混合物会发生爆炸。

 课后作业

1. 请简要解释什么是爆炸。
2. 什么是化学爆炸？请举例说明。
3. 什么是物理爆炸？请举例说明。
4. 请解释冲击波在爆炸中的作用。
5. 请列举一些常见的爆炸品。
6. 请解释化学爆炸的反应过程。
7. 请列举一些常见的爆炸反应类型。
8. 请解释核爆炸的原理。
9. 请解释燃烧爆炸的原理。

任务 2　爆炸极限的计算

可燃物质（可燃气体、蒸气和粉尘）与空气（或氧气）必须在一定的浓度范围内均匀混合，形成预混气体，遇到火源才会发生爆炸，这个浓度范围称为爆炸极限，或爆炸浓度极限。如预混气体不在爆炸极限范围内则不会爆炸。因此，研究爆炸极限的影响因素，提出缩小爆炸极限范围的措施就显得尤为重要，通过本任务的学习使学生能够计算爆炸极限，分析爆炸极限的影响因素，使学生能够提出缩小爆炸极限范围的措施。

爆炸极限

2.1　认识爆炸极限

可燃性气体或蒸气与空气组成的混合气体并不是在任何比例下都能够燃烧或者爆炸，即使是到达了爆炸条件，因气体的混合比例不同，燃烧速度和爆炸威力也会不同。通过爆炸极限的测定实验可知，可燃性气体浓度过高或过低，其燃烧速度均较慢，只有在某一浓度范围内混合气体燃烧的速度才足够快，在极短的时间内就能积聚到足够的热量，从而引发爆炸。一般来说，当混合物中可燃气体的含量接近于按化学反应式中计量系数计算的该物质的含量时，燃烧是最快或最剧烈的。即若含量减少或增加，火焰蔓延速度则下降，当浓度高于或低于某一极值时，火焰便不再蔓延。通常将可燃性气体或蒸气与空气混合后，遇明火发生爆炸的最低浓度，叫作爆炸下限；遇明火发生爆炸的最高浓度，叫作爆炸上限。

爆炸极限常用气体或蒸气在混合物中的体积百分数（百分含量）来表示，有时也用单位体积中可燃物含量来表示。可燃气体浓度过低，在爆炸下限以下的状态时，由于空气含量过高，化学反应系统产生的热量流失过快，不足以支撑反应继续进行；可燃气体浓度过高，在爆炸上限以上的状态时，由于空气含量不足，化学反应系统因缺氧不能完全燃烧，过量的可燃物质反而起冷却作用，阻止了火焰的蔓延，但此时若补充空气，是有火灾或爆炸危险的，因此爆炸上限以上的混合气体或蒸气不能认为是安全的。但是需要注意有部分爆炸上限很高的可燃气体和蒸气（如环氧乙烷、硝化甘油等），在分解时会自身供氧，使反应持续进行下去，随着气体压力和温度的升高，依然会引起分解爆炸。

2.2　分析爆炸极限影响因素

可燃气体或液体由于理化性质的不同，其爆炸极限也会不同，即使是同一种可燃气体或液体的爆炸极限，由于受到多种因素的影响，也会发生浮动，如瓦斯的爆炸极限范围为 5%～15%，但是由于在井下混入了煤尘等物质，其爆炸极限范围会扩大。影响爆炸极限范围的因素如下：

1. 温 度

温度对爆炸极限的影响，一般会使爆炸极限范围变宽，即温度上升时下限变低，上限变高，危险性增大。根据活化能理论，温度升高时，分子内能增加，参加反应的物质分子的反应活性也增大，使原来相对稳定的那部分分子成为具有爆炸危险的活化分子。表 2-1 列出了甲烷在不同温度下的爆炸极限。

表 2-1　甲烷在不同温度下的爆炸极限

物　质	初始温度/℃	爆炸下限/%	爆炸上限/%
甲　烷	0	6.8	12.6
	50	6.2	13.1
	100	6.0	13.7
	200	5.8	14.7
	300	5.5	15.8
	400	5.2	16.8

2. 压 力

压力对爆炸极限也有很重要的影响，一般是压力增加，爆炸极限范围扩大，危险性增大。这是因为分子间距离更为接近，分子浓度增大，分子间碰撞概率增加，反应速率加快，放热量增加并且在高压下热传导性差，更容易燃烧或爆炸；反之，压力降低，爆炸极限范围缩小。以甲烷为例，压力对甲烷爆炸极限的影响如表 2-2 所示。

表 2-2　加压对甲烷爆炸极限的影响

压力/MPa	爆炸下限/%	爆炸上限/%	极限范围
0.1	5.6	14.3	8.7
1.0	5.9	17.2	11.3
5.0	5.4	29.4	24.0
12.5	5.7	45.7	40.0

3. 氧含量

可燃气体混合物中氧含量增加，爆炸极限范围扩大，爆炸性增大，爆炸危险性便增大。从表 2-3 中可以看出，可燃物在纯氧中的爆炸范围比在空气中的爆炸范围宽，特别是爆炸上限增高更明显。

表 2-3　气态可燃物在空气中和氧气中的爆炸浓度极限

物质名称	在空气中		在纯氧中		物质名称	在空气中		在纯氧中	
	爆炸下限 /%	范围	爆炸下限 /%	范围		爆炸下限 /%	范围	爆炸下限 /%	范围
甲烷	5～15	10.0	5.4～60	54.6	氨	15～30.2	15.2	13.5～79	65.5
乙烷	3～12.5	9.5	3～66	63.0	一氧化碳	12.5～74	61.5	15.5～94	78.5
丙烷	2.1～9.5	7.4	2.3～55	52.7	丙烯	2～11.1	9.1	2.1～53	50.9
丁烷	1.5～8.5	7.0	1.8～49	47.2	环丙烷	2.4～10.4	8.0	2.5～63	60.5
乙烯	2.7～34	31.3	3～80	77.0	乙醚	1.95～36.5	34.65	2.1～82	79.9
乙炔	2.4～82	79.6	2.8～93	90.2	丁烯	1.6～10	8.4	1.8～58	56.2
氢气	4～75.6	71.0	4.7～94	89	氯乙烯	3.8～31	27.2	4.0～70	66

4. 惰性组分

在混合物中加入氮气、二氧化碳、水蒸气等惰性气体，随着惰性气体含量的增加，可燃气体混合物爆炸极限范围缩小。当惰性气体的含量增加到某一含量时，使爆炸上、下限趋于一致，爆炸极限范围缩小，这时混合气体就不会发生爆炸。这是因为加入惰性气体后，使可燃气体的分子和氧分子隔离，它们之间形成一层不燃烧的屏障；若在某处已经着火，则放出的热量被惰性气体吸收，热量不能积聚，火焰便不能蔓延。惰性气体的含量增加，特别是对爆炸上限的影响更大，惰性气体略微增加，即能使爆炸上限急剧下降。各种惰性气体对甲烷爆炸极限的影响如图 2-1 所示。

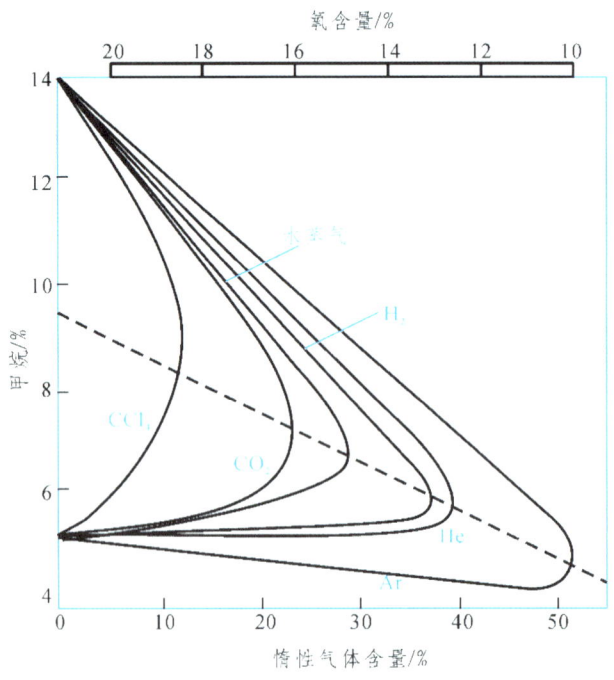

图 2-1　各种惰性气体含量对甲烷爆炸极限的影响

5. 爆炸容器

容器的材质、尺寸等对物质的爆炸极限都有影响。实验表明，容器或管道的直径越小，材料的传热性越好，火焰在其中的传播速度越小，爆炸极限范围就越小。当容器或管道的直径小到一定数值时，火焰即不能通过而自熄，这一直径称为火焰蔓延临界直径。容器材质对气体的爆炸极限也有一定的影响，如氢和氟在银质器皿中常温下就能发生爆炸反应；而在玻璃器皿中混合，即使在液态空气温度下于黑暗中也会发生爆炸。

容器大小对爆炸极限的影响，主要从器壁效应中解释：燃烧与爆炸并不是分子间直接反应，而是受外来能量的激发，分子键遭到破坏产生活化分子，活化分子又分裂为寿命短但却很活泼的自由基，自由基与其他分子相撞生成新的产物，同时也产生新的自由基再继续与其他分子发生反应。随着容器尺寸的减小，自由基与反应分子之间碰撞概率随之减少，自由基与通道壁的碰撞概率反而增加，这样就促使自由基反应减少。当通道尺寸减小到某一数值时，这种器壁效应就造成了火焰不能继续传播的条件，火焰即被阻止。

6. 点火源的能量

当点火源的能量越大，加热面积越大，作用时间越长，爆炸极限范围也越大。如甲烷与电压为 100 V、电流强度为 1 A 的电火花接触，无论在什么浓度下都不会发生爆炸，若电流强度为 2 A 时，则爆炸极限为 5.9%～13.6%；电流强度为 3 A 时，则爆炸极限为 5.85%～14.8%。对每一种可燃气体或蒸气都有一个最低引爆能量，如表 2-4 所示。

表 2-4 部分气体含量和最低引爆能量

可燃气体名称	含量（%）（体积分数）	最低引爆能量 /mJ	可燃气体名称	含量（%）（体积分数）	最低引爆能量 /mJ
氢气（在空气中）	29.2	0.019	环氧乙烷	7.72	0.105
氢气（在氧气中）	29.2	0.001 3	乙醛	7.72	0.376
甲醇	12.24	0.215	丙烯	4.44	0.282
甲烷	8.5	0.28	丁二烯	3.67	0.17
乙炔（在空气中）	7.73	0.02	苯	2.71	0.55
乙炔（在氧气中）	7.73	0.003	氨	21.8	0.77
乙烯（在空气中）	6.52	0.016	乙烷（在空气中）	4.02	0.031
乙烯（在氧气中）	6.52	0.001	乙烷（在氧气中）	4.02	0.031
丙酮	4.87	1.15	甲苯	2.27	2.50

2.3 计算爆炸极限

爆炸危险特性的气体或蒸气与空气或氧气混合物的爆炸极限,可用专门的仪器测定出来,为了方便起见,也可以通过其他数据及某些经验公式计算来获得,可作参考。下面介绍计算方法。

1. 爆炸完全反应浓度计算

爆炸混合物中的可燃物和助燃物完全反应的浓度就是理论上完全燃烧时在混合物中可燃物的含量。根据化学反应方程式可以计算可燃气体或蒸气的完全反应浓度。下面通过例题来说明计算方法。

【例 2-1】求乙烯在氧气中完全反应的浓度。

解 写出乙烯在氧气中完全反应的方程式:

$$C_2H_4 + 3O_2 = 2CO_2 + 2H_2O; \quad 产生热量 Q$$

根据反应式得知,参加反应物质的总体积为 1+3=4,则乙烯的体积在总体积中占:

$$X = \frac{1}{4} = 25\%$$

乙烯在氧气中完全反应的浓度为 25%。

可燃气体或蒸气的化学当量浓度也可用以下方法计算。

可燃气体或蒸气分子式一般用 $C_\alpha H_\beta O_\gamma$ 表示,设燃烧 1 mol 气体所必需的氧物质的量为 n,则燃烧反应式可写成:

$$C_\alpha H_\beta O_\gamma + nO_2 \longrightarrow 生成气体; \quad 产生热量 Q$$

如果把空气中氧气的浓度取为 20.9%,则在空气中可燃气体完全反应的浓度 $X_0\%$ 为

$$X_0 = \frac{1}{1+\dfrac{n}{0.209}} = \frac{0.209}{0.209+n} \times 100\% \tag{2-1}$$

又设在氧气中可燃气体完全反应的浓度为 $X(\%)$,即:

$$X = \frac{1}{1+n} \times 100\% \tag{2-2}$$

式(2-1)和式(2-2)表示出 X 和 X_0 与 n 或 $2n$ 之间的关系($2n$ 表示反应中氧的原子数)。

在完全燃烧的情况下,燃烧反应式为

$$C_\alpha H_\beta O_\gamma + 2nO_2 \longrightarrow \alpha CO_2 + \frac{1}{2}\beta H_2O; \quad 产生热量 Q$$

式中 $2n=2\alpha+1/2\beta-\gamma$,对于各种不同的烃,它们之间有不同的关系式。根据 $2n$ 的数值,可直接查出可燃气体在空气(或氧气)中完全反应的浓度。

2. 爆炸下限和爆炸上限计算

根据可燃气体完全反应的浓度计算。对于某些可燃物，完全燃烧时，如烃类及其衍生物的爆炸极限，可以根据可燃气体完全反应的浓度近似计算。

单一气体或蒸气的爆炸气体（烷烃及其衍生物）的爆炸下限，公式如下：

$$L_下 = 0.55 X_0 \tag{2-3}$$

$$L_上 = 4.8\sqrt{X_0} \tag{2-4}$$

式中 $L_下$——爆炸下限，%；

$L_上$——爆炸上限，%；

X_0——爆炸气体完全燃烧时化学理论计量浓度（摩尔分数），%，即爆炸完全反应浓度。

【例 2-2】试求戊烷（C_5H_{12}）和乙醇（C_2H_5OH）的爆炸完全反应物浓度和爆炸极限。

解 先按公式分别求出戊烷（C_5H_{12}）和乙醇（C_2H_5OH）在空气中完全燃烧所需的氧分子数 n_0。

戊烷　　$n_0 = \alpha + \beta/4 = 5 + 12/4 = 8$

乙醇　　$n_0 = \alpha + \beta/4 - \gamma/2 = 2 + 6/4 - 1/2 = 3$

再按公式分别求出戊烷和乙醇的爆炸完全反应物浓度 X_0：

戊烷　　$X_0(C_5H_{12}) = \dfrac{0.209}{0.209 + 8} = 2.55\%$

乙醇　　$X_0(C_2H_5OH) = \dfrac{0.209}{0.209 + 3} = 6.51\%$

再按公式分别求出戊烷和乙醇的爆炸下限和爆炸上限：

戊烷　　$L_下 = 0.55 X_0 = 0.55 \times 2.55 = 1.40\%$

$L_上 = 4.8\sqrt{X_0} = 4.8\sqrt{2.55} = 7.66\%$

乙醇　　$L_下 = 0.55 X_0 = 0.55 \times 6.51 = 3.58\%$

$L_上 = 4.8\sqrt{X_0} = 4.8\sqrt{6.51} = 12.25\%$

3. 多种可燃气体组成混合物的爆炸极限计算

由多种可燃气体组成混合物的爆炸极限，可根据各组分的爆炸极限进行计算，其公式如下：

$$L = \frac{1}{\dfrac{y_1}{L_1} + \dfrac{y_2}{L_2} + \dfrac{y_3}{L_3} + \cdots} \times 100\% \qquad (2\text{-}5)$$

式中　L——爆炸性气体混合物的爆炸极限，%；

　　　L_1，L_2，L_3——混合气中各可燃组分的爆炸极限，%；

　　　y_1，y_2，y_3——混合气中各可燃组分的体积分数，%，$y_1+y_2+y_3=100\%$。

4. 计算爆炸极限的实际意义

（1）评定可燃气体和液体的爆炸危险性。可燃性气体或液体的爆炸下限越低，爆炸极限范围越宽，其爆炸危险性就越大。如甲烷的爆炸极限为5%～15%，乙炔的爆炸极限为2.4%～82%，则乙炔比甲烷的爆炸危险性大。

（2）确定可燃性气体的危险性分类。在《建筑设计防火防火》规范中将爆炸下限<10%的可燃性气体为甲类火灾危险，爆炸下限≥10%的可燃性气体为乙类火灾危险，在生产、贮存和使用时，就应按照不同的危险等级采取相应的防火防爆措施。

（3）制定安全操作规程。爆炸极限的存在，为控制和防止安全生产事故的发生提供了的可靠的依据。例如，对于化工生产，使用易燃易爆的原料进行反应时，可针对性地采取密闭、控制原料配比、加入惰性气体进行保护等安全生产方法。

课后作业

1. 可燃气体的爆炸下限（LEL）是（　　）。

A. 3%　　　　　　　B. 12%　　　　　　　C. 121%　　　　　　　D. 1 212.4%

2. 可燃气体的爆炸上限（UEL）通常表示为（　　）。

A. 体积百分比　　　B. 摩尔百分比　　　C. 质量百分比　　　D. 以上都对

3. 可燃气体与空气混合后，若浓度低于可燃下限（LEL），则（　　）。

A. 气体可以被引燃　　　　　　B. 气体太稀薄无法被引燃

C. 气体太浓无法被引燃　　　　D. 以上都不对

4. 可燃气体与空气混合后，若浓度高于可燃上限（UEL），则（　　）。

A. 气体可以被引燃　　　　　　B. 气体太稀薄无法被引燃

C. 气体太浓无法被引燃　　　　D. 以上都不对

5. 可燃气体在空气中的爆炸极限（爆炸界限）通常表示为（　　）。

A. 爆炸下限（LEL）和爆炸上限（UEL）

B. 可燃下限（LFL）和可燃上限（UFL）

C. 爆炸下限（LEL）和可燃上限（UFL）

D. 以上都不对

6. 在高温高压条件下，可燃气体（蒸气）的爆炸极限与常温常压条件下的爆炸极限（　　）。

　　A. 相同　　　B. 存在较大差异　　　C. 无法确定　　　D. 以上都不对

7. 控制气体浓度的方法不包括以下哪项？（　　）

　　A. 加入惰性气体或其他不易燃的

　　B. 使用涤气器、吸附法来清除可爆的气体

　　C. 提高温度和压力

　　D. 降低温度和压力

8. 某混合气组成如表 2-5 所示。与空气混合，空气摩尔分率为 96%，问有无爆炸危险？

表 2-5　某混合气组成

组分	甲烷	乙烷	丙烷	丁烷	戊烷
y_i/%	4	10	75	8	3
$L_下$/%	5.3	3.0	2.2	1.9	1.5
$L_上$/%	14.0	12.5	9.5	8.5	7.8

任务 3　粉尘爆炸的分析

粉尘是指直径很小的固体颗粒，它可以在自然环境中天然产生（如火山喷发产生的尘埃），也可以由工业生产或日常生活中的各种活动生成（如矿山开采过程中岩石破碎产生的大量尘粒）。生产性粉尘就是特指在生产过程中形成的，并能长时间飘浮在空气中的固体颗粒。许多生产性粉尘在形成之后，表面往往还能吸附其他气态或液态有害物质，成为其他有害物质的载体，从而污染作业环境，影响作业人员的身心健康。但某些粉尘具有爆炸性，如煤粉、面粉等，一旦遇到明火或高温，就可能发生爆炸事故，造成人员伤亡和财产损失。本任务使学生掌握粉尘爆炸的机理，熟悉粉尘爆炸的过程和条件，了解影响粉尘爆炸的因素，掌握各类粉尘爆炸的控制措施，为后续提出防治粉尘措施奠定基础。

粉尘爆炸

3.1　认识粉尘爆炸

3.1.1　认识粉尘爆炸

自然界中有一些物质可以以粉尘状态存在。例如，棉、麻、烟、茶、谷物、金属、塑料、煤、合成橡胶、合成纤维等的加工过程中，由于粉碎、研磨、分筛、输送、风吹等操作会产生相应的粉尘。由于比表面积的增大，此类粉尘的化学性质要比原来活泼得多，如与氧气能够充分接触并达到一定比例，在一定条件下就会发生粉尘爆炸。因此，我们把可燃性固体的微细粉尘分散在空气等助燃气体中，当达到一定浓度时，被着火源点着引起的爆炸称为粉尘爆炸。可燃性粉尘爆炸所造成的事故虽然不如可燃性气体和液体造成的事故那样引人注意，但其爆炸威力要比可燃性气体和液体更大，造成的损失也是惊人的，这种事故的特点是常发生在不引人注目的地方。

1987年3月15日凌晨2点39分，哈尔滨某厂车间爆炸，造成65人重伤，112人轻伤，59人死亡，直接经济损近900万元，此厂是当时我国最大的亚麻纺织厂，900万元在那时无疑是一个天文数字。

2014年8月2日7时34分，江苏某公司抛光二车间发生特别重大铝粉尘爆炸事故，共有97人死亡、163人受伤，直接经济损失3.51亿元。

2014年11月26日2时35分，辽宁省某公司综采放顶煤工作面发生一起重大煤尘爆炸燃烧事故，造成28人死亡、50人受伤。

2015年6月27日，台湾某水上乐园舞台在举办彩色派对活动的最后5分钟发生粉尘爆炸意外，造成500余人受伤、12人死亡。

通过上述案例可以看出，粉尘爆炸不仅存在于各类生产企业中，也存在于我们的日常生活中，作为安全生产技术员对于粉尘爆炸的预防十分必要，能够提出相应的措施也应是其基本技能。

3.1.2　粉尘爆炸的特点

粉尘爆炸是一个瞬间的连锁反应，属于不稳定的气固二相流反应，其爆炸过程比较复杂，受到众多因素的制约。因此有关粉尘爆炸的机理至今尚在不断研究和不断完善中。另外，粉尘粒子本身相继发生熔融汽化，产生微小火花，成为周围未燃烧粉尘的点火源，使之着火，从而扩大了爆炸范围，这一过程与气体爆炸相比就复杂得多。

从粉尘爆炸过程可以看出粉尘爆炸有如下特点。

1. 粉尘爆炸所需的最小点火能量较高

粉尘爆炸最小点火能一般为几十毫焦耳，约为一般可燃气体的 10～100 倍，并且所需的点火时间也较长，可达数十秒，约为气体的数十倍。

2. 爆炸感应期较长

粉尘爆炸要经过尘粒的表面分解或由表面向内部传递热量分解的过程，所以感应期较长。

3. 会产生二次爆炸

粉尘初始爆炸产生的冲击波在传播过程中会激起堆积的粉尘飞扬，再次悬浮于空气中，形成粉尘云悬浮在空气中，在有限空间内达到爆炸极限浓度范围内的混合物，而飞散的火花和辐射热成为点火源，引起第二次爆炸。最后整个粉尘存在场所受到爆炸危险，由此产生的连锁爆炸会造成严重的危害。

4. 破坏程度严重

爆炸速度或爆炸压力上升速度小，但燃烧时间长，产生的能量大，破坏程度严重，如果飞到可燃物或人体身上，会使可燃物局部严重炭化或人体严重烧伤。

5. 容易造成人员中毒

粉尘爆炸与气体相比，容易引起不完全燃烧，因而在生成气体中有大量的一氧化碳存在。此外，有些粉尘（如塑料）自身会分解出有毒性气体。所以在粉尘爆炸后，容易引起人员中毒伤亡。

3.2　影响粉尘爆炸的因素

与气体爆炸极限类似，粉尘的爆炸极限也根据粉尘的性质受到很多因素的制约，如分散度、湿度、可燃气体含量、氧含量、温度等。一般来说，分散度越高，可燃气体含量越大，火源强度、初始温度越高，湿度越低，其爆炸极限的范围就越大。

1. 物理化学性质

可燃物质的燃烧热越大,其粉尘的爆炸危险性也就越大,如煤、碳、硫的粉尘等。我国规定,每千克标准煤的热值为 7 000 千卡(kcal,1 kcal=4.184 kJ)。其次越易被氧化的物质其粉尘的爆炸危险性越大,如镁、氧化亚铁、染料等。

粉尘的荷电性也是关键影响因素之一,粉尘在破碎和流动的过程中,由于相互摩擦或吸附空气中的离子而带电,产生的静电不易散失,飘浮在空气中的粉尘有 90%~95% 带正电或负电,造成静电积累,当积累到一定程度后出现静电放电现象,从而引起粉尘火灾和爆炸事故。

粉尘爆炸还与其所含挥发物有关,粉尘中含可燃挥发分越多,其热解温度越低,爆炸危险性和爆炸产生的压力就越大,如含有的灰分越高则可燃物质相对就低,其爆炸危险性和爆炸产生的压力就越小。如煤粉中当挥发物低于 10% 时,就不再发生爆炸,因而焦炭粉尘没有爆炸危险性,当煤尘中的灰分含量达到 30%~40% 时也不会爆炸。

2. 粉尘颗粒大小

单位体积内粉尘的粒子直径越小,其密度就越小,比表面积越大,表面能越大,更容易飞扬在空气中,所需的点火能量就越小,因此更容易发生爆炸,爆炸性越强。例如,粉尘的表面会吸附空气中的氧,其颗粒越细,吸附的氧就越多,因而越易发生爆炸,发火点越低,爆炸下限也越低。随着粉尘颗粒直径的减小,不仅其化学活性增加,而且还容易带上静电。另外,形状或表面的状态也对爆炸性有很大的影响,即使是平均粒径相同的粉尘,形状系数也具有很大的影响,球状粒子最小,针状较小,扁平状最大。

3. 粉尘的浓度

与可燃气体相似,粉尘爆炸极限也有一定的浓度范围,也有上下限之分,但因大部分粉尘的爆炸浓度上限较高,因此在研究中重点研究其爆炸浓度下限。

4. 粉尘或空气中含水量

粉尘中存在的水分不仅仅抑制了粉尘的浮游性,也能起到抑制爆炸的作用。对于疏水性的粉尘,由于爆炸的升温作用,其水分蒸发形成水蒸气,使点火有效能量减小,并且蒸发后的水蒸气起到了惰性气体和减少带电性的作用,从而对爆炸有抑制作用。但对于能够与水反应的锰、铝等粉尘物质与水反应生成氢气,水分会大大增加其危险性。同理,空气的湿度增加,悬浮粉尘会凝聚沉降,空气中水分又能稀释氧的含量。所以,随着粉尘或空气中水分的增加,粉尘的爆炸危险性会降低,当水分的含量达到一定浓度以后,粉尘就失去了爆炸性。所以,随着粉尘或空气中水分的增加,粉尘的爆炸危险性会降低,当水分的含量达到一定浓度以后,粉尘就失去了爆炸性。

3.3 粉尘爆炸的条件和过程

1. 粉尘爆炸的条件

只有具备了一定的条件粉尘才有可能发生爆炸,归结起来一般应同时具备以下5个条件:

(1)粉尘本身具有可燃性,即能与空气中的氧气发生氧化反应。

(2)粉尘必须悬浮在空气(或助燃气体)中,这样才能使粉尘颗粒表面与空气充分接触从而反应。如若粉尘粒度过大,比表面积就越小,即使悬浮于空气中也很快会沉积下来。

(3)粉尘悬浮在空气(或助燃气体)中的浓度处于爆炸极限范围内。粉尘粒子浓度太小,其燃烧热释放太少,难以形成持续效应,不会发生爆炸;如若浓度太大,混合物中氧气浓度过少,也不会产生爆炸。

(4)有足以引起粉尘爆炸的点火源,如电弧、火焰、火花、机械撞击都可能引起粉尘爆炸,粉尘爆炸的起爆能量要达到 10 mJ 以上,是可燃气体爆炸的近百倍。

(5)粉尘云要处于相对封闭的空间,这样反应的温度和压力才能骤然升高,继而引发爆炸。

2. 粉尘爆炸的过程

可燃粉尘爆炸与可燃气体爆炸类似,当其与空气混合遇点火源也会发生爆炸,同样也具有爆炸极限范围,因粉尘的爆炸上限较高,所以一般研究粉尘的爆炸下限。粉尘爆炸的过程如图 2-2 所示,主要由四步完成。

第一步,可燃性粉尘与空气充分混合并受到点火源能量的激发后,表面温度迅速升高,粉尘粒子表面开始热解。

第二步,受热表面的粉尘粒子发生热分解或干馏,生成的可燃性气体在粒子表面释放。

第三步,可燃气体与空气或氧气混合生成爆炸性混合气体,再次被点火源点燃。

第四步,点燃后产生热量进一步促使周围的粉尘发生分解,并连续地生成可燃性气体再次与空气迅速混合,使爆炸反应连续进行传播,从而形成粉尘爆炸。

综上所述,粉尘爆炸本质上也是一种气体爆炸,但这种爆炸反应的速度、爆炸压力将持续加快,并呈跳跃式发展。但与可燃气体爆炸不同,在粉尘爆炸的过程中,热量的传递不仅仅是由热传导使粉尘粒子表面温度上升,热辐射也起到了很大的作用,而且粉尘爆炸所需的点火源能量比可燃性气体爆炸要大得多。

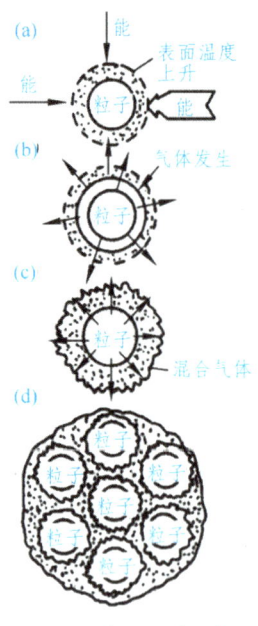

图 2-2 粉尘爆炸过程

3.4 粉尘爆炸特征参数

粉尘爆炸参数的实验测定都是在一定条件下进行的，往往与仪器设备、试验条件、判据及定义密切相关。粉尘爆炸特性的参数（见表 2-6）主要分为两类：一类是感度参数；另外一类是猛度参数。爆炸的敏感参数反映了粉尘云发生着火爆炸的难易程度，猛度参数反映了粉尘云燃烧后爆燃的猛烈程度。

表 2-6 粉尘爆炸特性参数

分类	名称	定义	测定标准
敏感度参数	粉尘云最低点燃温度（MITC）	测试炉内粉尘云发生点燃时炉子内壁的最低温度	《爆炸性环境 第12部分：可燃性粉尘物质特性 试验方法》（GB/T 3836.12—2019）
	粉尘层最低点燃温度（MITL）	指定厚度的粉尘层在热表面上发生点燃的热表面的最低温度	
	粉尘云爆炸极限（LEC）粉尘爆炸下限（MEC）	包括粉尘云爆炸下限和粉尘云爆炸上限。由于粉尘的沉积随粉尘云浓度的增加而增大，粉尘云爆炸下限指在特定测试条件下，爆燃火焰能够在其中持续传播的粉尘云的最低浓度	《粉尘云爆炸下限浓度测定方法》（GB/T 16425—2018）
	粉尘云最小引燃能量（MIE）	指电容储存的能够点燃最敏感浓度粉尘云的电极间释放的最低火花能量	《粉尘云最小着火能量测定方法》（GB/T 16428—1996）
猛度参数	粉尘最大爆炸压力（P_{max}）	封闭容器内最佳浓度粉尘云爆燃时的最大超压值	《粉尘云最大爆炸压力和最大压力上升速率测定方法》（GB/T 16426—1996）

3.5 粉尘控制技术措施

常用的粉尘防护措施主要有粉尘源控制、消除粉尘爆炸的点火源、避免设备中粉尘爆炸、配套消防设施建设、抑爆、隔离等。在实际应用中,并不是每一种防护措施单独使用,往往是多种防护措施组合运用,以达到更可靠、更经济的防护目的。

1. 粉尘源控制

防止粉尘沉积的首要措施就是减少粉尘的生成量,并防止悬浮粉尘达到最低爆炸浓度,这是最基本的预防措施。对于在生产过程中产生粉尘的设备或场所,一定要防止粉尘泄漏,这会导致粉尘到处飞扬,尤其是易于生成粉尘的设备,需要隔离设置在单独空间内。为防止粉尘逸出还应设置专门的保护,如对于带密闭罩的设备,可从密闭罩内吸气造成负压,以控制携粉尘气流,避免粉尘外溢。造成负压的方法,可以是从设备外壳或密闭罩抽出多余的气体,使正压变成负压;对于无外壳、工艺操作又不允许设计密闭罩的产生粉尘设备,只能设立合适的敞口吸风罩,如侧吸罩、底吸罩、上顶吸罩等,从粉尘化区吸出空气,以控制暴露的尘化区,吸走外溢的粉尘。此外,要加强通风排尘,及时清理沉积于厂房内各角落、设备、电缆和管道上的粉尘。

水对粉尘爆炸有多方面的影响,一方面可以减少粉尘的飞扬,同时因为水变成水蒸气能大量吸收粉尘氧化产生的热量,增加空气和粉尘的导电性能减少静电,因此可利用水来控制粉尘飞扬。生产中必须不定期湿润粉尘,遇有不能用水湿润的粉尘,应该用机械除尘法。例如用抽风法定期清除粉尘,保持操作环境的清洁。消除和减少粉尘向厂房内的扩散是控制粉尘爆炸的最根本的措施。

2. 加强管理,消除粉尘爆炸的点火源

能够引爆粉尘的点火源有许多种,要结合具体的生产流程和工作环境中可能出现的点火源种类进行有针对性的预防。凡是产生可燃粉尘的车间、工作面,均应列为禁火区。有可燃粉尘产生的场所,电机应采用封闭式。其他电器、仪表和照明灯具均应采用防尘型。研磨的物质在进入研磨机前,必须经过筛选、去石和吸铁(磁选)处理,不让石块、金属杂质进入研磨机内,以免撞击产生火花;例如,面粉加工厂的磨面机中混入砂石碎块就会产生火花,造成粉尘爆炸。轴承要勤加检查,保持油路通畅,以免摩擦聚热;另外还要防止静电放电。

3. 避免设备中粉尘爆炸

对于设备内极易形成粉尘爆炸混合物的操作,在设备中充入惰性介质、降低系统中的氧含量是目前防止设备爆炸的唯一可靠方法。在这种情况下,粉尘与空气混合物中的氧含量会减少至火焰不能传播的数值。惰性介质可以采用氮气、二氧化碳、烟道气等,也可用惰性气体稀释到必要最低含氧量的空气或其他工业废气以及惰性粉尘等。

4. 配套消防设施建设

为防患未然，须考虑一旦粉尘爆炸发生，应有相应的配套措施，使损失降到最低限度。粉尘爆炸的主要配套措施是控制爆炸的范围，阻止其继续传播和发展，例如设置自动水幕、水带来阻止爆炸延伸。扑救粉尘爆炸事故的有效灭火剂是水，尤以雾状水为佳。它既可以熄灭燃烧，又可湿润未燃烧粉尘，驱散和消除悬浮粉尘，降低空气浓度。但禁忌使用直流喷射水和泡沫，也不宜用有冲击力的干粉、二氧化碳、1211灭火剂，防止沉积粉尘因受冲击而悬浮引起二次爆炸。

5. 抑 爆

抑爆装置的主要原理是通过探测爆炸的发生，从而通过快速喷洒抑制剂的方式来减小或阻止爆炸的传播。其基本可以安装在任何可能发生危险的部位，但要注意的是其选用也要根据粉尘爆炸特性、除尘器和风管的抗爆强度，并与除尘器的控制装置保护连锁。最简单的爆炸抑制系统由4个单元组成，即监视器、传感器、发射筒和电源。抑爆系统通俗来说相当于一个自动灭火器，但是在这里要灭的不是熊熊烈火而是发生爆炸前期的小火球。当安装在粉体设备上的传感器探测到设备内部发生火花，使得燃料燃烧，形成小火球，即将要发展成大火球产生爆炸的瞬间，马上发出一个指令给发射筒，发射筒马上会向设备内部喷出灭火剂，把要引发爆炸的火花熄灭，从而抑制了爆炸的发生。

6. 隔 离

隔离分为机械隔离和化学隔离两种，隔离往往和抑爆系统一起应用。隔离就是把有爆炸危险的设备与相连的设备隔离开，从而避免爆炸的传播而产生二次爆炸。一般在设备的物料入口安装化学隔离，在设备的物料出口安装机械隔离阀。化学隔离和抑爆系统中的发射筒相同，只是一般为45°安装，机械隔离阀类似于常见的闸阀。

在现代工业中，我们给粉体设备采取防爆措施，不能只单独考虑某一个设备，要从整体出发，作为一个防爆系统工程来设计，因此往往需要采取多种方案组合应用，如泄放和机械隔离方案、泄放和化学隔离方案、无焰泄放和机械隔离方案、无焰泄放和化学隔离方案、抑制和机械隔离方案等，也可能需要将所有方案集合在一起。

课后作业

1. 粉尘爆炸的难易程度取决于粉尘的（　　）。
A. 比重　　　B. 挥发性　　　C. 燃烧释放能量　　　D. 空气中的氧气浓度
2. 一般情况下，（　　）是防止粉尘爆炸的关键。
A. 控制粉尘量　　B. 控制悬浮粉尘　　C. 控制可燃物浓度　　D. 控制点火源
3. 粉尘爆炸的过程及影响因素是什么？
4. 某化工厂生产过程中，需要将某种危险物料存放在一个密闭的仓库中。该仓库存在严重的粉尘堆积问题，粉尘堆积高度达到了数十厘米。在仓库中，粉尘与空气混合形成了爆炸性混合物。某日，仓库中突然起火，火势迅速蔓延，导致粉尘爆炸。由于仓库中没有设置粉尘爆炸抑制系统，整个仓库被炸毁，造成了巨大的财产损失和人员伤亡。根据以上描述回答下列问题：

（1）该案例中，危险物料存在的危险特性是什么？

（2）该案例中，为什么没有设置粉尘爆炸抑制系统？

（3）该案例对工厂的安全管理有哪些启示？

 典型案例

典型案例事故分析（二）

模块 3

可燃易燃危险化学品燃爆特性的分析

危险化学品是指具有毒害、腐蚀、爆炸、燃烧、助燃等性质，对人体、设施、环境具有危害的剧毒化学品和其他化学品。其燃烧速度快、毒性大、爆炸危险性高等特点使其在安全管理中需要重点关注。本模块主要讲述气、液、固三相可燃易燃物质的燃爆特性以及对其评价的主要技术参数，提醒学生在未来的工作中重点防范。

知识目标

1. 掌握不同相态物质的燃烧形式及特点。
2. 掌握油罐火灾的特点、沸溢和喷溅火灾的形成原因及预防措施。
3. 掌握不同相态评价燃爆危险性主要技术参数。

能力目标

1. 能够区分和判断不同相态可燃易燃物质。
2. 能够提出油罐火灾的预防措施。

素质目标

1. 提高学生的安全意识和责任意识。
2. 提高学生防范重大风险的意识。

任务 1　可燃易燃气体燃爆特性的分析

所有处于燃烧浓度范围之内的可燃易燃气体，遇火源都可能发生着火或爆炸，有的可燃易燃气体遇到极微小能量着火源的作用即可引爆。可燃易燃气体着火或爆炸的难易程度，除受着火源能量大小的影响外，主要取决于其化学组成，而其化学组成又决定着气体燃烧浓度范围、自燃点、燃烧速度和发热量。通过本任务的学习，学生应掌握可燃易燃气体的分类及燃烧形式，燃烧速度和影响因素，以及评价可燃易燃气体燃爆特性的主要技术参数，为提出可燃易燃气体爆炸控制措施奠定基础。

1.1　可燃易燃气体的分类

凡是在常温常压下以气态存在（某些气体降温加压时可液化），遇到点火源作用能发生燃烧爆炸的气态物质称为可燃性气体（或蒸气）。

1. 按危险特征分类

（1）易燃气体。该类气体极易燃，能与空气形成爆炸性混合物，大多数气体较空气重，能扩散相当远，遇火源会燃烧并将火焰沿与气流相反方向引回。当受热、撞击或强烈振动时会增大容器的内压力，使容器破裂爆炸或气瓶阀门松动漏气导致火灾。有些易燃气体有毒，吸入后会中毒。

（2）不燃气体。该类气体不燃无毒，包括助燃气体。当受热撞击或强烈振动时会增大容器的内压力，使容器破裂爆炸，有些气体有助燃作用。

（3）有毒气体。该类气体有毒，毒性指标与有毒品毒性指标相同。有些有毒气体易燃，有些有毒气体还具有腐蚀性和刺激性。当受热、撞击或强烈振动时会增大容器的内压力，使容器破裂爆炸或气瓶阀门松动漏气导致中毒和火灾事故。

2. 按化学组成分类

可燃性气体按化学组成可分为无机气体和有机气体，即无机可燃气和有机可燃气。无机可燃气有单质和化合物，在化合物分子中大多含有氢、氧、氯、硫等元素，如磷化氢、硫化氢、一氧化碳等。有机可燃气是由碳、氢、氧、氯等元素组成的有机化合物，如乙烷、乙炔、丙烯、汽油蒸气等。有机可燃气结构中含不饱和键越多，分子量越低，则它的化学性质就越活泼，越容易引起燃烧和爆炸，所以乙炔是最危险的有机可燃气体。

3. 按使用形态和危险特征分类

根据可燃性气体在通常条件下的使用形态和危险特征分成以下 5 类：

（1）可燃气体：如氢气、煤气、4 个碳原子以下（包括 4 个碳原子）的有机气体（如甲烷、乙烯、丙烷、丁二烯等)。

（2）可燃液化气：如液化石油气、液氨、液化丙烷等。

（3）可燃液体的蒸气：如甲醇、乙醇、乙醚、苯、汽油等的蒸气。

（4）助燃气体：如氧、氯、氟、氧化亚氮、一氧化氮、二氧化氮等。

（5）分解爆炸性气体：如乙炔、乙烯、环氧乙烷、丙二烯、联氨、乙烯基乙炔等。

在工业生产及日常生活中，因可燃性气体与空气形成混合气体，遇火源发生燃烧、爆炸造成的事故占很大比例，是防火防爆工作防范的重点。

4. 按爆炸下限分类

（1）一级可燃气体：爆炸下限≤10%，绝大多数可燃气体属此类。

（2）二级可燃气体：爆炸下限>10%，如氨、一氧化碳、二氯甲烷等。

5. 按可燃性气体的性能参数分类

爆炸性气体混合物的危险性，是由它的爆炸极限、传爆能力、引燃温度和最小点燃电流决定的。各种爆炸性混合物按最大试验安全间隙和最小点燃电流分级，按引燃温度分组，主要是为了配置相应电气设备，以达到安全生产的目的（见表3-1）。

表3-1 爆炸性气体的分类、分级、分组示例

类和级	最大试验安全间隙 MESG/mm	最小点燃电流比 MICR	引燃温度（°C）与组别					
			T_1	T_2	T_3	T_4	T_5	T_6
			$T>450$	$450 \geq T>300$	$300 \geq T>200$	$200 \geq T>135$	$135 \geq T>100$	$100 \geq T>85$
I	MESG=1.14	MICR=1.0	甲烷					
IIA	0.9<MESG<1.14	0.8<MICR<1.0	乙烷、丙烷、丙酮、苯、乙烯、氯乙烯、氨苯、甲苯、苯、乙氨、甲醇、乙醇、一氧化碳、丙烯腈、乙酸乙酯	丁烷、乙醇、丙烯、丁醇、乙酸、乙酸酐等	戊烷、己烷、庚烷、癸烷、辛烷、汽油、硫化氢、环己烷	乙醚、乙醛		亚硝酸乙酯
IIB	0.5<MESG≤0.9	0.45<MICR≤0.8	二甲醚、民用煤气、环丙烷	环氧乙烷、环氧丙烷、丁二烯、乙烯		异戊二烯		
IIC	MESG≤0.5	MICR≤0.45	水煤气、氢、焦炉煤气	乙炔			二硫化碳	硝酸乙酯

（1）按最大试验安全间隙（MESG）分级，分为IIA、IIB、IIC三级。其中，IIA安全间隙最大，危险性最小；IIC安全间隙最小，传爆能力最强，危险性最大。

最大试验安全间隙试验方法：在标准试验条件下，壳内所有浓度的被试验气体或蒸气与空气的混合物点燃后，通过25 mm长的接合面均不能点燃壳外爆炸性气体混合物的外壳空腔两部分之间的最大间隙。安全间隙的大小反映了爆炸性气体混合物的传爆能力。

（2）按最小点燃电流比（MICR）分级，分为IIA、IIB、IIC三级，最小点燃电流比越小，危险性就越大。IIA最大试验安全间隙最大，最小点燃电流比最大，危险性最小；反之，IIC危险性最大。

最小点燃电流比（MICR）为各种可燃物质的最小点燃电流值与实验室甲烷的最小点燃电流值之比。最小点燃电流值试验方法：在温度为 20～40 ℃，大气压力为 0.1 MPa，电压为 24 V，电感为 95 mH 的试验条件下，采用 IEC 标准火花发生器对空气电感组成的直流电路进行 3 000 次火花发生试验，能够点燃最易点燃混合物的最小电流。

（3）按引燃温度分组，分为 T1、T2、T3、T4、T5、T6 六组。T6 引燃温度最低，T1 引燃温度最高。引燃温度即是爆炸性混合物不需要用明火即能引燃的最低温度。引燃温度越低的物质，越容易引燃，危险性越大。

1.2 可燃易燃气体的燃烧形式

根据可燃气体燃烧过程的控制因素不同，可分为扩散燃烧和预混燃烧两种燃烧形式。

1. 扩散燃烧

扩散燃烧是指可燃气体或蒸气与气体氧化剂（如氧气）相互扩散，边混合边燃烧。在扩散燃烧过程中，由于化学反应速度远比气体混合扩散速度快得多，整个燃烧速度的快慢由物理混合速度决定，气体（或蒸气）扩散多少就烧掉多少。这类燃烧比较稳定，人们在生产、生活中的正常用火（如燃气做饭、电气照明、气焊等）均属这种形式的燃烧。

扩散燃烧的特点：扩散火焰不运动，可燃气体与氧化剂气体的混合在可燃气体喷口进行。稳定的扩散燃烧，火焰温度相对较低，扩散火焰不运动，只要控制得好，就不至于造成火灾，一旦发生火灾也较易扑救，其燃烧过程也不会发生回火现象。

2. 预混燃烧

预混燃烧又称为动力燃烧或爆炸式燃烧，它是指可燃气体（或蒸气）预先与空气（或氧气）混合，遇火源产生带有冲击力的燃烧，如氧乙炔焊、汽灯燃烧。预混燃烧一般发生在封闭体系中或在混合气向周围扩散速度远小于燃烧速度的敞开体系中，燃烧放热造成产物体积迅速膨胀，压力升高，压力可达 709.1～810.4 kPa。这种形式的燃烧速度快，温度高，火焰传播速度快，通常的爆炸反应即属于此类。

预混燃烧的特征：反应混合气体不扩散，在可燃混合气体中引入火源即产生一个火焰中心，成为热量与化学活性粒子集中源。火焰中心把热量和活性粒子供给其周围的未燃气体薄层，反应区的火焰峰面按同心球面迅速向外传播，运动火焰峰面是厚度为 10^{-2}～10^{-4}cm 的气相燃烧区，温度按混合气体组成的不同一般介于 1 000～3 000 K 之间。如果预混气体从管口喷出发生预混燃烧，若气体流速大于燃烧速度则在管口形成稳定的燃烧火焰，由于燃烧充分、速度快，燃烧区呈高温白炽状，如汽灯的燃烧即是如此；若气体流速小于燃烧速度，则会发生"回火"现象。制气系统检修前不进行置换就烧焊，燃气系统开车前不进行吹扫就点火，用气系统产生负压"回火"或者漏气未被发现而用火时往往形成预混燃烧，有可能造成设备损坏和人员伤亡。

1.3 可燃易燃气体燃烧速度及影响因素

1. 可燃易燃气体燃烧速度

可燃气体的燃烧不需要像固体、液体那样经过熔化、蒸发等过程，因此燃烧速度很快。气体的燃烧速度根据物质的组成成分不同而有所差异。简单气体（如氢气）燃烧只需受热、氧化等过程；而复杂的气体（如天然气、乙炔等）则要经过受热、分解、氧化过程才能开始燃烧。因此，简单的气体比复杂的气体燃烧速度快。其次，在可燃气体的燃烧过程中，其扩散燃烧速度取决于气体扩散速度，而混合燃烧速度则取决于气体本身的化学反应速度，在通常情况下混合燃烧速度高于扩散燃烧速度。气体的燃烧性能也常用火焰传播速度来衡量，可燃气体在直径 25.4 mm 管道中的火焰传播速度如表 3-2 所示。

表 3-2 一些可燃气体在直径 25.4 mm 管道中的火焰传播速度

气体名称	最大火焰传播速度/（m/s）	可燃气体在空气中的含量/%	气体名称	最大火焰传播速度/（m/s）	可燃气体在空气中的含量/%
氢气	4.83	38.5	丁烷	0.82	3.6
一氧化碳	1.25	45	乙烯	1.42	7.1
甲烷	0.67	9.8	炼焦煤气	1.70	17
乙烷	0.85	6.5	焦炭发生煤气	0.73	48.5
丙烷	0.82	4.6	水煤气	3.1	43

2. 气体燃烧爆炸的影响因素

可燃气体混合物的火焰传播速度受多种因素的影响：

（1）与可燃气体的浓度有关。从理论上研究，可燃气体在化学当量浓度时是火焰传播速度的最大值，但实际测定发现，火焰传播速度的最大值是在稍高于化学当量浓度的时候。

（2）可燃气体混合物中的惰性气体浓度增加，会消耗热能而使火焰传播速度降低。

（3）可燃气体混合物的初始温度越高，火焰传播速度越快。

（4）火焰传播速度在不同直径的管道中测试结果表明，随着管道直径的增加，火焰传播度增大，但有个极限值，管道直径超过这个极限值，火焰传播速度不再增大；反之，当管道直径减小，火焰传播速度减慢，也有个极限值，当小于某种直径时，火焰就不能传播。这种现象可以用链式反应理论来解释。随着管子直径的减小，燃烧反应的自由基与管壁碰撞的机会就增加，燃烧温度与火焰传播速度相应变慢，直至停止传播。阻火器就是根据这一原理制成的。表 3-3 所列为甲烷和空气混合气体在不同管径中的火焰传播速度。

表 3-3　甲烷和空气混合气在不同管径中的传播速度

甲烷体积分数/%	管径/cm					
	2.5	10	20	40	60	80
6	23.5	43.5	63	95	118	137
8	50	80	100	154	183	203
10	65	110	136	188	215	236
12	35	74	80	123	163	185
13	22	45	62	104	130	138

（5）在管道中测试火焰传播速度时还与管子材料以及管道的放置方式有关。对于10%甲烷与空气混合气，当管子平放时，火焰传播速度为 65 cm/s；管子向上垂直放时为 75 cm/s，而管子向下垂直放时为 59.5 cm/s。

1.4　评价可燃易燃气体燃爆危险性的主要技术参数

1. 爆炸极限

可燃气体的爆炸极限是表征其爆炸危险性的一种主要技术参数，爆炸极限范围越宽，爆炸下限浓度越低，爆炸上限浓度越高，则通常可燃气体燃烧爆炸危险性越大。可燃气体与蒸气在标准情况（20 ℃ 及 101 325 Pa）下的爆炸极限如表 3-4 所示。

表 3-4　可燃气体与蒸气在标准情况（20 ℃ 及 101 325 Pa）下的爆炸极限

物质名称	爆炸下限/%	爆炸上限/%	物质名称	爆炸下限/%	爆炸上限/%
甲烷	5.00	15.00	乙烯	2.75	28.60
乙烷	3.22	12.45	乙炔	2.50	80.00
丙烷	2.37	9.50	苯	1.41	6.75
甲苯	1.27	7.75	醋酸甲酯	3.15	15.60
二甲苯	1.00	6.00	醋酸戊酯	1.10	11.40
甲醇	6.72	36.50	松节油	0.80	—
乙醇	3.28	18.95	氢气	4.00	74.00
丙醇	2.55	13.50	一氧化碳	12.50	80.00
异丙醇	2.65	11.80	氨	15.50	27.00
甲醛	3.97	57.00	二氧化碳	1.25	50.00
糠醛	2.10	—	硫化氢	1.30	45.50
乙醚	1.85	36.50	氧硫化碳（COS）	11.90	28.50
丙酮	2.55	12.80	一氯甲烷	8.25	18.70
氢氰酸	5.60	47.00	溴甲烷	13.50	14.50
醋酸	4.05	—	苯胺	1.58	—

2. 爆炸危险度

可燃气体或蒸气的爆炸危险性还可以用爆炸危险度来表示。爆炸危险度是爆炸浓度极限范围与爆炸下限浓度之比值，其计算公式如下：

$$\text{爆炸危险度} = \frac{\text{爆炸上限浓度} - \text{爆炸下限浓度}}{\text{爆炸下限浓度}}$$

气体或蒸气的爆炸浓度极限范围越宽，爆炸下限浓度越低，爆炸上限浓度越高，其爆炸危险性就越大。其中典型气体的爆炸危险度如表 3-5 所示。

表 3-5 典型气体的爆炸危险度

名称	爆炸危险度	名称	爆炸危险度
氨	0.87	汽油	5.00
甲烷	1.83	辛烷	5.32
乙烷	3.17	氢气	17.78
丁烷	3.67	乙炔	31.00
一氧化碳	4.92	二硫化碳	59.00

3. 传爆能力

传爆能力是爆炸性混合物传播燃烧爆炸能力的一种度量参数，用最小传爆断面表示。当可燃性混合物的火焰经过两个平面间的缝隙或小直径管子时，如果其断面小到某个数值，由于游离基销毁的数量增加而破坏了燃烧条件，火焰即熄灭。这种阻断火焰传播的原理称为缝隙隔爆。

爆炸性混合物的火焰尚能传播而不熄灭的最小断面称为最小传爆断面。测试设备内部的可燃混合气被点燃后，通过 25 mm 长的接合面，能阻止将爆炸传至外部的可燃混合气的最大间隙，称为最大试验安全间隙。可燃气体或蒸气爆炸性混合物，按照传爆能力的分级如表 3-6 所示。

表 3-6 可燃气体或蒸汽爆炸性混合物按照传爆能力的分级

级别	1	2	3	4
间隙 δ /mm	$\delta > 1.0$	$0.6 < \delta \leq 1.0$	$0.4 < \delta \leq 0.6$	$\delta \leq 0.4$

4. 爆炸压力和威力指数

（1）爆炸压力。可燃性混合物爆炸时产生的压力为爆炸压力，它是度量可燃性混合物将爆炸时产生的热量用于做功的能力。发生爆炸时，如果爆炸压力大于容器的极限强度，容器将发生破裂。

各种可燃气体或蒸气的爆炸性混合物，在正常条件下的爆炸压力，一般都不超过 1 MPa，但爆炸后压力的增长速度却是相当大的。几种可燃气体或蒸气的爆炸压力及其增长速度如表 3-7 所示。

表 3-7　可燃气体或蒸汽的爆炸压力及其增长速度

名称	爆炸压力 /MPa	爆炸压力增长速度 /(MPa·s^{-1})
氢气	0.62	90
甲烷	0.72	—
乙炔	0.95	80
一氧化碳	0.7	—
乙烯	0.78	55
苯	0.8	3
乙醇	0.55	—
丁烷	0.62	15
氨	0.6	—

（2）爆炸威力指数。气体爆炸的破坏性还可以用爆炸威力指数来表示。爆炸威力指数是反映爆炸对容器或建筑物冲击度的一个量，它与爆炸形成的最大压力有关，同时还与爆炸压力的上升速度有关。典型气体和蒸气的爆炸威力指数如表 3-8 所示。

表 3-8　典型气体和蒸气的爆炸威力指数

名称	威力指数	名称	威力指数
丁烷	9.30	氢气	55.80
苯	2.4	乙炔	76.00
乙烷	12.13		

5. 自燃点

可燃气体的自燃点不是固定不变的数值，而是受压力、密度、容器直径、催化剂等因素的影响。

一般规律：受压越高，自燃点越低；密度越大，自燃点越低；容器直径越小，自燃点越高。可燃气体在压缩过程中（例如在压缩机中）较容易发生爆炸，其原因之一就是自燃点降低。在氧气中测定时，所得自燃点数值一般较低，而在空气中测定则较高。

同一物质的自燃点随一系列条件而变化，这种情况使得自燃点在表示物质火灾危险性上降低了作用，但在判定火灾原因时，就不能不知道物质的自燃点。所以，在利用文献中的自燃点数据时，必须注意它们的测定条件。测定条件与所考虑的条件不符时，应该注意其间的变化关系。在普通情况下，可燃气体和蒸气的自燃点如表 3-9 所示。

表 3-9　可燃气体和蒸气在普通情况下的自燃点

物质名称	自燃点/℃	物质名称	自燃点/℃	物质名称	自燃点/℃
甲烷	650	苯	625	硝基甲苯	482
乙烷	540	甲苯	600	蒽	470
丙烷	530	乙苯	553	石油醚	426
丁烷	429	二甲苯	590	松节油	250
乙炔	406	苯胺	620	乙醚	180
丙酮	612	丁醇	337	醋酸甲酯	451
甘油	348	乙二醇	378	氨	651
甲醇	430	醋酸	500	一氧化碳	644
乙醇	421	醋酐	180	二硫化碳	112
丙醇	377	醋酸戊酯	451	硫化氢	216

爆炸性混合气处于爆炸下限浓度或爆炸上限浓度时的自燃点最高，处于完全反应浓度时的自燃点最低。在通常情况下，都是采用完全反应浓度时的自燃点作为标准自燃点。例如，硫化氢在爆炸上限时的自燃点为 373 ℃，在爆炸下限时的自燃点为 304 ℃，在完全反应浓度时的自燃点是 216 ℃，故取用 216 ℃ 作为硫化氢的标准自燃点。因此，应当根据爆炸性混合气的自燃点选择防爆电器的类型，控制反应温度，设计阻火器的直径，采取隔离热源的措施等。与爆炸性混合物接触的任何物体，如电动机、反应罐、暖气管道等，其外表面的温度必须控制在接触的爆炸性混合物的自燃点温度以下。

为了使防爆设备的表面温度限制在一个合理的数值上，将在标准试验条件下的爆炸性混合物按其自燃点分组，如表 3-10 所示。

表 3-10　爆炸性混合物按自燃点分组

组别	爆炸性混合物自燃温度 $T/℃$	组别	爆炸性混合物自燃温度 $T/℃$
T_a	$450<T$	T_d	$135<T\leqslant 200$
T_b	$300<T\leqslant 450$	T_e	$100<T\leqslant 135$
T_c	$200<T\leqslant 300$		

6. 化学活泼性

（1）可燃气体的化学活泼性越强，其火灾爆炸的危险性越大。化学活泼性强的可燃气体在通常条件下即能与氯、氧及其他氧化剂起反应，发生火灾和爆炸。

（2）气态烃类分子结构中的价键越多，化学活泼性越强，火灾爆炸的危险性越大。例如，乙烷、乙烯和乙炔分子结构中的价键分别为单键（$H_3C\text{——}CH_3$）、双键（$H_2C\text{=}CH_2$）和三键（$HC\equiv CH$），它们的燃烧爆炸和自燃的危险性依次增加。

7. 相对密度

（1）与空气密度相近的可燃气体，容易互相均匀混合，形成爆炸性混合物。

（2）比空气重的可燃气体沿着地面扩散，并易窜入沟渠、厂房死角处，长时间聚集不散，遇火源则发生燃烧或爆炸。

（3）比空气轻的可燃气体容易扩散，而且能顺风飘动，会使燃烧火焰蔓延、扩散。

（4）应当根据可燃气体的密度特点，正确选择通风排气口的位置，确定防火间距值以及采取防止火势蔓延的措施。

（5）可燃气体的相对密度是指可燃气体对空气质量之比，各种可燃气体对空气的相对密度可通过下式计算：

$$d = \frac{M}{29} \tag{3-1}$$

式中 M——可燃气体的摩尔质量；

29——空气的平均摩尔质量。

8. 扩散性

（1）扩散性是指物质在空气及其他介质中的扩散能力。

（2）可燃气体（蒸气）在空气中的扩散速度越快，火灾蔓延扩展的危险性就越大。气体的扩散速度取决于扩散系数的大小。几种可燃气体在相对密度和标准状态下的扩散系数如表 3-11 所示。

表 3-11 几种可燃气体的相对密度和标准状况下的扩散系数

气体名称	扩散系数 /（cm²·s⁻¹）	相对密度	气体名称	扩散系数 /（cm²·s⁻¹）	相对密度
氢	0.634	0.07	乙烯	0.130	0.79
乙炔	0.194	0.91	甲醚	0.118	1.58
甲烷	0.196	0.55	液化石油气（丙烷）	0.121	1.56
氨	0.198	0.59			

9. 可压缩性和受热膨胀性

（1）气体与液体比较有很大的弹性。气体在压力和温度的作用下，容易改变其体积，受压时体积缩小，受热即体积膨胀。当容积不变时，温度与压力成正比，即气体受热温度越高，它膨胀后产生的压力也越大。

（2）气体的压力、温度和体积之间的关系，可用理想气体状态方程式表示：

$$pV = nRT \tag{3-2}$$

式中 p——气体压力，MPa；

V——气体体积，m³ 或 L 等；

n——气体的摩尔数或 kg/mol；

R——气体常数，为 8.315 Pa·m³·mol⁻¹·K⁻¹ 或 0.008 205 MPa·L·mol⁻¹·K⁻¹；

T——热力学温度，K。

理想气体状态方程式的计算值与真实气体有一定的误差，而且随着压力升高误差往往加大。式（3-2）表明，盛装压缩气体或液体的容器（钢瓶）如受高温、日晒等作用，气体就会急剧膨胀，产生很大压力，当压力超过容器的极限强度时，就会引起容器的爆炸。

课后作业

1. 气体燃烧有哪两种形式？它们的特征分别是什么？
2. 可燃气体燃烧速度的影响因素有哪些？
3. 易燃气体是指在什么条件下可以被点燃的气体？（　　）
   A. 通常在空气中　　　　　　B. 只有在特定比例的氧气中
   C. 在任何比例的氧气中　　　D. 只有在密闭空间中
4. 对于易燃气体，燃烧和爆炸之间有什么联系？
5. 什么是火焰传播速度？在易燃气体环境中，它对于燃烧和爆炸有何影响？
6. 如何预防易燃气体燃烧和爆炸？
7. 如果发生易燃气体燃烧或爆炸，应该如何应对？

任务 2  可燃易燃液体燃爆特性的分析

可燃易燃液体是在常温下易着火燃烧的液态物质，如汽油、乙醇、苯等，这类物质大都是有机化合物，其中很多属于石油化工产品。易燃液体及其所挥发的可燃气体，遇火迅速燃烧；所挥发的可燃气体在空气中的浓度达到爆炸极限时，遇火星即发生爆炸；存放密闭容器中的易燃液体，受热后能使容器爆裂而引起燃烧；大量可燃气体扩散到空气中，使人畜中毒或窒息。运输时，可燃易燃液体一般不得与其他品种混装混放，应特别注意防火、防热、防撞击，并按安全要求进行操作。通过本任务的学习，使学生知晓可燃易燃液体的分类及燃烧形式，掌握评价可燃易燃液体燃爆危险性主要技术参数，能够提出相应的事故预防措施。

2.1 可燃易燃液体的分类

1. 按闪点分类

按照国家标准《危险货物分类和品名编号》（GB 6944—2012）中的规定，将可燃液体分为三类。

（1）低闪点液体（<－18 ℃）。

（2）中闪点液体（－18～23 ℃）。

（3）高闪点液体（23～61 ℃）。

2. 根据火灾危险性

根据国家标准《建筑设计防火规范》(GB 50016—2014)（2018 年版）的规定将可燃液体的火灾危险性分为三类（包括生产性物质和贮存物质）。

（1）甲类（<28 ℃）。

（2）乙类（28～60 ℃）。

（3）丙类（≥60 ℃）。

3. 按化学性质和化学组成分类

按化学性质和化学组成分类情况比较复杂，大体可分为下列 10 类：

（1）烃类：包括链烃和环烃，碳数约为 5～10 个，如辛烷、壬烷等。

（2）芳香烃：苯及其衍生物，分子中具有苯环结构，如乙苯、丙苯等。

（3）卤代烃：烃类及芳香烃类分子中氢原子被卤素原子（氟、氯、溴、碘等）置换的产物，如二氯甲烷、氯苯等。

（4）烃的含氧化合物：烃分子氧化产物分子中除碳、氢原子外，还含有氧原子，按

其结构不同（官能团不同）又可分为以下几类：

① 醛类：如戊醛、己醛等。
② 醇类：如甲醇、乙醇等。
③ 酚类：如苯酚等。
④ 酮类：如丙酮、丁酮等。
⑤ 醚类：如乙醚、乙丙醚等。
⑥ 酯类：如乙酚乙酯、乙酸丁酯等。

（5）腈类：此类物品分子中含有腈基（——CN），如丙烯腈等。
（6）胺类：此类物品分子中含有胺基（——NH_2），如二甲苯胺等。
（7）烃的含硫化合物：如二硫化碳等。
（8）杂环化学物：如杂茂、杂苯等。
（9）肼类与某些重氮类和含有易燃液体的制品（混合物）：如油漆、黏合剂等。
（10）有机硅类：主要是低级有机硅化学物，如二乙二氯硅烷等。

2.2 可燃易燃液体的燃烧形式

根据可燃液体蒸发与汽化的特点，液体燃料的燃烧形式可分为液面燃烧、灯芯燃烧、蒸发燃烧和雾化燃烧 4 种。

1. 液面燃烧

液面燃烧是一种依靠热辐射和热对流原理从附近火焰传热到液面，使液体燃料蒸发，然后在液面的上部进行扩散式燃烧（见图 3-1）。若液体燃料容器附近有热源或火源，则在辐射和对流的影响下，液体表面蒸发加快，液面上方的燃料蒸气增加，当其与周围的空气形成一定浓度的可燃混合气并达到着火温度时，便可以发生燃烧。液面燃烧往往是灾害燃烧的形式，如油罐火灾、海面浮油火灾等。在工程燃烧中不宜采用这种燃烧方式。

图 3-1 液面燃烧

2. 灯芯燃烧

灯芯燃烧是利用吸附作用将燃油从容器中吸上来在灯芯表面生产蒸气然后发生的燃烧。这种燃烧方式功率小，一般只用于家庭生活或其他小规模的燃烧器，如煤油炉、煤油灯等（见图3-2）。

图3-2 酒精灯燃烧

3. 蒸发燃烧

蒸发燃烧是将液体燃料通过一定的蒸发管道，利用燃烧时所放出的一部分热量（如高温烟气）加热管中的燃料，使其蒸发，然后再像气体燃料那样进行燃烧。蒸发燃烧适宜于黏度不太大、沸点不太高的轻质液体燃料，在工程燃烧中有一定的应用。

4. 雾化燃烧

雾化燃烧是利用各种形式的雾化器将液体燃料破碎成许多直径为几微米到几百微米的小液滴，悬浮在空气中边蒸发边燃烧。由于燃料的蒸发表面积增加了上千倍，因而有利于液体燃料迅速燃烧。雾化燃烧是工程燃烧的主要方式。利用此原理制成的火焰法雾化器结构如图3-3所示。

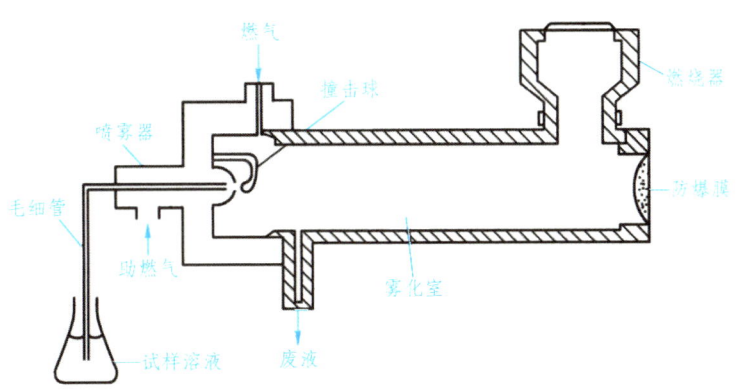

图3-3 火焰法雾化器结构示意图解

2.3 可燃易燃液体燃烧速度及影响因素

2.3.1 可燃易燃液体燃烧速度

一般易燃液体在常温下其蒸气压就已经很高了，因此有火星、灼热物体等靠近时便能被点燃，随后，火焰便很快沿液体表面蔓延，其速度可达 0.5~2.0 m/s。还有部分液体必须在高温状态下持久地作用，使其表面层强烈受热后才能大量蒸发而着火，故在常温下生产、使用这类液体的厂房没有火灾爆炸危险。这类液体着火后只在不大的范围内燃烧，火焰在液体表面上蔓延速度很慢。部分易燃液体的燃烧速度如表 3-12 所示。

表 3-12　部分易燃液体的燃烧速度

液体名称	燃烧直线速度 /(cm/h)	燃烧质量速度 /[kg/(m²·h)]
苯	18.9	165.37
乙醚	17.5	125.84
甲苯	16.08	138.29
航空汽油	12.6	91.98
车用汽油	10.5	80.85
二硫化碳	10.47	132.97
丙酮	8.4	66.36
甲醇	7.2	57.6
煤油	6.6	55.11

2.3.2　液体燃烧速度的影响因素

液体的燃烧是由于液体表面的蒸发而产生的可燃蒸气，因而为了使液体能够持续燃烧，必须向液体传入大量热量。火焰向液体传热的途径是靠辐射，故火焰沿液面蔓延的速度除决定于液体的初温、热容、蒸发潜热外还决定于火焰的辐射能力。此外，风速对火焰蔓延速度也有很大影响。燃烧速度的影响因素主要有以下几方面。

1. 液体初温的影响

可燃液体的初始温度越高，液体加热到燃点所需要的热量越少，在相同的热量下可以使更多的液体达到燃点，从而参加到燃烧过程中，加快了燃烧速度。故初温越高，可燃液体的燃烧速度越快。

2. 容器直径大小的影响

部分油类液体通常盛装于圆柱形立式容器中，其直径大小对液体的燃烧速度有很大的影响，如图 3-4 所示。从图中可以看出，容器直径小于 0.03 m 时，火焰为层流状态，燃烧速度随直径增大而减小；容器直径大于 1 m 时，火焰呈充分发展的湍流状态，燃烧速度为常数，不受直径变化的影响，容器直径介于 0.03~1.0 m 时，随着直径的增大，燃烧状态逐渐从层流状态过渡到湍流状态，燃烧速度在 0.1 m 处达到最小值，之后燃烧速度随直径增大逐渐上升到湍流状态的恒定值。

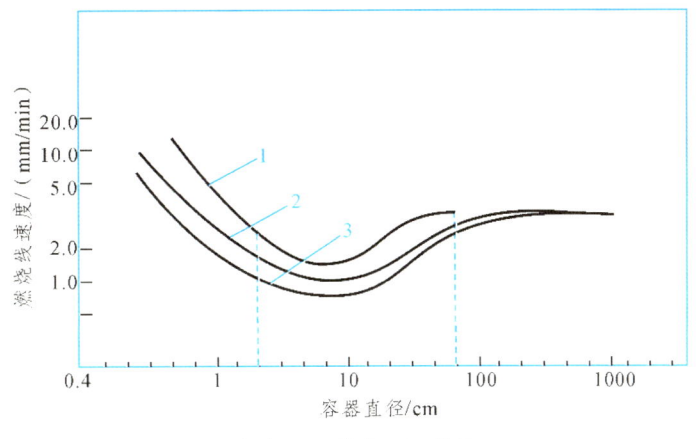

1—汽油；2—煤油；3—轻油。

图 3-4　液体的燃烧速度随容器直径的变化

3. 容器中液面深度的影响

容器中的液面深度是指液面距离容器上口边缘的高度。随着燃烧的持续进行，容器中液位的下降，直线燃烧速度相应降低。这是因为随着液位下降，液面到火焰底部的距离加大，所以火焰向液面的传热速度降低。

4. 液体中含水量的影响

液体中含水时，由于从火焰传递出的热量有一部分要消耗于水分蒸发，因此液体的燃烧速度下降，而且含水量越多，燃烧速度越慢。

5. 风的影响

风有利于空气和液体蒸气的混合，可使燃烧速度加快。图 3-5 所示为 3 种石油产品的燃烧速度与风速的关系曲线。从图中可以看出，风速对汽油和柴油的燃烧速度影响大，

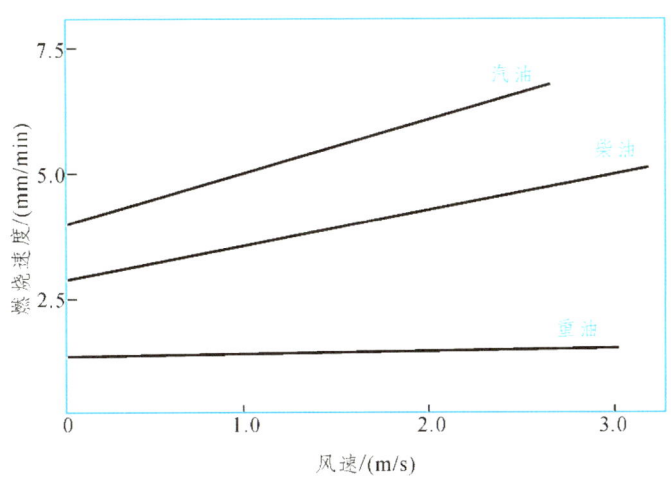

图 3-5　燃烧速度与风速的关系曲线

但对重油几乎没有影响，如果风速增大到超过某一值时，几乎所有液体的燃烧速度都将趋向于某一固定值。这是由于火焰向液面的辐射热通量同时受到火焰的辐射强度和火焰的倾斜度的影响。当风速增大时，随着燃烧速度的加快，火焰的辐射强度增加；但同时火焰的倾斜度也增大，这使从火焰到液面的辐射角系数减小。综合这两个因素对辐射热通量的影响，液体的表面所得到的热通量趋于常数，所以燃烧速度趋于某一固定值。

2.4 评价可燃易燃液体燃爆危险性主要技术参数

评价可燃液体火灾爆炸危险性的主要技术参数包括闪点、饱和蒸气压力和爆炸极限。此外，还有液体的其他性能，如相对密度、流动扩散性、沸点和膨胀性等。

1. 饱和蒸气压力

饱和蒸气是指在单位时间内从液体蒸发出来的分子数与回到液体里的分子数相等的蒸气。在密闭容器中，液体都能蒸发成饱和蒸气。饱和蒸气所具有的压力叫作饱和蒸气压力，简称蒸气压力，以 p 表示。

可燃液体的蒸气压力越大，则蒸发速度越快，闪点越低，所以火灾危险性越大。蒸气压力是随着液体温度而变化的，即随着温度的升高而增加，超过沸点时的蒸气压力，能导致容器爆裂，造成火灾蔓延。表 3-13 列举了一些常见可燃液体的饱和蒸气压力。

表 3-13 几种可燃液体的饱和蒸气压力　　　　　　单位：Pa

液体名称	温度/°C								
	−20	−10	0	+10	+20	+30	+40	+50	+60
丙酮	—	5 160	8 443	14 705	24 531	37 330	55 902	81 168	115 510
苯	991	1 951	3 546	5 966	9 972	15 785	24 198	35 824	52 329
航空汽油	—	—	11 732	15 199	20 532	27 988	37 730	50 262	—
车用汽油	—	—	5 333	6 666	9 333	13 066	18 132	24 065	—
二硫化碳	6 463	11 199	17 996	27 064	40 237	58 262	82 260	114 217	156 040
乙醚	8 933	14 972	24 583	28 237	57 688	84 526	120 923	168 626	216 408
甲醇	836	1 796	3 576	6 773	11 822	19 998	32 464	50 889	83 326
乙醇	333	747	1 627	3 173	5 866	10 412	17 785	29 304	46 863
丙醇	—	—	436	952	1 933	3 706	6 773	11 799	18 598
丁醇	—	—	—	271	628	1 227	2 386	4 413	7 893
甲苯	232	456	901	1 693	2 973	4 960	7 906	12 399	18 598
乙酸甲酯	2 533	4 686	8 279	13 972	22 638	35 330	—	—	—
乙酸乙酯	867	1 720	3 226	5 840	9 706	15 825	24 491	37 637	55 369
乙酸丙酯	—	—	933	2 173	3 413	6 433	9 453	16 186	22 918

2. 爆炸极限

可燃液体的燃烧和爆炸是液体蒸发后的蒸气而不是液体本身,因此,爆炸极限对液体燃爆危险性的影响和评价与可燃气体相同。可燃液体的爆炸温度极限可以用仪器测定,也可利用饱和蒸气压力公式,通过爆炸浓度极限进行计算。

3. 闪　点

可燃液体的闪点越低,则表示越易起火燃烧。因为在常温甚至在冬季低温时只要遇到明火就可能发生闪燃,所以具有较大的火灾爆炸危险性。几种常见可燃液体的闪点列于表3-14。可燃液体的闪点随其浓度而变化。

表3-14　几种常见可燃液体的闪点

物质名称	闪点/℃	物质名称	闪点/℃	物质名称	闪点/℃
甲醇	7	苯	-14	醋酸丁酯	13
乙醇	11	甲苯	4	醋酸戊酯	25
乙二醇	112	氯苯	25	二硫化碳	-45
丁醇	35	石油	-21	二氯乙烷	8
戊醇	46	松节油	32	二乙胺	26
乙醚	-45	醋酸	40	航空汽油	-44
丙酮	-20	醋酸乙酯	1	煤油	18
车用汽油	-39	甘油	160		

两种可燃液体混合物的闪点,一般是位于原来两种液体的闪点之间,并且低于这两种可燃液体闪点的平均值。例如,车用汽油的闪点为-36 ℃,灯用煤油的闪点为40 ℃,如果将汽油和煤油按1:1的比例混合,那么混合物的闪点应低于

$$\frac{-36+40}{2} = 2 \ ℃$$

在易燃的溶剂中掺入四氯化碳,其闪点即提高,加入量达到一定数值后,不能闪燃。例如,在甲醇中加入41%的四氯化碳,则不会出现闪燃现象,这种性质在安全上可以利用。

4. 受热膨胀性

热胀冷缩是一般物质的共性,可燃液体储存于密闭容器中,受热时由于液体体积的膨胀,蒸气压也会随之增大,有可能造成容器的鼓胀,甚至引起爆炸事故。表3-15列出了几种液体为0~100 ℃时的平均体积膨胀系数。

表 3-15　液体为 0～100 ℃ 时的平均体积膨胀系数

液体名称	体积膨胀系数	液体名称	体积膨胀系数
乙醚	0.001 60	戊烷	0.001 60
丙酮	0.001 40	煤油	0.000 90
苯	0.301 20	石油	0.000 70
甲苯	0.001 10	醋酸	0.001 40
二甲苯	0.000 95	氯仿	0.001 40
甲醇	0.001 40	硝基苯	0.000 83
乙醇	0.001 10	甘油	0.000 50
二硫化碳	0.001 20	苯酚	0.000 89

尽管液体分子间的引力比气体大得多，它的体积随温度的变化比气体小得多，而压力对液体的体积影响相对于气体来说就更小了，但是，对于液体具有的这种受热膨胀性质，从安全角度出发仍需加以注意并应采取必要的措施。如对盛装易燃液体的容器应按规定留出足够的空间，夏天要储存于阴凉处或用淋水降温法加以保护等。

5. 其他燃爆性质

（1）沸点。液体沸腾时的温度（即蒸气压等于大气压时的温度）称为沸点。沸点低的可燃液体，蒸发速度快，闪点低，因而容易与空气形成爆炸性混合物。所以，可燃液体的沸点越低，其火灾和爆炸危险性越大。低沸点的液体在常温下，其蒸气数量与空气能形成爆炸性混合物。

（2）相对密度。同体积的液体和水的质量之比，称为相对密度。可燃液体的相对密度大多小于 1。相对密度越小，则蒸发速度越快，闪点也越低，因而其火灾爆炸的危险性越大。可燃蒸气的相对密度是其摩尔质量和空气摩尔质量之比。大多数可燃蒸气都比空气重，能沿地面漂浮，遇着火源能发生火灾和爆炸。比水轻且不溶于水的液体着火时，不能用水扑救。比水重且不溶于水的可燃液体（如二硫化碳）可储存于水中，既能安全防火，又经济方便。

（3）流动扩散性。流动性强的可燃液体着火时，会促使火势蔓延，扩大燃烧面积。液体流动性的强弱与其黏度有关。黏度越低，则液体的流动扩散性越强，反之就越差。可燃液体的黏度与自燃点有这样的关系：黏稠液体的自燃点比较低，不黏稠液体的自燃点比较高。例如，重质油料沥青是黏稠液体，其自燃点为 280 ℃；苯是不黏稠透明液体，自燃点为 580 ℃。黏液体的自燃点比较低是由于其分子间隔小，蓄热条件好。

（4）带电性。大部分可燃液体是高电阻率的电介质（电阻率在 10～15 Ω·cm 范围内），具有带电能力，如醚类、酮类、酯类、芳香烃类、石油及其产品等。有带电能力的液体在灌注、运输和流动过程中，都有因摩擦产生静电放电而发生火灾的危险。

醇类、醛类和羧酸类不是电介质，电阻率低，一般都没有带电能力，其静电火灾危险性较小。

（5）分子量。同一类有机化合物中，一般是分子量越小，沸点越低，闪点也越低，所以火灾爆炸危险性也越大。分子量大的可燃液体，其自燃点较低，易受热自燃，如甲醇、乙醇（见表3-16）。不饱和的有机化合物比饱和的有机化合物的火灾危险性大，例如，乙炔>乙烯>乙烷。

表3-16 几种醇类同系物分子量与闪点和自燃点的关系

醇类同系物	分子式	分子量	沸点/°C	闪点/°C	自燃点/°C	热值/（kJ·kg^{-1}）
甲醇	CH_3OH	32	64.7	7	445	23 865
乙醇	C_2H_5OH	46	78.4	11	414	30 991
丙醇	C_3H_7OH	60	97.8	23.5	404	34 792

2.5 油罐火灾

2.5.1 油罐燃烧的火焰特征

大多数液体发生火灾时一般为湍流火焰，尤其是油罐火灾，其油面蒸发速度较大，火焰燃烧剧烈。由于火焰的浮力运动，在火焰底部与液面之间形成负压区，结果大量的空气被吸入形成激烈翻卷的上下气流团，并使火焰产生脉动，烟柱产生蘑菇状的卷吸运动，使大量的空气被卷入。火焰的燃烧状态可以通过火焰的倾斜度、火焰的高度、火焰的温度和火焰的辐射等参数来反映。

1. 火焰的倾斜度

油罐火灾燃烧时火焰呈锥形，锥形底面积等于燃烧的液池面积。在无风的条件下火焰会左右摇摆呈现不定向 0°~5°倾斜，这是由于空气在液池边缘被吸入的不平衡或火焰卷入空气不对称所造成的。当风速≤4 m/s 时，火焰则会顺着下风方向倾斜60°~70°。

2. 火焰高度

油罐火灾的火焰高度通常是指由可见发光的炭微粒所组成的柱状体的顶部高度，它取决于液池直径和液体种类，以油桶直径 D 为横坐标、以火焰高度 H 与油桶直径 D 的比值为纵坐标，如图3-6所示。在层流火焰区域内，H/D 随 D 的增大而降低；而在湍流火焰区域内，H/D 基本上与 D 无关。

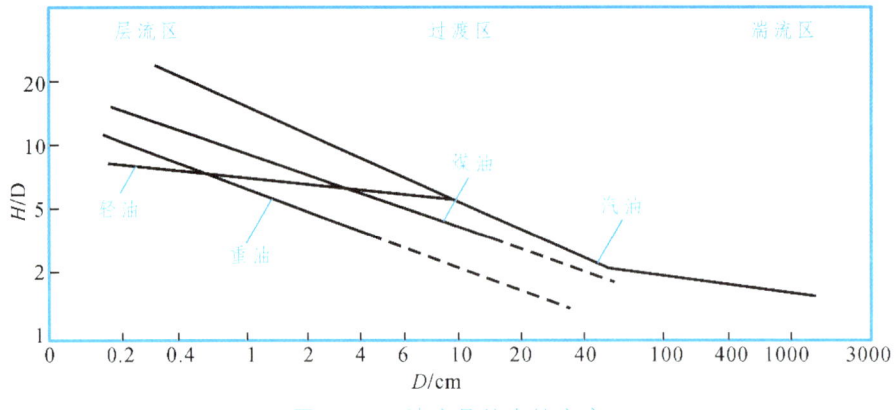

图 3-6　石油产品的火焰高度

3. 火焰温度

火焰的温度主要取决于可燃性液体种类，一般石油产品的火焰温度在 900～1 200 ℃ 之间。如图 3-7 所示，从油面到火焰底部存在一个蒸气带，从火焰辐射到液面的热量有一部分被蒸气带吸收，温度从液面到火焰底部迅速增加；到达火焰底部后有一个稳定阶段，高度再增加时，则由于向外损失热量和卷入空气，火焰温度逐渐下降。

4. 火焰辐射

火焰对物体的辐射热通量取决于火焰的温度与厚度，以及火焰内辐射粒子的浓度和火焰与被辐射物体之间的几何关系等因素。计算火焰的辐射对确定油罐间的防火安全距离，设计消防洒水系统是十分必要的。油罐发生火灾后，火焰辐射状况如图 3-8 所示。

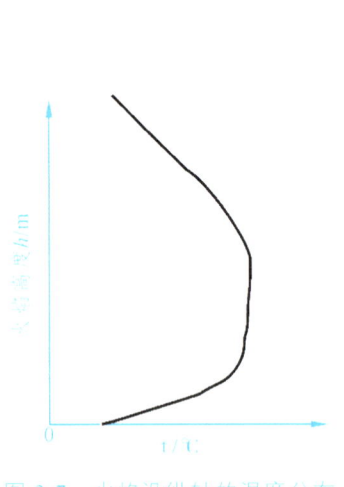

图 3-7　火焰沿纵轴的温度分布

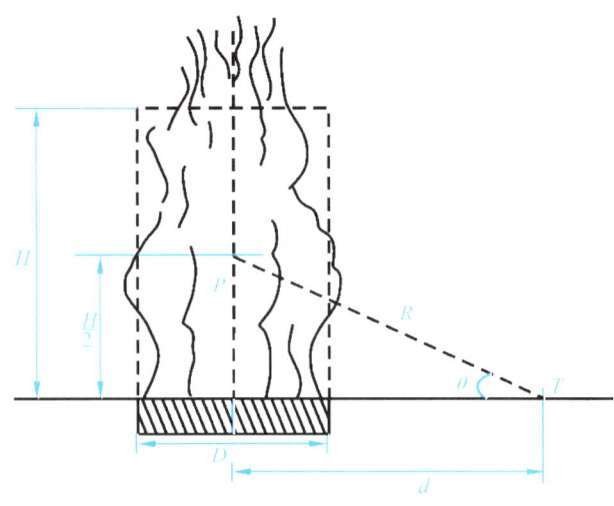

图 3-8　火焰辐射状况

2.5.2 沸溢火灾与喷溅火灾

1. 沸溢火灾

油罐的原油中,由于各种原因会在罐中存在一定的水,一般以乳化水和水垫两种形式存在。所谓乳化水是原油在开采运输过程中,原油中的水由于强力搅拌成细小的水珠悬浮于油中而成的。久置后,油水分离,水因密度大而沉降在底部形成水垫。

当油罐发生火灾后,液面上的蒸气点燃后产生火焰并出现热量的扩展,火焰向液面的传热主要是热辐射,而火焰向液体内部的传热方式主要是传导和对流,形成热波向内部传递。当热波向液体深层运动时,由于热波温度远高于水的沸点,因而热波会使油品中的乳化水汽化,大量的水蒸气就要穿过油层向液面上浮,在向上移动过程中形成油包气的气泡向外溢出,同时部分未形成气泡的油品也被下面的水蒸气膨胀力抛出罐外,使液面猛烈沸腾起来,这种现象叫沸溢。

如图 3-9 所示,在燃烧的作用下,使靠近液面的油层温度上升,油品黏度变小,在水滴向下沉积的同时,受热油的作用而蒸发变成蒸气泡,于是呈现出沸腾现象。蒸气泡被油膜包围形成大量油泡群,体积膨胀,溢出罐外,形成沸溢。

由沸溢过程可知,沸溢形成必须具备 3 个条件:
(1)原油具有形成热波的特性,即沸程宽,密度相差较大。
(2)原油中含有乳化水,水遇热波变成水蒸气。
(3)原油黏度较大,使水蒸气不容易从下向上穿过油层。

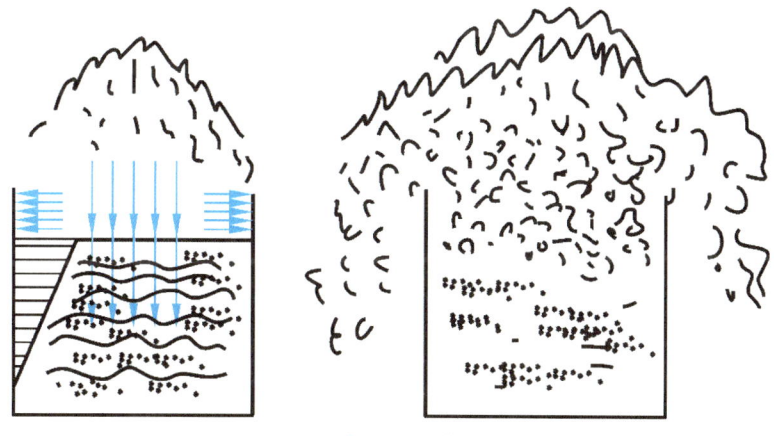

图 3-9 油罐火灾沸溢过程

2. 喷溅火灾

如果原油黏度较低,水蒸气很容易通过油层,就不容易形成沸溢。随着燃烧的进行,热波的温度逐渐升高,热波向下传递的距离也加大,当热波到达水垫时,水垫的水大量蒸发,水蒸气体积迅速膨胀,以至把水垫上面的液体层抛向空中,向罐外喷射,这种现象叫喷溅(见图 3-10)。

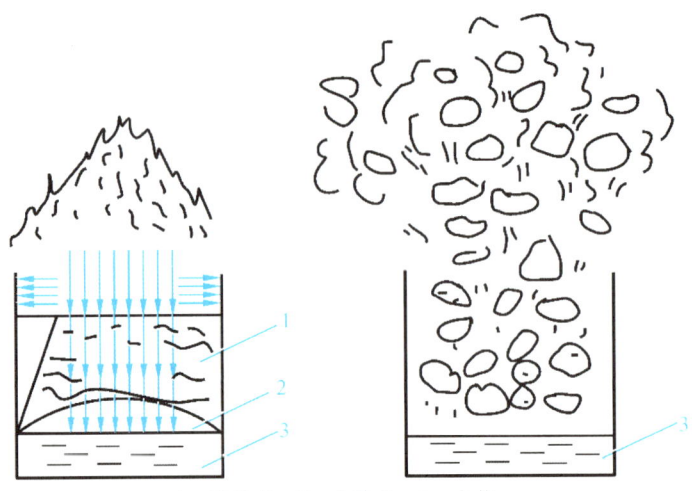

1—高温层；2—水蒸气；3—水垫。

图 3-10 油罐火灾喷溅过程

油罐火灾发生沸溢或喷溅，使大量燃烧着的油液涌出罐外，四处流散，不但会迅速扩大火灾范围，而且还会威胁扑救人员的安全和毁坏灭火器材，具有很大的危险性。

课后作业

1. 液体燃烧有哪几种形式？
2. 可燃液体燃烧速度的影响因素有哪些？
3. 以下哪种物质不是可燃液体？（　　）
   A. 汽油　　　　B. 柴油　　　　C. 水　　　　D. 酒精
4. 可燃液体的蒸发热和沸点随着分子量的增加会（　　）。
   A. 蒸发热和沸点会降低　　　B. 蒸发热和沸点会升高
   C. 蒸发热和沸点不会变化　　D. 无法确定
5. 当可燃液体表面产生火焰时，液体内部的燃烧速度通常比表面快，这种现象被称为（　　）。
   A. 蒸发燃烧　　B. 表面燃烧　　C. 内部燃烧　　D. 闪燃
6. 以下哪种物质不是可燃液体燃烧爆炸的危险因素？（　　）
   A. 温度　　　　B. 压力　　　　C. 点火源　　　D. 湿度
7. 当可燃液体燃烧时，产生的主要气体是（　　）。
   A. 二氧化碳　　B. 一氧化碳　　C. 水蒸气　　　D. 氢气
8. 以下哪种措施不是预防可燃液体燃烧爆炸的措施？（　　）
   A. 保持容器密闭　　　　　　　B. 使用防爆设备
   C. 避免在容器中积存可燃液体　D. 禁止在仓库中使用明火

任务 3 可燃易燃固体燃爆特性的分析

可燃易燃固体在生产、储存、运输中都有着非常严格的要求，应注意防火、防热、防撞击、防摩擦等。装卸机具应有防止产生火花的装置，装配和储存时，还应远离热源、电源。某些易燃固体发生燃烧时会放出有毒气体，多为化工产品，如赤磷、镁粉等。另外，火柴、红磷、金属粉等在常温下就能缓慢地燃烧或爆炸。本任务对可燃易燃固体的燃烧速度和影响因素进行了详细的阐述，使学生了解可燃易燃固体的分类及燃烧形式，并掌握评价可燃易燃固体燃爆危险性主要技术参数，能够提出相应的事故预防措施。

3.1 可燃易燃固体的分类

凡是燃点较低，在遇火、受热、撞击、摩擦或与氧化剂接触后，能引起强烈燃烧的固体，称为易燃固体。

1. 按燃烧的难易程度分类

固体按燃烧的难易程度分为易燃固体和可燃固体两类。在危险物品的管理上对于熔点较高的可燃性固体，通常以熔点 300 ℃ 作为划分易燃固体和可燃固体的界线，熔点>300 ℃ 的固体通常称为高熔点固体，燃烧中不易熔化，如晶体硅及大多数金属为高熔点固体；熔点<300 ℃ 的固体称为低熔点固体，燃烧中容易熔化或直接汽化（升华），如白磷、硫黄、钠、钾等为低熔点固体。

2. 按危险性程度分类

易燃固体按危险性程度又可分为一、二两级。一级易燃固体的燃点低，易于燃烧和爆炸，燃烧速度快，并能放出剧毒的气体，如红磷、三硫化磷、五硫化磷、二硝基甲苯、闪光粉等；二级易燃固体的燃烧性能比一级易燃固体差，燃烧速度较慢，燃烧产物的毒性较小，如硫磺、赛璐珞（硝酸纤维素塑料）板、萘及镁粉、铝粉、锰粉等。

3.2 可燃易燃固体的燃烧形式

1. 蒸发燃烧

固体的蒸发燃烧是指可燃固体受热升华或熔化后蒸发，产生的可燃气体与空气边混合边着火的有焰燃烧（也称均相燃烧），如硫黄、白磷、钾、钠、镁、松香、樟脑、石蜡等物质的燃烧都属于蒸发燃烧。

固体的蒸发燃烧是一个连续的反应过程，融合了熔化与汽化、扩散与燃烧的过程，如蜡烛的燃烧就是一个典型的固体物质蒸发燃烧的反应过程。如图 3-11 所示，蜡烛在燃烧过程属于稳定的固体蒸发燃烧形式，存在 3 个明显的物态区域，即固相区、液相区和气相区。蜡烛在燃烧前受热，固体部分发生升华或熔化、蒸发等物理变化进入液相区和气相区，在这个过程中化学成分未发生改变，但在气相区后可燃蒸气扩散至火焰边缘与空气混合并边混合边燃烧，此时的燃烧特征与可燃气体的燃烧完全一致，只是火焰的大小取决于固体熔化以及液体汽化的速度，而熔化和汽化的速度则取决于固体及液体从火焰区吸收热量。蜡烛的燃烧过程以此循环，固相区的固体和液相区的液体总是可以从火焰区不断吸收热量，使得固体熔化及液体气化的速度加快，从而就能形成较大的火焰，直至燃尽为止。

图 3-11　蜡烛燃烧方式

2. 表面燃烧

所谓表面燃烧是指固体在其表面上直接吸附氧气而发生的燃烧（也称非均相燃烧或无焰燃烧）。在发生表面燃烧的过程中，固体物质受热时既不熔化或汽化，也不发生分解，只是在其表面直接吸附氧气进行燃烧反应，所以表面燃烧不能生成火焰，而且燃烧速度也相对较慢。

在生产生活中，如焦炭、木炭、铁等结构稳定、熔点较高的可燃固体的燃烧就是典型的表面燃烧。在燃烧过程中由于其熔点高，不会发生物质的熔融、升华或分解产生气体，固体表面呈高温炽热发光而无火焰的状态，空气中的氧气吸附在高温固体表面，进而发生气—固非均相反应，反应的产物带着热量从固体表面逸出。

3. 分解燃烧

固体受热分解产生可燃气体而后发生的有焰燃烧，叫作分解燃烧。能发生分解燃烧的固体可燃物，一般都具有复杂的组分或较大的分子结构。例如，煤、木材、纸张、棉、麻等固体都是成分复杂的高熔点固体有机物，受热后不发生整体相变，而是分解出可燃气体扩散到空气中发生有焰燃烧。当固体完全分解不再析出可燃气体后，留下的炭质固体残渣即开始进行无焰的表面燃烧。再如塑料、橡胶、化纤等高聚物是由许多重复的物质结构单元组成的大分子，大多数高分子材料都是易燃材料，而且受热条件下会软化熔融，产生熔滴，发生分子断裂，从大分子裂解成小分子，进而不断析出可燃气体（如 CO、H_2、CH_4、C_2H_6 等）扩散到空气中发生有焰燃烧，直至燃尽为止。

4. 阴 燃

阴燃是指在氧气不足、温度较低或湿度较大的情况下，固体物质发生的只冒烟而无火焰的燃烧，如煤、麻、棉、黄纸、烟草、布匹等都会发生阴燃。固体物质阴燃是在燃烧条件不充分的情况下发生的缓慢燃烧，属于固体物质特有的燃烧形式，液体或气体物质不会发生阴燃。同时阴燃的分解产物必须是一些刚性结构的多孔炭化物质，只有这样才能保证阴燃由外向内不断延续，如果材料在阴燃过程中的分解产物是流动的焦油状产物，则不可能发生阴燃的持续进行。固体物质的阴燃包括干馏分解、炭（焦）化、氧化等过程。

如图 3-12 所示，柱状纤维从右端升温加热使纤维素分解析出气体，剩下的固体炭质发生阴燃，并向左传播，可将柱状纤维阴燃的过程分为灼热燃烧区、热解炭化区、原始材料区和灰烬区 4 个区域。

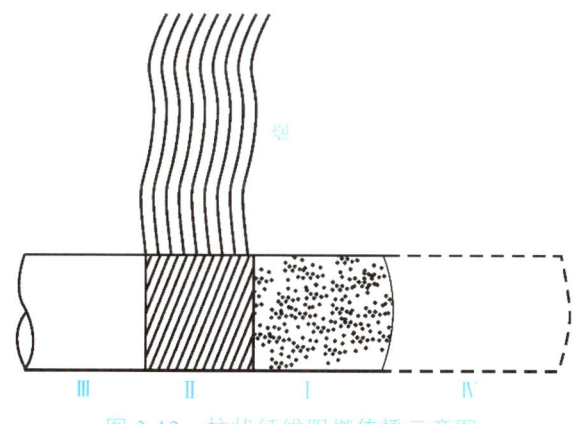

图 3-12　柱状纤维阴燃传播示意图

区域Ⅰ：灼热燃烧区，在该区域内纤维素产生的大部分气体已经随着温度升高而挥发完毕，剩下的固体炭进行表面燃烧，此区域温度可达 600~750 ℃，是 4 个区域中温度最高的区域。

区域Ⅱ：热解炭化区，灼热燃烧区通过燃烧的热传导作用将热量传递至Ⅱ区，当该区域温度达到 250~300 ℃ 时纤维素发生分解反应析出烟气,烟气中含有可燃气体,但由于温度较低,可燃气体析出速度较慢,浓度较低,还未达到燃烧条件。

区域Ⅲ:原始材料区,在该区域内灼热燃烧区和热解炭化区的热量传导很少,纤维素不能发生热解作用,因此该区域还保持纤维素的初始状态。

区域Ⅳ:灰烬区,纤维素由于高温的热解作用下,固体炭经过一段时间的燃烧,只剩下燃烧过后的灰烬,该区的温度逐渐下降。

在一定条件下,阴燃与有焰燃烧之间会发生相互转化。根据阴燃的定义可知,阴燃发生在氧气不足、温度较低或湿度较大的情况下,如果在燃烧过程中消耗了大量的氧气或水蒸气的蒸发使得燃烧环境湿度变大,从而导致了氧气浓度和温度的降低,此时燃烧速度会减慢,固体物质分解出的可燃气体含量减少,火焰就会逐渐熄灭,从而有焰燃烧就会转化为阴燃,阴燃中干馏分解产生的炭粒及有机游离基、未燃气体降温形成的小液滴等不完全燃烧产物会形成烟雾。如果此时增加通风量(供氧量),或者降低了水蒸气含量使得燃烧环境的湿度降低,则阴燃又能够转化为有焰燃烧甚至是爆燃。"死灰复燃"即是草木、纸张等固体在阴燃后由于达到了一定的条件从而转化为有焰燃烧的例子。

总之,在固体的4种燃烧形式中,蒸发燃烧和分解燃烧都是有焰的均相燃烧,只是可燃气体的来源不同,蒸发燃烧的可燃气体是相变的产物,分解燃烧的可燃气体则来自固体的热分解后的产物。固体的表面燃烧和阴燃,都是发生在固体表面与空气的界面上,呈无焰的非均相燃烧,二者的区别在于阴燃中固体有分解反应,而表面燃烧则不会出现。火场上,木材及木制纸张、棉、麻、化纤织物是常见的可燃固体,4种燃烧形式往往同时伴随在火灾过程中,蒸发燃烧和分解燃烧多发生于火灾的发展期和全盛期,表面燃烧一般则发生在火灾的熄灭期。可见,有焰燃烧对火灾发展起着重要作用,这个阶段烧品的温度高、燃烧快,能促使火势猛烈发展。

3.3 可燃易燃固体燃烧速度及影响因素

3.3.1 可燃易燃固体燃烧速度

固体物质的燃烧速度一般要小于可燃气体和液体的燃烧速度,并且不同的固体物质燃烧速度差异很大。固体物质的燃烧速度一般要小于可燃气体和液体的燃烧速度。不同的固体物质其燃烧速度差异也很大。例如,萘及其衍生物、三硫化磷、松香等在常温下是固体,燃烧过程是受热熔化、蒸发、汽化、分解氧化、起火燃烧,一般速度较慢;硝基化合物、含硝化纤维素的制品等本身含有不稳定的基团,燃烧是分解式的,燃烧比较剧烈,速度很快。

固体的燃烧速度是指在一定条件下固体物质燃烧的快慢,通常用质量燃烧速度和直线燃烧速度来表示，可用实验方法进行测定，也可用公式进行计算。固体的质量燃烧速度是指一定条件下可燃固体在单位时间和单位面积上烧掉的质量。固体的线燃烧速度，是指一定条件下可燃固体在单位时间内烧掉的可燃物厚度（见表 3-17）。

表 3-17 部分固体物质的燃烧速度

物质名称	平均质量燃烧速度 /[kg/(m²·h)]	平均线燃烧速度 /(cm/min)
棉	8.5	0.93
人造纤维	21.6	1.56
橡胶	30	≤2.5

3.3.2 固体燃烧速度的影响因素

固体燃烧速度的主要影响因素可以分为内因和外因两种，其中内因有固体的理化性质与结构、氧指数（OI），外因有固体表面积、水分及不燃介质含量、固体物质的密度和热容、火灾和荷载、燃烧方向、空气流速、阻燃剂等影响。

1. 固体的理化性质与结构

固体的熔化、蒸发、分解、化合等理化特性是决定固体燃烧速度的内部因素。在相同条件下，一般固体物质的化学活性越强，则越容易分解或化合，燃烧速度越快，反之则慢。如红磷与白磷晶体结构不同，白磷 34 ℃ 即可自燃且燃速很快；红磷则需加热到 260 ℃ 才发生自燃，并且燃烧速度也小于白磷。

2. 氧指数（OI）

氧指数又称临界氧浓度或极限氧浓度，它是指在规定条件下，试样在氧、氮混合气流中，维持平稳燃烧所需要的最低氧气浓度，以氧所占的体积分数来表示。表 3-18 列举了部分材料的氧指数。

表 3-18 部分材料的氧指数

材料名称	氧指数	材料名称	氧指数
聚乙烯	17.4 ~ 17.5	聚乙烯醇	22.5
聚丙烯	17.4	有机玻璃	17.3
聚苯乙烯	18.1	环氧树脂（普通）	19.8
聚氯乙烯	45 ~ 49	环氧树脂（脂环）	19.8
聚氯乙烯（软质）	23 ~ 40	氯丁橡胶	26.3
聚氟乙烯	22.6	乙丙橡胶	21.9
聚四氟乙烯	>95	硅橡胶	26 ~ 39
聚酰胺（线型）	22 ~ 23	聚乙烯醇	22.5
聚酰胺（芳香族）	26.7		

氧指数是评价固体材料燃烧性能的一个重要指标，根据氧指数将固体材料的燃烧性能分为4类：氧指数>50%的是不燃材料；氧指数为27%~50%的是难燃材料；氧指数为20%~27%的是可燃材料；氧指数<20%的是易燃材料。

氧指数也是物质本身的固有特性之一。物质的氧指数越大说明该物质材料的燃烧性能越差，其燃烧速度就越慢，反之亦然。实验证明，用水或其他阻燃剂处理过的材料，其氧指数会升高，因此燃烧速度会减慢。

3. 固体比表面积

固体的比表面积，即单位体积物质的总表面积。根据前述可知，固体物质比表面积的增大，与氧气（助燃气）的接触反应面积越大，其燃烧速度就越快。例如，大块木材、煤炭燃烧速度都很慢，而一旦成为刨花、薄片、小块状，比表面积增大，氧化作用越容易，燃烧速度也就越快，如果成为粉尘状，比表面积更大，则有发生粉尘爆炸的危险。

4. 水分及不燃介质含量

固体中或表面的水分、泥土等介质可看成是阻燃剂，其含量越高，固体的氧指数越大，则燃速越慢。例如，煤矿井下的煤尘具有爆炸性，如定期向巷道等地方喷水或散布岩粉，就能够预防煤尘爆炸。

5. 固体物质的密度和热容

燃烧速度与固体密度的平方成反比，因此固体的密度越大，燃烧速度越小。而固体热容大、导热性差的物质，燃烧速度也小。

6. 火灾和荷载

火灾荷载是指单位火场面积上的可燃物数量。火灾荷载大，则火场放热速率高，从而使燃烧速度加快。

7. 燃烧方向

固体可以在任何方向的表面上燃烧，这一点与液体不同。因可燃固体受热分解产生的蒸气向上蒸发扩散，通过燃烧的火焰的预热升温作用，促使其固体更快地蒸发、分解，所以固体呈垂直燃烧时速度最快。固体的燃烧速度一般是：垂直向上方向 > 水平方向 > 垂直向下方向。

8. 空气流速（风）

固体物质的燃烧过程中，外界的空气流会大大增加可燃材料表面氧气的供给。风可使火焰倾斜，增强了向前部分未燃材料表面的传热速率，所以，在一定风力范围内，风速越大，固体的燃烧速度就越快。随着风力的加强，固体燃烧速度将按指数关系增大，但当风速增大到某一临界值时，固体表面热损失远大于加速燃烧的放热量，致使可燃物温度降至其燃点以下，而使火焰熄灭，燃烧停止。

9. 阻燃剂

可燃固体用阻燃剂处理后，其氧指数会升高，燃烧性能明显减弱，可使易燃材料变成难燃材料或不燃材料，有的仅炭化而不着火、不冒烟；有的虽炭化、发烟，但一离开火源，则可自动熄灭，难以延烧。

3.4 评价可燃易燃固体燃爆危险性主要技术参数

1. 燃点

燃点是表征固体物质火灾危险性的主要参数。燃点低的可燃固体在能量较小的热源作用下，甚至受撞击、摩擦等影响，会很快受热升温达到燃点而着火。所以，可燃固体的燃点越低，越容易着火，火灾危险性就越大。将可燃物质的温度控制在燃点以下是防火措施之一。

2. 熔点

物质由固态转变为液态的最低温度称为熔点。通常熔点低的可燃固体受热时容易蒸发或汽化，因此燃点也较低，燃烧速度则较快。某些低熔点的易燃固体还有闪燃现象，如萘、二氯化苯、聚甲醛、樟脑等，其闪点大都在 100 ℃ 以下，所以火灾危险性大。可燃固体的燃点、熔点和闪点如表 3-19 所示。

表 3-19 可燃固体的燃点、熔点和闪点

物质名称	熔点	燃点	闪点	物质名称	熔点	燃点	闪点
萘	80.2	86	80	聚乙烯	120	400	—
二氯化苯	53	—	67	聚丙烯	160	270	—
聚甲醛	62	—	45	聚苯纤维	100	400	—
樟脑	174～179	70	65.5	硝酸纤维	—	180	—
松香	55	216	—	醋酸纤维	260	320	—
硫磺	113	255	—	涤纶	250～265	390	—
红磷	—	160	—	有机玻璃	80	158	—
三硫化磷	172.5	92	—	石蜡	38～62	195	—
五硫化磷	276	300	—				

3. 自燃点

可燃固体的自燃点一般都低于可燃液体和气体的自燃点，大体上介于 180～400 ℃ 之间。这是由于固体物质组成中，分子间隔小，单位体积的密度大，因而受热时蓄热条件好。可燃固体的自燃点越低，其受热自燃的危险性就越大。

有些可燃固体达到自燃点时，会分解出可燃气体与空气发生氧化而燃烧，这类物质的自燃温度一般较低，例如，纸张和棉花的自燃温度为 130～150 ℃。熔点高的可燃固体

的自燃点比熔点低的可燃固体的自燃点低一些，粉状固体的自燃点比块状固体的自燃点低一些。可燃固体的自燃点如表 3-20 所示。

表 3-20 可燃固体的自燃点

名称	自燃温度/℃	名称	自燃温度/℃
黄（白）磷	60	木材	250
三硫化四磷	100	硫	260
纸张	130	沥青	280
赛璐珞	140	木炭	350
棉花	150	煤	400
布匹	200	蒽	470
赤磷	200	萘	515
松香	240	焦炭	700

此外，可燃固体与空气接触的表面积越大，其化学活性亦越大，越容易燃烧，并且燃烧速度也越快。所以，同样的可燃固体，如单位体积的表面积越大，其危险性就越大。例如，铝粉比铝制品容易燃烧，硫粉比硫块燃烧快等。由多种元素组成的复杂固体物质，如棉花、硝酸纤维等，其受热分解的温度越低，火灾危险性则越大。粉状的可燃固体，飞扬悬浮在空气中并达到爆炸极限时，有发生爆炸的危险。

课后作业

1. 以下哪种物质不是可燃固体？（　　）
   A. 硫磺　　　　　B. 棉花　　　　　C. 沙子　　　　　D. 铝粉
2. 以下哪种物质不是易燃固体？（　　）
   A. 镁粉　　　　　B. 木屑　　　　　C. 纸张　　　　　D. 石头
3. 以下哪种现象不是可燃固体燃烧的特点？（　　）
   A. 火焰明亮　　　B. 烟雾浓厚　　　C. 燃烧速度快　　D. 产生爆炸
4. 以下哪种措施不是预防可燃易燃固体燃烧爆炸的措施？（　　）
   A. 保持通风良好　　B. 避免摩擦和撞击
   C. 远离火源　　　　D. 堆放整齐
5. 以下哪种物质不是常见的可燃易燃固体？（　　）
   A. 纸张　　　　　B. 木材　　　　　C. 煤炭　　　　　D. 橡胶
6. 评价可燃固体燃爆危险性的主要技术参数有哪些？
7. 某工厂生产过程中使用了一种可燃易燃固体作为原料。由于操作失误，该固体在某次操作中发生了燃烧，最终导致爆炸。爆炸造成了工厂设备的严重损坏，部分设备倒塌，幸运的是没有人员伤亡。该工厂后续进行了内部调查，发现没有进行充分的火灾风险评估和相应的安全培训。根据以上描述回答下列问题：

（1）该案例中的可燃易燃固体的燃烧特性有哪些？

（2）该案例中发生爆炸的可能原因是什么？

（3）工厂在防范可燃易燃固体的燃烧爆炸方面有哪些应采取的措施？

（4）该案例对其他类似工厂在火灾风险管理方面有什么启示？

典型案例

典型案例事故分析（三）

模块 4

防火与防爆的技术措施

防火与防爆技术是工业安全领域中非常重要的两个方面。防火技术主要是指预防和控制火灾的技术措施，而防爆技术则是指预防和控制爆炸的技术措施。掌握防火与防爆控制技术措施是降低工业火灾爆炸风险的有力措施。

知识目标

1. 了解防火的基本方法。
2. 掌握不同防火安全装置的工作原理。
3. 能够对有爆炸危险的场所提出有效的防爆措施，并能够根据所学对某一建筑内的火灾爆炸有害因素进行识别。
4. 熟悉各类防爆装置及适用范围。

能力目标

1. 培养良好的防火防爆技术专业能力。
2. 能够根据不同场所选择不同的防火防爆装置。

素质目标

1. 养成良好的专业能力。
2. 遵守安全操作规定。

任务 1　认识防火基本技术措施

防火就是防止火灾发生和（或）限制燃烧条件互相结合、互相作用。根据火灾事故发生和发展的特点，防止火灾事故发生就是从根本上消除或抑制可能引起火灾的危险因素。具体方法如下。

1.1　控制可燃物技术

防火的基本方法

控制可燃物，就是使可燃物达不到燃烧所需要的数量、浓度，或者使可燃物难燃烧，或用不燃材料取而代之，从而消除发生火灾的物质基础，主要有如下基本技术措施。

1. 根据物质的危险性采取措施

易燃、易爆物品的品种繁多，性能复杂，根据其在生产过程中的火灾危险性采取相应的预防措施是非常必要的。

（1）对本身具有自燃能力的物质（如油脂）、遇空气能自燃的物质（如黄磷、二异丁基铝等）、遇水能燃烧爆炸的物质（如钾、钠等），应采取隔绝空气、防水、防潮、加强通风、散热降温等措施，以防止其自燃或爆炸。

（2）相互接触能引起燃烧爆炸的物质要单独存放，严禁混存混运；遇酸、遇碱能分解燃烧爆炸的物质应防止与酸、碱接触。

（3）根据物质的沸点、饱和蒸气压大小考虑其储存温度、设备的耐压强度及控温措施。根据物质的闪点、爆炸极限、挥发性、流动性等采取相应的防火措施。

（4）对在正常条件下有聚合放热自燃危险的不稳定物质，在储存过程中应加入阻聚剂。例如，丙烯腈易自聚，储存时应加入少量的对苯二酚。

（5）生产中必须排放的易燃可燃气体或液体蒸气，应根据它们的密度（相对于空气）采取相应的排污方法和防火措施。含有相互抵触或性质不同物质的废液禁止排入同一污水处理系统，以防止发生化学反应引起事故。

（6）对扩散性较强的物质，要防止泄露。设备、管道间的连接要尽量选择焊接方式，若采用法兰连接，要保证良好的密封效果；火灾危险性较大的装置区及可能泄露的部位，设置完备的检测报警系统；储存量较大的液体容器周围应设必要的防护围堤；日常操作时注意维修和保养，及时维修和更换受损的零配件，经常紧固松弛的法兰螺栓等。

（7）对机械作用比较敏感的物质要轻拿轻放，防止擦击等。易产生静电的物质，采取必要的防静电以及静电消除措施。

（8）火灾危险物料的厂房、库房及场所内禁止存放浸过油的抹布等易燃品，生产车间内不得积存油浸过的金属屑，设备内严禁积存硫化亚铁等自燃性物质，清除后应深埋入安全地点或烧弃。

2. 用难燃或不燃的物质代替可燃物质

在条件允许的情况下，改进生产工艺，用不燃或难燃的物质代替可燃材料，可以减少可燃体系的形成，显著改善操作的安全性。

（1）根据需要和可能，用不燃液体或闪点较高的液体代替闪点较低的液体，例如用三氯乙烯、四氯化碳等不燃液体代替酒精、汽油等易燃液体作溶剂；根据工艺条件选沸点较高的溶剂，如沸点 110 ℃ 以上的液体，在常温下使用通常不易达到爆炸浓度。

（2）利用不燃液体稀释可燃液体，会使混合液体的闪点、自燃点提高，从而减小火灾危险性。例如，用水稀释酒精便会起到这一作用。

（3）选用燃点或自燃点较高的不燃材料或难燃材料代替易燃材料或可燃材料。例如，用醋酸纤维素代替硝酸纤维素制造胶片，燃点则由 180 ℃ 提高到 475 ℃，可以避免硝酸纤维胶片在长期存或使用过程中的自燃危险。

（4）在可燃构件（木材、织物、塑料、纤维板、金属构件等）上覆盖或粉刷防火保护层以提高其耐燃性和耐火极限。例如，构件喷涂 4 mm 厚的 LB 钢结构膨胀型防火涂料，其耐火极限可由 15 min 提高到 1~1.5 h。

3. 通风措施

对于某些无法密闭的装置、易散发可燃气体、蒸气和粉尘与空气形成爆炸性混合物的场所，设置良好的通风除尘装置，采取有效的通风措施，可降低空气中可燃物的含量。通风可分为自然通风和机械通风（也称强制通风）两类，其中机械通风又分为排风和送风两种。其防火要求如下。

（1）大量处理可燃气体和液体的设备和装置，应尽量采取露天布置或安装在半敞开的建筑物内。如果采取室内布置，应尽可能将窗、门敞开，保证良好的通风换气条件。

（2）正确设置通风口的位置，比空气轻的可燃气体和蒸气的排风口应设在室内建筑的上部，比空气中的可燃气体排风口应设在下部。

（3）合理选择通风方式。一般宜采取自然通风，但自然通风不能满足要求时应采取机械通风。如处理可燃气体或液体的通风不良场所（如门窗少的建筑物或较密闭的设备内）、在开敞状态下处理可燃粉尘的场所，都应设置送风和排风的强制通风机械装置。

（4）散发可燃气体或蒸气的场所内的空气不可再循环使用。排风或送风设备应有独立的风机室，如通风机室设在厂房内，应有隔离措施；散发有可燃粉尘或可燃纤维的生产厂房内的空气，需要循环使用时应经过净化处理。

（5）排除和输送温度超过 80 ℃ 的空气或其他气体，以及有燃烧爆炸危险的气体、粉尘的通风设备，应用非燃烧材料制成。

（6）空气中含有易燃易爆危险物质的厂房，应采用不产生火花的通风机和调节设备。

（7）排除有燃烧爆炸危险的粉尘和容易起火的碎屑的排风系统，应采用不产生火花的除尘器。如果粉尘与水接触能形成爆炸性混合物，则不应采用湿式除尘器。含有爆炸性粉尘的空气，宜在进入排风机之前进行净化，以防其进入排风机。

（8）排风管道应直接通往室外安全处。通风管道不宜穿过防火墙或非燃烧体的楼板等防火分隔物，以免发生火灾时，火势顺管通过防火分隔物。

1.2 控制助燃物技术

控制助燃物，就是使可燃性气体、液体、固体、粉体物料不与空气、氧气或其他氧化剂接触，或者将它们隔离开来。即使有点火源作用，也因为没有助燃物而不致发生燃烧。

1. 密闭措施

可燃气体和蒸气具有扩散性，可燃液体具有流动性，可燃粉尘在空气中也易扩散和飘浮。如果使用、生产、输送和储存这些可燃物的设备、容器和管道密封不好，就会使可燃物外逸，形成跑、冒、漏、滴现象，以致在空气中形成混合物。把可燃性气体、液体或粉体物料放在密闭设备或容器中储存或操作，可以避免它们与外界空气接触而形成燃爆体系。特别是压力设备更要保证有良好的密闭性，正压装置防止物料泄漏，负压装置防止倒吸入空气。泄漏的发生，一般多在设备、管道、管件的连接处，设备的封头盖、人孔盖、观察孔、液位计、取样口，以及设备转轴与壳体的密封处等。为了保证设备系统的密闭性，通常应采用以下技术措施。

（1）正确选择连接方法。由于焊接连接在强度和密封性能上效果都比较好，所以设备与管道的连接应尽量采用焊接方法，对危险设备系统尽量少用法兰连接，如必须采用法兰连接，应根据操作压力的大小，分别采用平面、凸凹面等不同形状的法兰，同时衬垫要严实，螺丝要拧紧。

输送燃爆危险性大的气体、液体管道，最好用无缝钢管。盛装腐蚀性物料的容器尽可能不设开关和阀门，可将物料从顶部抽吸排出。

（2）正确选择密封垫圈。密封垫圈的选择应根据工艺温度、压力和介质的性质选用。一般工艺可采用石棉橡胶垫圈，在高温、高压或强腐蚀性介质中的工艺，宜采用聚四乙烯等耐腐蚀塑料或金属垫圈，近年来，有些机泵改成端面机械密封，防漏效果较好，应优先选用。如果采用填料密封仍达不到要求时，可加水封或油封。

（3）注意检漏、试漏和维修。设备系统投产使用前或大修后开车前，应结合水压试验用压缩空气或氮气做气密性试验，发现渗漏及时修补。在使用当中的检漏方法可用肥皂水喷涂在焊缝、法兰连接处，如发现起泡即为渗漏。亦可根据设备内物质的特性，采取相应的试漏办法，如设备内有氯气和盐酸气，可用氨水在设备各部试熏，产生白烟处即为漏点；如果设备内是酸性或碱性气体，可利用 pH 试纸试漏。对加压和减压设备，在投入生产前做定期检修时，应做气密性检验和耐压强度试验。

设备在平时要注意检查、维修、保养，如发现配件、填料破损要及时维修或更换，及时紧固松弛的法兰螺丝，以切实减少和消除泄漏现象。

2. 惰性介质保护

在存有易燃易爆物料的系统、场所加入惰性介质保护，是防止形成燃爆混合物的重要措施。惰性气体是指那些化学活性差、没有燃爆危险性的气体，它们可以冲淡可燃气体及氧气的浓度，缩小甚至消除可燃物与助燃物形成爆炸浓度的可能性，从而降低或消除烧爆的危险性。工业生产中常用的惰性气体有氮气、二氧化碳、水蒸气、烟道气等，其中使用最多的是氮气。

3. 隔绝空气储存

遇空气受潮、受热极易自燃的物品，可以隔绝空气进行安全储存。例如，金属钠存于煤油中，黄磷存于水中，活性镍存于酒精中，烷基铝封存于氯气中，二硫化碳用水封存等。

1.3 控制点源技术

点火源是物质燃烧的三要素之一，是物质燃烧的必备条件。在多数场合，可燃物和助燃物的存在是不可避免的，因此，消除或控点火就成为防止燃烧三要素同时存在的关键。在生产过程中能够引起火灾爆炸事故的点火源主要有化学点火源、高温点火源、电气点火源以及冲击点火源等类型。

1.3.1 化学点火源的控制

化学点火源是基于化学反应放热而构成的一种点火源，主要有明火和自燃发热两种形式。

1. 明 火

明火是指敞开的火焰、火花、火星等，是引起燃烧反应的裸露之火，具有很大的激发能量和高温，如吸烟用火、加热用火、检修用火等。

明火是引起火灾爆炸事故的常见原因，其表现形式很多，主要可分为生产性明火和非生产性明火。生产中常见的明火有加热用火（如加热炉、蒸气锅炉等）、维修用火（如焊接、切割、喷灯等）、熬炼用火（如熬沥青）、运输工具的排气管喷火等；非生产性明火主要有取暖用火、炊事用火、吸烟等。生产性明火常常是生产过程中一种必要的热源，所以必须科学地对待，既要保证安全地利用有利于生产的明火源，又要设法消除和控制能够引起火灾事故的明火源；生产区域内的非生产性明火，则必须予以取缔或严格控制。

生产过程中消除或控制明火的技术措施主要有以下几点。

（1）尽量避免采用明火加热易燃易爆物质，而采用水、蒸气或其他载体加热。采用矿物油等载体加热时，加热温度必须控制在载热体的安全使用温度以下，使用时要保证良好的循环并留有载体热膨胀的余地，防止局部温度过高而结焦。采用熔盐加热时，应严格控制熔盐配比，不得混入有机杂质，以防载热体在高温下发生化学反应而爆炸。

（2）用明火加热的设备，必须与有火灾爆炸危险的生产装置、储罐区等分开设置或隔离，并按防火规定留出防火间距。明火加热设备宜布置在厂区的边缘，且应位于有易燃物料设备的上风向或侧风向；但对有飞溅火花的加热装置，应布置在上述设备的侧风向。加热炉的钢支架应覆盖耐火极限不小于 1.5 h 时的耐火层。烧燃料气的加热炉应设长明灯和火焰监测器。

（3）使用气焊、电焊、喷灯进行安装和维修时，必须按危险等级办理动火批准手续，领取动火证，并消除物体和环境的危险状态、备好灭火器材、再采取防护措施，确保安全无误后，方可动火作业。焊割工具必须完好。操作人员必须有合格证，作业时必须遵守安全技术规程。

（4）严格管理厂区内可能存在的明火源。在有火灾爆炸危险的厂房、储罐、管沟内，不使用蜡烛、火柴或普通灯具照明，应采用封闭式或防爆型电气照明。在有火灾爆炸危险的场所，应有醒目的"禁止烟火"警告标志，严禁动火吸烟，吸烟应到专设的吸烟室，不准乱扔烟头和火柴余烬。

（5）为防止烟囱飞火，燃料在炉膛内要燃烧充分，烟囱要有足够高度，必要时应安装火星熄灭器，在烟囱周围一定距离内不得堆放易燃易爆物品，不准搭建易燃建筑物。进入厂区、装置区、罐区的机动车辆，其排气管应安装火星熄灭装置。

（6）强化管理职能，健全各种明火的使用、管理和责任制度，认真实施检查和监督。

2. 自燃发热

在一定条件下，某些物质有自动发热与积热现象而使可燃物温度上升，当温度超过其自燃点时，就会自行燃烧，这既可成为这些物质自身的直接点火源，也能成为引燃其他可燃物的间接点火源。

自燃发热成为点火源分为自身发热自燃和可燃物受热自燃两种形式。可燃物质在一定条件下，自动发生放热的化学或生化反应，蓄积的热量使可燃物温度达到自燃点温度时，可燃物就会发生燃烧。稻草自燃、赛璐珞自燃、油毡自燃和煤堆自燃等都属于自身发热自燃。可燃物接受外界热量或自身夹带有外界赋予的热量，诱发反应或蓄热，升温至自燃点而发生的自燃属于可燃物受热自燃，如生石灰与水反应，在散热条件不好的情况下，发热温度超过了很多物质的自燃点，就可能引起周围可燃物的燃烧，这种自燃的可能性与可燃物的位置、蓄热条件、可燃物本身的燃烧性能等因素有关。

对自燃发热点火源进行控制，必须掌握自燃发热物质的特性，依据其发生自燃的机理不同而区别对待。对于自身发热自燃性物质，关键是破坏反应发生的条件和防止热量蓄积，例如，为防止稻草堆自燃，应科学堆码并经常翻垛、晾晒、通风。对于受热能引起自燃的物质，关键是采取与热源可靠隔离的措施，特别是自燃点较低的物质应与能发生放热反应的物质隔离存放，并远离热源。

1.3.2 高温点火源的控制

高温物体在一定环境中能够向可燃物传递热量并能导致可燃物着火,所以,设备的高温表面和高温物体发出的热辐射都是引起火灾的高温点火源。

1. 高温表面

生产中的加热装置、高温物料输送管线、高压蒸气管、电炉、大功率的照明灯具等,其表面温度比较高,能够向可燃物传递热量并导致可燃物燃烧。控制高温表面成为点火源的基本措施有冷却降温、绝热保温、隔离等,这些措施能有效地降低物质表面温度。具体措施如下:

(1)防止可燃物料与高温设备、管道表面相接触,对一些自燃点较低的物料尤其需注意。不能在高温管道和设备上烘烤可燃物件;可燃物料的排放口应远离高温物体表面;沉落在高温物体表面上的可燃物料和污垢要及时清除,防止因高温表面引起物料的自燃分解。

(2)工艺装置中的高温设备和管道要有隔热保护层。隔热材料为不燃材料,并应定期检查其完好状况,发现隔热材料被泄漏介质浸蚀破损,应及时更换。

(3)加热温度高于物料自燃点的工艺过程,要严防物料外泄或空气渗入设备系统。如需排送高温可燃物料,不得用压缩空气,应用氮气压送。

(4)在散发可燃粉尘、纤维的厂房内,集中采暖的热媒温度不应过高。一般要求热水采暖不应超过 130 ℃,蒸汽采暖不应超过 110 ℃,采暖设备表面应光滑不沾灰尘。在有二硫化碳等低自燃物的厂(库)房内,采暖的热媒温度不应超过 90 ℃。

2. 热辐射

高温热源发射出的热辐射在某种条件下有引燃可燃物的危险,其主要特征是非直接接触可燃物即可引起燃烧。例如,阳光的照射不仅会成为某些化学物品的起爆能源,还能通过凸透镜、烧瓶(特别是圆瓶)或含有气泡的玻璃窗等聚焦(聚焦后的日光能达到很高的温度)引起可燃物着火。某些化学物质,如氯气与氢气、氢气与乙烯的混合气能在日光的作用下剧烈反应而爆炸;乙醚在阳光的作用下能生成过氧化物;硝化纤维在日光下暴晒,自燃点能降低,并能自行着火;盛装低沸点易燃液体的铁桶如盛装过满,热天在烈日下暴晒,液体受热影胀会使铁通爆裂;压缩或液化气体钢瓶在强烈日光下存放,瓶内压力会增加甚至爆炸等。

采取遮挡阳光、加强通风、冷却降温、绝热保温等措施,能有效地防止热辐射成为可燃物的点火源。例如,对于见光能反应的化学物品应选用金属或暗色玻璃容器盛装,为了避免日光照射,存放这类物品的车间、库房应在窗玻璃上涂上白漆,或采用磨砂玻璃;易燃易爆危险品及受热容易蒸发析离出气体的物质,不得在日光下暴晒;盛装易燃易爆物品的容器应不产生聚焦(如玻璃体无气泡、疤痕)等。

1.3.3 电气点火源的控制

1. 电火花

电火花是电极间的击穿放电形成的,大量的电火花汇集形成电弧。电火花和电弧的温度很高,可达 3 000~6 000 ℃,具有很大的能量,不仅能够引起可燃物质燃烧,还能使金属熔化、飞溅。

根据放电机理和产生电火花的部位不同,电火花可以分为:高电压的火花放电,如 X 射线发生装置放电、静电装置放电、雷电等;短时间的弧光放电,如在开闭回路、断开配线、接触不良、短路、漏电、灯泡破碎等情况下的放电;接点上的微弱火花放电,如自动控制用的继电器接点上因开闭而产生的放电。

电气设备在生产中必不可少并大量使用,而且有的电气设备在正常运行和事故运行时都会产生火花,因此,完全避免电火花的产生是很困难的,为此必须要有严格的设计、安装、使用、维修制度,把电火花的危害降低到最低程度。火灾危险区内的电气设备选型、安装、电力线路敷设,均应符合《爆炸和火灾危险环境电力装置设计范》的要求。

2. 静电火花

静电火花是由于储存在带电物体内静电能量的快速释放使带电物体附近的物质产生电离而形成的。静电火花放电一般伴随着声光现象,属于高电压火花放电的一种。静电火花可以导致可燃物燃烧、爆炸,对需要点火能量小的可燃气体或蒸气尤其严重,如油罐车装油时爆炸、用汽油擦地时着火等。静电火花放电具有隐蔽性,是一种危害很大的点火源,因此,在有汽油、苯、氢气等易燃物质的场所,要特别注意防止静电危害。

工业生产和生活中的大多数静电是由于不同物质的接触和分离或互相摩擦而产生的。例如,生产工艺中的挤压、切割、搅拌、喷溅、流动和过滤以及生活中的行走、起立、穿脱衣服等都会产生静电。

预防静电火花的方法有两种:一是抑制静电的产生;二是迅速把产生的静电泄掉。

(1)抑制静电的产生。产生静电的主要原因在于两种相互接触、发生摩擦的物质的带电极性不同。选用在带电序列中相近的物质,在某种程度上可以抑制产生静电。此外,减少不必要的摩擦、接触和分离也能抑制静电的产生。

(2)静电的中和。对于不可避免产生静电的场合,要采取措施将静电迅速消散,防止集聚,一般做法有接地、添加抗静电剂、添加导电填料以及增加空气湿度等。

1.3.4 冲击点火源的控制

1. 摩擦与撞击

某些物质相互冲击碰撞或摩擦会产生火花,这种火花是撞击或摩擦下来的高温固体微粒,若温度足够高可能点燃周围的可燃物。机器上转动部分摩擦生成的高热也会成为点火源。

摩擦与撞击产生的火星颗粒较大时,携带的能量较多(火星具有 0.1~1 mm 的直径时，其所带的能量为 1.76 ~ 1760 mJ），足以点燃可燃气体、蒸气和粉尘。因此，在有火灾爆炸危险的场所，为免摩擦与撞击引起火灾或爆炸，应采取以下措施。

（1）及时清除附着于机械转动部位的可燃粉尘、油污等，添加润滑剂，保证转动部位具有良好的润滑。

（2）机械设备可能发生摩擦撞击部位应采用铅、铜、铝等能防止产生火星的材料；不能使用有色金属制造的某些设备中应采用惰性气体保护或真空操作。

（3）在机器、设备上安装电磁离吸器，以防止金属零部件脱落后掉入机器设备而产生撞击火花。

（4）搬运盛放可燃气体、易燃液体的金属容器时，严禁抛掷、拖拉、震动和互相撞击。

（5）禁止穿带钉子的鞋进入有燃烧爆炸危险的生产区域，特别危险的部位，地面应采用不发火地面。

2. 绝热压缩

在与周围没有热交换的状态下压缩气体，压缩过程所耗功将全部转变成热能。这种热能蓄积于气体内使其温度升高，会构成点火源。实验表明，若硝化甘油液滴中含有直径为 5×10^{-2}mm 的空气泡，在冲击能的作用下受到绝热压缩，瞬间升温，可使硝化甘油液滴的一部分被加热到着火点而爆炸。

硝化甘油、硝化甘醇、硝酸酯等爆炸敏感度高的液体，以及某些氧化物与可燃物的混合物含有气泡时，在绝热压缩过程中易起火爆炸。在关闭压缩机的排水阀，排出塔、槽中的物料以及抽出成品时，开关动作过快，都可能造成绝热压缩而异常升温。

防止绝热压缩成为点火源的根本方法是尽量避免或控制可能出现热压缩的操作。例如，在启闭压缩机的排水阀、放出塔槽中的排出物以及抽出成品时开关动作要缓慢；限制气流在管道中的流速以防止绝热压缩造成异常升温。在处理液态爆炸性物质及熔融态炸药等物质时，应排除物料中夹杂的各类气泡，以防出现绝热压缩现象。

1.4 控制工艺参技术

工艺参数主要是指生产过程中的操作温度、压力、物料流量、原材料配比等。工艺参数失控，常常是造火灾爆炸事故的根源之一，严格控制工艺参数，使之处于安全限度之内，是防火的根本措施之一。具体措施如下：

（1）控制燃烧过程：通过控制燃料的供给和燃气的混合比例，确保燃烧过程稳定，防止火势失控。可以采用自动化控制系统，监测和调节燃烧温度、压力、氧气含量等参数，保证燃烧过程在安全范围内进行。

（2）控制热量释放：通过控制燃烧器的设计和调整燃料供给量，控制燃烧的热量释放。这可以通过调整燃料喷射的角度和速度，以及调整燃烧室的形状和尺寸等手段来实现。

（3）控制气体扩散：在防火措施中，可以通过控制气流的运动速度和方向，限制火焰和烟雾的扩散范围，减少火灾蔓延的可能性。这可以通过设计合理的通风系统和排烟系统来实现。

（4）控制火源传播：控制工艺过程中的火源传播是防火的关键。可以通过在可能发生火灾的区域设置防火墙、防火门等设备，减少火势传播的速度和范围。

（5）控制可燃物料的堆放和存储：合理控制可燃物料的堆放和存储方式，防止可燃物料的自燃或火灾发生。可以采用分类储存、定期检查和清理、使用防火包装等方法来控制可燃物料的安全性。

课后作业

1. 预防静电火花的方法有两种，为＿＿＿＿和＿＿＿＿。
2. 在生产过程中能够引起火灾爆炸事故的点火源主要有哪些？
3. 应合理选择通风方式。一般宜采取＿＿＿＿，但自然通风不能满足要求时应采取＿＿＿＿。
4. 防火隔离是防止火势扩散的重要手段，以下哪种措施可以实现防火隔离？（　　）

A. 安装火灾报警系统

B. 安装自动喷水灭火系统

C. 设置防火墙

D. 增加通风速度

5. 防火措施中的控制燃烧过程包括以下哪些技术？（　　）

A. 控制燃料供给

B. 调节燃烧温度

C. 监测压力和氧气含量

D. 调整燃烧室尺寸

6. 防火措施中的控制热量释放可以通过以下哪些方面实现？（　　）

A. 调整燃料喷射的角度和速度

B. 设计合理的通风系统

C. 控制火焰和烟雾扩散范围

D. 设置防火门

7. 以下哪种措施可以控制火源传播？（　　）

A. 设置防火墙

B. 控制燃烧温度

C. 堆放可燃物料

D. 设置自动喷水灭火系统

8. 防火措施中,控制可燃物料的堆放和存储可以采取以下哪些措施?(　　)

A. 分类储存

B. 增加通风速度

C. 定期检查和清理

D. 增加可燃物料存储区域

9. 结合所学知识,通过查阅文献、上网等方式,分析某生产金属钠的厂房应采取哪些防火措施?

任务 2　防火与控火安全装置的使用

防火安全装置是指生产系统中为预防事故而设置的各种检测、控制、联动、保护、报警等仪器、仪表的总称。它们广泛应用于厂区、厂房、车间及生产设备中，是保证生产安全稳定运行必不可少的技术措施。

2.1　火灾自动报警装置

火灾自动报警装置是为了尽早地检测到火灾并发出警报，以便及早采取疏散人员、启动灭火系统、控制防火门等相应防范、抢救措施，而设置在建筑物或其他场所中的防火安全设施。这类装置可以对火灾初始阶段所产生的烟、热、光等做出有效响应，将其转化成电信号并处理、放大，以特定的声和光发出警报信号，引起人们的警觉，从而有效地防止火灾的发生和发展。

1. 火灾探测器

火灾探测器是指能对发生火灾后的某种火灾现象（热、烟或光等）响应，并自动产生火灾报警信号的监测器件。它是组成各种火灾自动报警系统的重要组件，其作用是监视被保护区域有无火灾发生。

火灾探测器种类很多，分类方法也很多。按其结构造可分为点型和线型两大类；按其使用环境条件分为陆用型、船用型、耐寒型、耐酸型、耐碱型、防爆型等。一般情况下，根据火灾探测器探测火灾的原理，可将其分为感烟式火灾探测器、感温式火灾探测器、感光式火灾探测器、可燃气体探测器和气体火灾探测器、复合式火灾探测器等几种类型。

2. 火灾报警控制器

火灾报警控制器是能为火灾探测器供电，以及接收、显示和传递火灾报警信号，并能对自动消防设备发出控制信号的一种装置。它是火灾自动报警系统的重要组成部分，与自动灭火系统联动，便可组成火灾自动报警灭火系统。

火灾报警控制器按用途不同可分为区域火灾报警控制器、集中火灾报警控制器和通用火灾报警控制器 3 种基本类型。

（1）区域火灾报警控制器是组成区域报警系统的主要设备之一，主要特点是控制器直接连接火灾探测器，处理各种报警信息。

（2）集中火灾报警控制器是组成集中报警系统的主要设备之一，适用于较大范围内多个区域的保护,一般不是与火灾探测器相连,而是与区域火灾报警控制器相连,处理区域级火灾报警控制器送来的信号,常使用在较大型系统中。

(3)通用火灾报警控制器兼有区域、集中两级火灾报警控制器的双重特点,通过设置或修改某些参数,既可作为区域级使用,又可作为集中级使用。

2.2 防火控制与隔绝装置

在生产工艺过程中设置防火控制与隔绝装置,能够阻止火焰或爆炸冲击波沿着工艺管道或设备向下传递,阻止火势蔓延扩大,大大降低事故造成的损失。主要的防火控制和隔绝装置有安全液封、水封井、阻火器、单向阀、阻火闸门和火星熄火器等。

防火控制与隔绝装置

1. 安全液封

安全液封是一种湿式阻火装置,通常安装在压力低于 0.02 MPa 的可燃气体管道和生产设备之间,以及绝对禁止倒流的气体管路中。安全液封有开敞式(见图 4-1)和封闭式(见图 4-2)两种,液封的介质按实际需要有所不同。

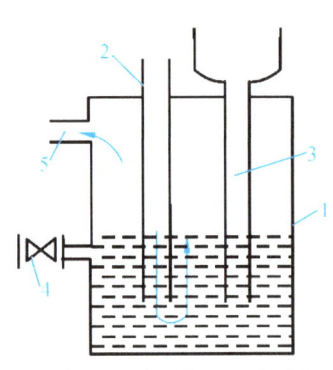

1—外壳;2—进气管;3—安全管;
4—验水栓;5—气体出口。

图 4-1 开敞式安全液封

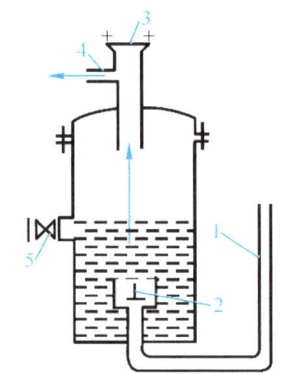

1—进气管;2—单向阀;3—爆破片;
4—气体出口;5—验水栓。

图 4-2 封闭式安全液封

安全液封的基本阻火原理:由于液体封在进、出气管之间,在液封两侧的任一侧着火,火焰将在液封处熄灭,从而阻止了火势蔓延。液封内的液位应根据生产设备内的压力保持一定的高度,以保证其可靠性。因此,运行时要经常检查液位高度,在寒冷地区,应通入水蒸气或注入防冻液,以防止液封冻结。

2. 水封井

水封井通常设在有可燃气体、易燃液体蒸气或油污的污水管网上,用以防止燃烧或爆炸沿污水管网蔓延扩散。水封井的阻火原理与安全液封相同,是安全液封的一种,其结构如图 4-3 所示。水封井的水位高度不宜小于 250 mm。

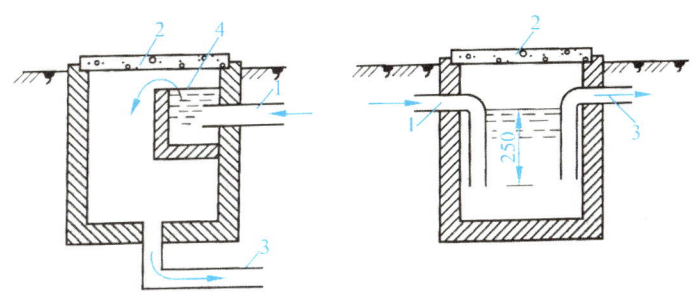

1—污水进口；2—井盖；3—污水出口；4—溢水槽。

图 4-3　水封井

3. 阻火器

阻火器是利用管子直径或流通孔隙减小到某一程度后，火焰就不能蔓延的原理制成的，其阻火层由能通过气体或蒸气的许多细小孔道的固体材料所构成，火焰气流入阻火层时被分隔成许多细小的火焰流，由于散热作用和器壁效应而被熄灭。

阻火器常用在容易引起火灾爆炸的高热设备和输送可燃液体、易燃液体蒸气的管线上，以及可燃气体、易燃液体的容器及管道、设备的放空末端。

阻火器有金属网阻火器、波纹金属片阻火器、砾石阻火器等多种形式。金属网阻火器的构造如图 4-4 所示。它是用单层或多层具有一定孔径的金属网把空间分隔成许多小孔隙，由铜丝或钢丝制成。波纹金属片阻火器是由交叠放置的波纹金属片组成的有正三角形孔隙的方形阻火器，或将一条波纹带与一条扁平带绕在一个芯子上，组成圆形阻火器，如图 4-5 所示。砾石阻火器是用砂粒、卵石、玻璃球或铁屑等作为充填料的，其阻火效果比金属网阻火器更好。例如，金属网阻火器阻止二硫化碳火焰比较困难，而采用直径为 3~4 mm 的砾石，在直径为 150 mm 的管内砾石层厚度为 200 mm 即可阻止二硫化碳的火焰。其结构如图 4-6 所示。

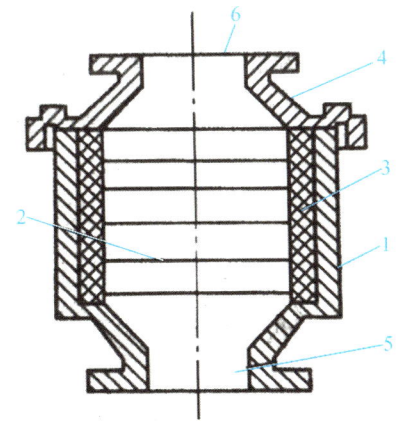

1—壳体；2—金属网；3—垫圈；4—上盖；
5—进口；6—出口。

图 4-4　金属网阻火器

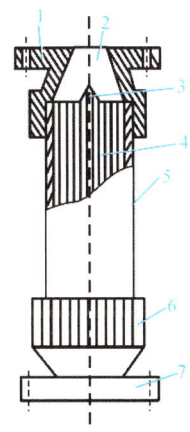

1—上盖；2—出口；3—轴芯；4—波纹金属片；
5—外壳；6—下盖；7—进口。

图 4-5　波纹金属片阻火器

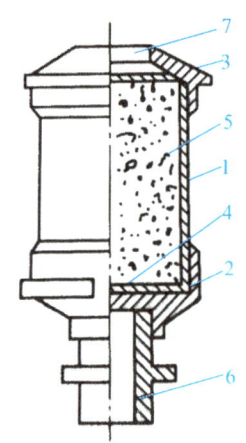

1—壳体；2—下盖；3—上盖；4—网格；5—砂粒；6—进口；7—出口。

图 4-6　砾石阻火器

影响阻火器效能的主要因素是阻火器的厚度及其孔隙或通道的大小。各式阻火器的内径大小及外壳高度是由连接阻火器的管道直径来决定的，阻火的内径通常取连接阻火器管道直径的 4 倍。不同类型的阻火器，其性能和适用范围各不相同，如表 4-1 所示。

表 4-1　不同类型阻火器性能的比较

类型	性能	适用范围
金属阻火器	结构简单，容易制造，造价低廉；阻爆范围小，易损坏，不耐烧	石油储罐、输气管道、油轮
波纹金属片阻火器	使用范围大，流体阻力小，能阻止爆燃火焰，易于置换和清洗；但结构复杂，造价高	石油储罐、气体管道、油气回收系统
砾石阻火器	孔隙小，结构简单，易于制造；但阻力大，易于阻塞，重量大	化工厂反应器、氢气管、乙炔管道

4. 阻火闸门

阻火闸门是为防止火焰沿通风管道或生产管道蔓延而设置的阻火装置。正常条件下，阻火闸门处于开启状态，一旦温度升高使闸门上的易熔金属元件熔化时，闸门便自动关闭，低熔点合金一般采用铅、锡、镉、汞等金属制成，也可用赛璐珞、尼龙等塑料材料制成，以其受热后失去强度的温度作为阻火闸门的控制温度。跌落式自动阻火闸门则是在易熔元件熔断后，闸板在自身重力作用下自动跌落而将管道封闭，其结构如图 4-7 所示。手控阻火闸门多安装在操作岗位附近，以便于控制。

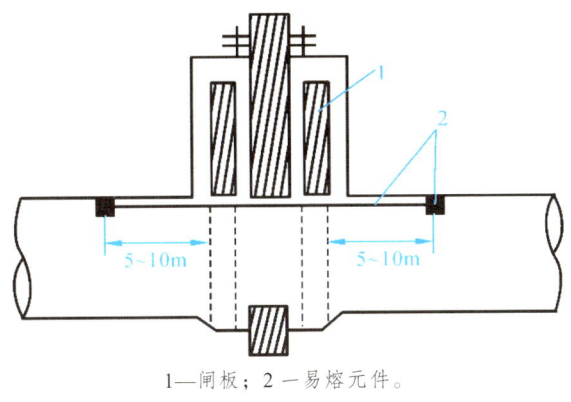

1—闸板；2—易熔元件。

图 4-7　阻火闸门示意

5. 火星熄灭器

火星熄灭器又称防火帽，通常安装在能产生火星的设备的排空系统，以防止飞出的火星引燃周围的易燃易爆介质。火星熄灭器可分为涡流式火熄灭器、带有防火阀的火星熄灭器和烟囱用火星熄灭器等类型，其阻火原理及火星熄灭器的方式如下：

（1）将带有火星的烟气从小容积引入大容积，使其流速减慢，火星颗粒沉降下来而不从排道飞出。

（2）设置障碍，改变烟气流动方向，增加火星的流程，使其沉降或熄灭。

（3）设置格网或叶轮，将较大的火星挡住或分散，以加速火星的熄灭。

（4）在烟道内喷水或水蒸气，使火星熄灭。

6. 单向阀

单向阀又称止逆阀或止回阀。它的作用是仅允许流体（气体或液体）向一个方向流动，遇到倒流时即自行关闭，从而避免在燃气或燃油系统中发生液体倒流，或高压窜入低压造成容器管道的爆裂，或发生回火时火焰倒吸和蔓延等事故在工业生产上，通常在系统中流体的进口和出口之间、与燃气或燃油管道及设备相连接的辅助管线上、高压与低压系统之间的低压系统上或压缩机与油泵的出口管线上安置单向阀。生产用的单向阀有升降式、摇板式、球式等几种。

课后作业

1. 根据火灾探测器探测火灾的原理，可将其分为_____、_____、_____、_____和_____等几种类型。

2. 常见的防火控制和隔绝装置有_____、_____、_____、_____、_____和_____几种。

3. 火灾报警控制器按用途不同可分为_____、_____和_____3种基本类型。

4. 简述安全液封的基本阻火原理。

5. 简述阻火器的工作原理。

6. 影响阻火器效能的主要因素是（　　）。

A. 阻火器的厚度

B. 阻火器的厚度及其孔隙或通道的大小

C. 阻火器的孔隙或通道的大小

D. 阻火器的长度

7. 阻火器有_____、_____、_____等多种形式。

8. 阻火闸门是为防止火焰沿（　　）蔓延而设置的阻火装置。

A. 窗户　　　　　B. 走廊　　　　　C. 房间　　　　　D. 通风管道或生产管道

9. 简述火星熄灭器的阻火原理。

任务 3　燃烧与爆炸关系的分析

防爆基本技术与措施，就是根据科学原理和实践经验，对火灾爆炸危险所采取的预防、控制和消除措施。

2017 年 12 月 9 日凌晨 2 时 20 分左右，连云港聚某公司年产 3 000 吨间二氯苯装置发生爆炸事故，造成 4 人死亡，1 人受伤，6 人被困，间二氯苯装置与其东侧相邻的 3-苯甲酸装置整体坍塌，部分厂房坍塌、建筑物受损严重。

1996 年 4 月 5 日上午，南京某厂消防队欲报废一批废旧灭火器，经与某废品收购站商定，由收购站上门收购。8 时 40 分，收购站派王某、孙某进厂拆卸。当孙某送物返回拆卸现场时，发现王某已被炸死在血泊中。有关部门现场勘查发现，爆炸的灭火器是 8 公斤碳酸氢钠干粉灭火器，其钢瓶因被触动，气体进入出粉管已阻塞的灭火器筒内，筒内压力陡增引发爆炸。爆炸冲力使筒体向上飞进，击中王某的头部而发生事故。

1986 年 4 月 26 日凌晨 1 点 23 分（UTC+3），乌克兰普里皮亚季邻近的切尔诺贝利核电厂的第四号反应堆发生了爆炸。连续的爆炸引发了大火并散发出大量高能辐射物质到大气层中，这些辐射尘涵盖了大面积区域。这次灾难所释放出的辐射线剂量是第二次世界大战时期爆炸于广岛的原子弹的 400 倍以上。

爆炸就是指物质的物理或化学变化，在变化的过程中伴随有能量的快速转化，内能转化为机械压缩能，且使原来的物质或其变化产物与周围介质产生运动。爆炸一般可分为三类：

（1）物理爆炸：由物理原因引起的爆炸称为物理爆炸（如压力容器爆炸）。
（2）化学爆炸：由化学反应释放能量引起的爆炸称为化学爆炸（如炸药爆炸）。
（3）核爆炸：由于物质的核能的释放引起的爆炸称为核爆炸（如原子弹爆炸）。

本任务主要分析化学爆炸产生的条件及机理，分析燃烧与爆炸的关系。

3.1　可燃物质化学爆炸的条件

1. 反应的放热性

反应的快速放热或吸热是爆炸物发生爆炸的必要条件。爆炸本身是能量急骤转化的过程，将化学能转化为热能，热能再转化为对周围介质所做的机械功。

例如硝酸铵受低温加热作用时分解缓慢，这是一个吸热分解。具体分解过程如下所示：

$$NH_4NO_3 \xrightarrow{\text{低温加热}} NH_3 + HNO_3;\ Q = -714.7\ J$$

但当硝酸铵受到强起爆作用时就可以发生化学大爆炸，这是一个放热分解。

$$NH_4NO_3 \xrightarrow{强起爆} N_2 + 2H_2O + 0.5O_2;\ Q = +529.2\ J$$

由此可见，即使同一个物质，反应条件不同其反应结果也不同，其反应是否具有爆炸性决定于反应过程是否能放出热量，只有放热反应才可能具有爆炸性。

2. 反应的快速性

爆炸的第二个必要条件是反应的快速性，它是区别于一般化学反应过程的最重要的标志。炸药的爆炸具有爆炸的显著特征，这是由其反应的快速性所决定的。

如 1 kg 汽油在发动机燃烧需要 5~6 min；而 1 kg TNT 爆炸所放出的热仅为 4 222 kJ，但它形成爆炸反应的时间只需百分之几秒至百万分之几秒，所以在爆炸完成的瞬间，气体尚未来得及膨胀就被反应热加热到 2 000~3 000 ℃，气体来不及膨胀就被加热到很高的温度，具有很高的压力，高温高压的气体骤然膨胀就形成了爆炸。

3. 生成气体产物

爆炸物的化学反应产生了大量的气体，由于气体的可压缩性很大，膨胀系数也很大，而爆炸对周围介质的做功就是通过高温高压的气体迅速膨胀实现的。因此在反应过程中，生成大量气体也是爆炸的一个重要因素。

如 1 kg TNT 能生成 1 180 L 气态产物，体积膨胀 1 000 余倍。由于反应过程的放热性，造成气体产物瞬间被强烈压缩在近似原有体积内，形成高温、高压（数十万个大气压）气体对外界进行膨胀做功。

如果反应产物不是气体，而是固体或液体，那么，即使是放热反应，也不会形成爆炸现象。例如铝热剂的反应：

$$2Al + Fe_2O_3 \longrightarrow Al_2O_3 + 2Fe\ ;\ Q = +829\ kJ$$

反应放出的热可使生成物加热到 3 000 ℃ 左右，但由于生成物在 3 000 ℃ 时仍处于液态，没有大量气体生成，因而不是爆炸反应。

综上所述，放热性、快速性和生成气体产物是化学爆炸的三个必要条件。放热给爆炸提供了能源，而快速性则是使有限能量集中在较小容积内产生大功率的必要条件。反应的放热性将爆炸物加热到高温，从而使化学反应速率大大地增加，即增大了反应的快速性。此外，由于放热可以将产物加热到很高的温度，这也使更多的产物处于气体状态。

3.2 燃烧与爆炸的关系

可燃性物质只要具备了燃烧三要素，在一定条件下就会发生燃烧，但当条件进一步恶化时，它们又可以转化为爆炸，造成更大的损失。

1. 燃烧与爆炸的区别

（1）燃烧和爆炸都是迅速的氧化过程，燃烧需要外界供给的空气或氧气，没有助燃剂，燃烧反应就不能进行，如天然气、木材等在空气中燃烧；某些含氧的化合物或混合物，在缺氧的情况下虽然也能燃烧，但由于其含氧不足，隔绝空气后燃烧就不完全或熄灭。而炸药的化学组成或混合组分中含有较丰富的氧元素或氧化剂，发生爆炸变化时无需外界的氧参与反应，也就是说，它是能够发生自身燃烧反应的物质。所以说爆炸反应的实质就是瞬间的剧烈燃烧反应。

（2）燃烧的传播是依靠传热进行的，因而燃烧的传播速度慢，一般是每秒几毫米到几百米；而爆炸的传播是依靠冲击波进行的，传播速度快，一般是每秒几百米到几千米。但是，对于可燃性气体、蒸气或粉尘与空气形成的爆炸性混合物，其燃烧与爆炸几乎是不可分的，往往是被点火后首先燃烧，由于温度和压力急剧升高，使燃烧的速度迅速加快，因而连续产生无数个压缩波，这些压缩波在传播过程中叠加成冲击波，从而发生爆炸。瓦斯爆炸就是这种类型。

（3）燃烧的传播是化学反应放出的能量通过热传导、热辐射和气体产物的传播传入下一层炸药，引起未反应的物质进行燃烧反应，使反应得以连续传播下去；爆炸是借助于冲击波沿炸药的传播来实现的，即由化学反应放出的能量补充和维持冲击波的强度，在冲击波的冲击压缩作用下，激起下层炸药进行爆炸反应。

（4）燃烧反应产物的压力一般不高，不会对周围介质产生力的效应；而爆炸产物的压力很高，可达几万至几十万个大气压，因而向四周传出冲击波，对周围介质有强烈的力效应。

（5）燃烧反应易受外界压力和温度的影响，当外界压力低时，燃烧速度慢，压力增高，燃烧反应加快；当外界压力过高时，燃烧反应变得不稳定，以致转变为爆炸。而爆炸基本上不受外界条件的影响。

2. 燃烧转化为爆炸的条件

燃烧和化学性爆炸两者可随条件而转化。同一物质在一种条件下可以燃烧，在另一种条件下可以爆炸。例如煤块只能缓慢地燃烧，如果将它磨成煤粉，再与空气混合后就可能爆炸，这也能说明燃烧和化学性爆炸在本质上是相同的。

由于燃烧和爆炸可以随条件而转化，所以生产过程发生的这类事故，有些是先爆炸后燃烧，例如油罐、电石库或乙炔发生器爆炸后，接着往往是一场大火；而某些情况下会是发生火灾而后爆炸，例如抽空的油槽在着火时，可燃蒸气不断消耗，而又不能及时补充较多的可燃蒸气，因而浓度不断下降，当蒸气浓度下降到爆炸极限范围内时，则发生爆炸。

由以上的分析可知，燃烧与爆炸物具有紧密相关的两个特性。从安全技术角度来讲，防止爆炸物发生火灾与爆炸事故就成了紧密相关的问题。一般来说，火灾与爆炸两类事故往往连续发生。大的爆炸之后常伴随有巨大的火灾；存在有爆炸物质和爆炸混合物的场所，大的火灾往往创造了爆炸的条件，由火灾导致爆炸。因此，了解燃烧与爆炸的关系，从技术上杜绝一切由燃烧转化为爆炸的可能性，则是防火防爆技术的一个重要方面。

    1. 通过本节所学知识或参考相关资料，查找三种爆炸类型的典型事故案例，并制作课件进行分享。

    2. 可燃物化学爆炸的条件是什么？

    3. 简要说明燃烧和爆炸的关系。

任务 4　认识防爆基本技术措施

防爆基本技术与措施，就是根据科学原理和实践经验，对火灾爆炸危险所采取的预防、控制和消除措施。根据物质燃烧爆炸原理，不使物质处于燃爆的危险状态、在设计时严格按照防火防爆规范执行和采用生产安全装置，就可以防止火灾爆炸事故的发生。但在实践中，由于受到生产、储存条件的限制，或者受某些不可控制的因素影响，仅采取一种措施是不够的，往往需要同时采取上述多个方面的措施，以提高安全性。此外，还应考虑某些辅助措施，以便万一发生火灾爆炸事故时，能够减少危害，把损失降到最低限度。建筑防爆的基本技术措施分为预防性技术措施和减轻性技术措施。

4.1　预防性技术措施

4.1.1　排除能引起爆炸的各类可燃物质

防爆技术措施

1. 在生产中尽量不用或少用具有爆炸危险的各类可燃物质

防火防爆的根本措施包括：以不燃或难燃材料替代可燃材料，以不燃溶剂替代可燃溶剂，以高沸点的溶剂替代挥发性大的溶剂，以介质加热取代直接加热，以负压低温替代加热蒸发等。

2. 系统尽可能保持密闭状态，防止"跑、冒、滴、漏"

为防止易燃性气体、液体和可燃性粉尘与外界空气接触而形成爆炸性混合物，应设法将它们放在密闭设备或容器中储存或操作。为了保证设备系统的密闭性，需要采取以下措施：

（1）对有燃爆危险物料的设备和管道，尽量采用焊接方式，减少法兰连接。同时要保证安装和检修方便。

（2）输送燃爆危险性大的气体、液体管道，最好用无缝钢管。盛装腐蚀性物料的容器尽可能不设开关和阀门，可将物料从顶部抽吸排出。

（3）接触高锰酸钾、氯酸钾、硝酸钾、漂白粉等粉状氧化剂的生产传动装置，要严加密封，经常清洗，定期更换润滑油，以防止粉尘漏进变速箱中与润滑油接触而引起火灾。

（4）对加压和减压设备，在投入生产前、检修和运行中，应做气密性检验和耐压强度试验。

（5）负压操作可防止系统中有爆炸危险性的物质外逸进入生产场所，减少发生燃烧和爆炸的危险性。

3. 加强通风除尘

要使设备达到绝对密闭是很难办到的，总会有一些可燃气体、蒸气或粉尘从设备系统中泄漏出来，而且生产过程中某些工艺会大量释放可燃性物质。因此必须用通风的方法使可燃气体、蒸气或粉尘的浓度不致达到危险的程度。

通风设置时应注意气体或蒸气的密度，密度比空气大的要防止可能在低洼处积聚；密度比空气小的要防止可能在高处死角上积聚，有时即使很少量的积聚也会在局部达到爆炸极限。设备的所有排风管应直接通往室外，高出附近屋顶。排气管不应是负压，也不能造成堵塞，如排出蒸气冷凝结成液滴，则放空时还应考虑设有专门的蒸气保护措施。

散发较空气重的可燃气体、可燃蒸气的甲类厂房以及有粉尘、纤维爆炸危险的乙类厂房，应采用不发生火花的地面。采用绝缘材料作整体面层时，应采用限防静电措施。散发可燃粉尘、纤维的厂房内表面应平整、光滑，并易于清扫。厂房内不宜设置地沟，必须设置时，其盖板应严密，地沟应采取防止可燃气体、可燃蒸气及粉尘、纤维在地沟积聚的有效措施，且与相邻厂房连通处应采用防火材料密封。

4. 利用惰性气体保护

由于爆炸的形成需要有可燃物质、氧气以及一定的点火能量，用惰性气体取代空气，避免空气中的氧气进入系统，就消除了引发爆炸的一大因素，从而避免爆炸。通常采用的惰性气体（或阻燃性气体）主要有氮气、二氧化碳、水蒸气、烟道气等。以下情况通常需考虑采用惰性介质保护：

（1）可燃固体物质的粉碎、筛选处理及其粉末输送时，采用惰性气体进行覆盖保护。

（2）处理可燃易爆的物料系统，在进料前用惰性气体进行置换，以排除系统中原有的气体，防止形成爆炸性混合物。

（3）将惰性气体通过管线与火灾爆炸危险的设备、储槽等连接起来，在万一发生危险时使用。

（4）易燃液体利用惰性气体充压输送。

（5）在有爆炸性危险的生产场所，对有可能引起火灾危险的电器、仪表等采用充氮正压保护。

（6）易燃易爆系统检修动火前，使用惰性气体进行吹扫置换。

（7）发现易燃易爆气体泄漏时，采用惰性气体（水蒸气）冲淡。发生火灾时，用惰性气体进行灭火。

向可燃气体、蒸气或粉尘与空气的混合物中加入惰性气体，可以达到两种效果：一是缩小甚至消除爆炸极限范围；二是将混合物冲淡。例如，易燃固体物质的压碎研磨、筛分、混合以及粉状物料的输送过程可以在惰性气体的覆盖下进行；当厂房内充满可燃性物质而具有危险时（如发生事故使车间、库房充满有爆炸危险的气体或蒸气），应向这一地区放送大量惰性气体将其冲淡；在生产条件允许的情况下，可燃混合物在处理过程中亦应加入惰性气体作为保护气体；可以用惰性介质充填非防爆电器仪表；在停车检修或开工生产前，用惰性气体吹扫设备系统内的可燃物质等。总之，合理利用惰性气体，对防火防爆具有很大的实际作用。

惰性气体的用量可根据危险物料系统燃烧必需的最低含氧量计算，如表 4-2 所示。

表 4-2 某些可燃物惰性化的最高容许含氧量（%）

可燃物	用 N_2	用 CO_2	可燃物	用 N_2	用 CO_2
甲烷	12.1	14.5	甲醇	10	13.5
乙烷	11	13.4	乙醇	10.5	13
丙烷	11.4	14.3	乙醚	10.5	13
丁烷	12.1	14.5	丙酮	11	12.5
异丁烷	12	15	氢气	4	5
戊烷	12.1	14.4	一氧化碳	5.5	6
己烷	12.1	14.5	硫化氢	7.5	11.5
汽油	11.6	14.4	煤粉	–	12～15
乙烯	10.6	11.7	麦粉	–	12
丙烯	11.5	14.1	硫黄粉	–	9
丁二烯	10.4	14.1	铝粉	7	2.5
苯	11.2	13.9	锌粉	8	8

使用纯惰性气体时，惰性气体需用量可按下式计算：

$$X = \frac{21-a}{a}V \qquad (4\text{-}1)$$

式中　X——惰性气体需用量；

　　　a——氧的最高允许含量，%，可从表 4-1 查得；

　　　V——设备中原有的空气体积（其中氧占 21%），m^3。

【例 4-1】有一汽油贮罐，上部空间为 100 m^3，现要充氮保护，试计算氮气需用量。

解　由表查得，用氮气保护时，汽油的氧的最高允许含量为 11.6%。将已知数代入公式，得：

$$X = \frac{21-11.6}{11.6} \times 100 = 81.3 \ (m^3)$$

如使用含有部分氧的惰性气体时，惰性气体需用量按下式计算：

$$X = \frac{21-a}{a-a'}V \qquad (4\text{-}2)$$

式中　a'——惰性气体中所含氧的量，%。

【例 4-2】在例 4-1 中若加入的氮气含有 4% 的氧气，试计算需要多少氮气？

解 将已知数代入公式,则得

$$X = \frac{21-11.6}{11.6-4} \times 100 = 123.68 \text{ (m}^3\text{)}$$

在实际操作中,因为惰性气体会流失,加入的实际量要比理论计算值大些。

5. 对危险物品进行合理储存

由于各种危险化学品的性质不同,如果储存不当,往往会酿成严重的事故。例如,无机酸本身不可燃,但与可燃物质相遇可能引起燃烧或爆炸;氯酸盐与可燃的金属相混合时能引起金属的燃烧或爆炸;活泼金属能在卤素中自行燃烧。为防止不同性质物品在储存中相互接触而引起火灾爆炸事故,禁止将危险物品放在一起储存(见表4-3)。

表4-3 危险物品共同储存的规则

组别	物品名称	储存规则	备注
1	爆炸物品: 苦味酸、TNT、火棉、硝化甘油、硝酸铵炸药、雷汞等	不准与任何其他种类的物品共储,必须单独隔离储存	起爆药,如雷管等必须与炸药隔离储存
2	易燃液体及可燃液体: 汽油、苯、二硫化碳、丙酮、乙醚、甲苯、酒精、醋酸、醛类、喷漆、煤油、松节油、樟脑油等	不准与其他种类物品共同储存	如果数量甚少,允许与固体易燃物品隔开后共同储存
3	易燃气体: 乙炔、氢气、一氯甲烷、硫化氢、氨等	除惰性不燃气体外,不准与其他种类物品共同储存	
3	惰性不燃气体: 氮气、二氧化碳、二氧化硫、氟利昂等	除易燃气体和助燃气体、氧化剂中能形成爆炸性混合物的物品和有毒物品外,不准与其他种类物品共同储存	
3	助燃气体: 氧气、压缩空气、氟气、氯气等	除惰性不燃气体和有毒物品外,不准与其他物品共同储存	氯气有毒害性
4	遇水或空气能自燃的物品: 钾、钠、电石、磷化钙、锌粉、铝粉、黄磷等	不准与其他种类物品共同储存	钾、钠须浸入煤油中,黄磷须浸入水中储存,均须单独隔离储存
5	易燃固体: 赛璐珞、胶片、赤磷、萘、樟脑、硫黄、火柴等	不准与其他种类物品共同储存	赛璐珞、胶片、火柴均须单独隔离储存
6	氧化剂: 能形成爆炸性混合物的物品:氯酸钾、氯酸钠、硝酸钠、硝酸钾、硝酸钡、次氯酸钙、亚硝酸钠、过氧化钡、过氧化钠、过氧化氢(30%)等	除压缩气体和液化气体中惰性气体外,不准与其他种类物品共同储存	过氧化物遇水有发热爆炸危险,应单独储存;过氧化氢应储存在阴凉处所
6	能引起燃烧的物品: 溴、硝酸、硫酸、铬酸、高锰酸钾、重铬酸钾等	不准与其他种类物品共同储存	与氧化剂中能形成爆炸混合物的物品亦应隔离
7	有毒物品: 光气、氰化钾、氰化钠、五氧化二砷等	除惰性气体外,不准与其他种类物品共同储存	

6. 预防燃气泄漏，设置可燃气体浓度报警装置

可燃气体报警装置用来检测可燃气体的泄漏。当工业环境中有可燃气体泄漏时，一旦可燃气体报警装置检测到气体浓度达到爆炸临界点，就会发出报警信号，提醒现场工作人员采取安全措施，并驱动排风、切断、喷淋系统，防止发生爆炸、火灾、中毒事故，从而保障安全生产。

4.1.2 消除或控制能引起爆炸的各种火源

（1）防止撞击、摩擦产生火花。
（2）防止高温表面成为点火源。
（3）防止日光照射。
（4）防止电气火灾。
（5）消除静电火花。
（6）防雷电火花。
（7）防止明火。

4.2 减轻性技术措施

1. 采取泄压措施

在建筑围护构件设计中设置一些薄弱构件，即泄压面积，当爆炸发生时，这些泄压构件首先破坏，使高温高压气体得以泄放，从而降低爆炸压力，使主体结构不发生破坏。有爆炸危险的甲、乙类厂房，应采用轻质屋面板、轻质墙体和易于泄压的门、窗等作为泄压设施。

2. 采用抗爆性能良好的建筑结构体系

强化建筑结构主体的强度和刚度，使其在爆炸中足以抵抗爆炸的压力而不能倒塌。对有爆炸危险的厂房，应选用耐火、耐爆较强的结构型式，以避免和减轻现场人员的伤亡和设备物资的损失。

有爆炸危险的甲、乙类厂房，其承重结构宜采用钢筋混凝土或钢框架、排架结构。

3. 采用合理的建筑布置

在建筑设计时，根据建筑生产、储存的爆炸危险性，在总平面布局和平面布置上合理设计，尽量减小爆炸的影响范围，减少爆炸产生的危害。

（1）除有特殊要求外，一般情况下，有爆炸危险的厂房应采用单层建筑。
（2）有爆炸危险的生产不应设在建筑物的地下室或半地下室内。
（3）有爆炸危险的甲、乙类厂房宜独立设置，并宜采用敞开或半敞开式的厂房。
（4）有爆炸危险的甲、乙类生产部位，宜设在单层厂房靠外墙的泄压设施或多层厂房顶层靠外墙的泄压设施附近。

课后作业

1. 建筑防爆的基本技术措施有哪些?
2. 哪些是属于减轻性技术措施?
3. 以某建筑为案例,请查阅相关资料,对该工业场所内的火灾爆炸危险源进行辨识,主要从以下几个方面进行考虑。

(1)生产过程。
(2)设备本身。
(3)作业环境。
(4)安全管理。

将辨识出的火灾爆炸危险有害因素进行汇总,并填入表4-4中。

表4-4 火灾爆炸危险有害因素汇总表

序号	火灾爆炸危险有害因素

任务 5　防爆安全装置的使用

为阻止火灾、爆炸的蔓延和扩展，减少其破坏作用，防爆泄压设施、阻火设备、抑爆装置、紧急切断装置、安全联锁装置等防火防爆安全装置是工艺设备不可缺少的部件或元件，火灾爆炸危险性大的化学反应设备应同时设置几种防火防爆安全装置，一般的设备可设置其中的一种或几种。

防爆安全装置

5.1　安全阀

安全阀的作用是为了防止设备和容器内压力过高而爆炸，包括防止物理性爆炸（如锅炉、蒸馏塔等的爆炸）和化学性爆炸（如乙炔发生器的乙炔受压分解爆炸等）。当容器和设备内的压力升高超过安全规定的限度时，安全阀即自动开启，泄出部分介质，降低压力至安全范围内再自动关闭，从而实现设备和容器内压力的自动控制，防止设备和容器的破裂爆炸。安全阀在泄出气体或蒸气时，产生动力声响，还可起到报警的作用。

5.1.1　安全阀的分类

1. 按结构和作用原理分类

安全阀按其结构和作用原理可分为重力式、杠杆式和弹簧式等。

（1）重力式安全阀：利用重锤的重力控制定压的安全阀被称为重力式安全阀。当阀前静压超过安全阀的定压时，阀瓣上升以泄放被保护系统的超压；当阀前压力降到安全阀的回座压力时，可自动关闭，如图 4-8（a）所示。

（2）杠杆式安全阀：利用重锤和杠杆对阀瓣施加压力，以平衡介质作用在阀瓣上的正常工作压力，如图 4-8（b）所示。

重力式安全阀和杠杆式安全阀具有结构简单、调整容易、比较笨重、对振动敏感、回座压力较低等特点，适用在压力不高而温度较高的场合。

（3）弹簧安全阀：利用压缩弹簧的弹力施加于阀瓣，以平衡介质作用在阀瓣上的正常工作压力。通用式弹簧安全阀是由弹簧作用的安全阀。其定压由弹簧控制，其动作特性受背压的影响，如图 4-8（c）所示。平衡式弹簧安全阀同样是由弹簧作用的安全阀。其定压由弹簧控制，用活塞或波纹管减少背压对安全阀的动作性能的影响，如图 4-8（d）所示，具有结构紧凑、灵敏度高、对振动的敏感性差、开启滞后弹力受高温影响的特点，适用在温度不高而压力较高的场合。

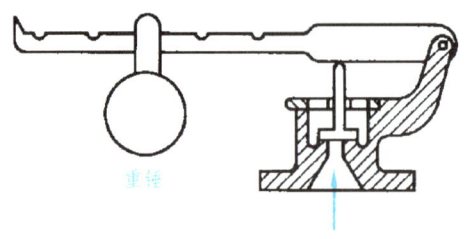
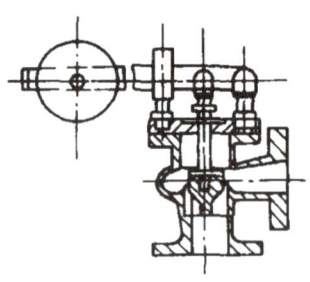

（a）重力式安全阀　　　　　（b）杠杆式安全阀

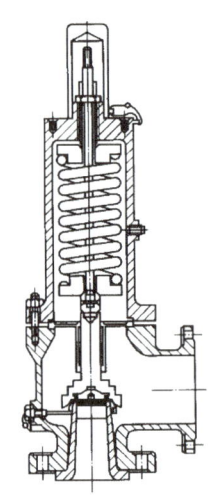
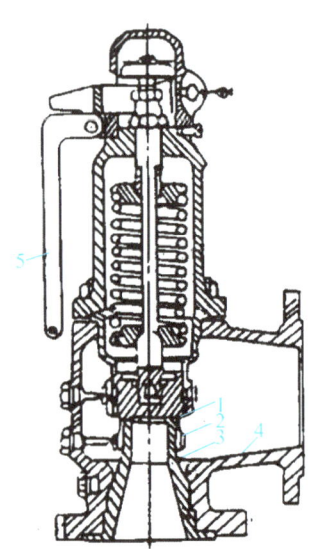

（c）通用式弹簧安全阀　　　（d）弹簧式安全阀的结构

1—阀芯；2—调整环；3—阀座；4—阀体；5—提升手柄。

图 4-8　安全阀

2. 按气体排放方式分类

安全阀一般有两个功能：一是排放泄压，即受压容器内部压力超过正常值时，安全阀自动开启，把器内介质排放出去，以降低压力，防止设备爆破，当压力降至正常值时，安全阀又自动关闭；二是报警，即当设备超压，安全阀开启向外排放介质时，产生气动声响，以示警告。安全阀的开启压力应调整为容器或设备工作压力的 1.05～1.10 倍，但不得超过容器或设备的设计压力。

按气体排放方式分为全封闭式、半封闭式和敞开式 3 种。设置安全阀时应注意以下几点：

（1）新装的安全阀应有产品合格证，安装前应由安装单位继续复校后加铅封，并出具安全阀校验报告。

（2）当安全阀的入口处装有隔断阀时，隔断阀必须保持常开状态并加铅封。

（3）压力容器的安全阀最好直接装设在容器本体上。液化气体容器上的安全阀应安装于气相部分，防止排出液体物料，发生事故。

（4）如安全阀用于排泄可燃气体，直接排入大气，则必须引至远离明火或易燃物而且通风良好的地方，排放管必须逐段用导线接地以消除静电作用。如果可燃气体的温度高于它的自燃点，应考虑防火措施或将气体冷却后再排入大气。

（5）安全阀用于泄放可燃液体时，宜将排泄管接入事故储槽、污油罐或其他容器；用于泄放高温油气或易燃、可燃气体等遇空气可能立即着火的物质时，宜接入密闭系统的放空塔或事故储槽。

（6）一般安全阀可放空，但要考虑放空口的高度及方向的安全性。室内的设备，如蒸馏塔、可燃气体压缩机的安全阀、放空口宜引出房顶，并高于房顶 2 m 以上。

5.1.2 安全阀的安装和维护

（1）直接垂直安装。安全阀与承压设备应直接垂直地装在设备的最高位置。安全阀与承压设备之间不得装设任何阀门或引出管，但介质易燃、有毒或黏性大时，为了便于更换、清洗安全阀，可以安装截止阀，正常运行时，截止阀须全开，并加铅封。

（2）保持畅通稳固。安全阀的进口和排放管应保持畅通。排放管原则上应一阀一根，要求直而短，避免曲折，并禁止在管上装设阀门。安全阀安装时要稳固可靠。

（3）防止腐蚀冻结。应在排放管底部装设泄液管，排除凝液或侵入的雨水，防止产生腐蚀和冬季结冰堵塞，安全阀和排放管要有防雨雪和尘埃侵入的措施。

（4）安全排放。根据介质的不同特性采取相应的安全排放措施。可燃液体设备的安全阀出口泄放管应接入储罐或其他容器；泵的安全阀出口泄放管宜接至泵的入口管道、塔或其他容器；可燃气体设备的安全阀出口泄放管应接至火炬系统或其他安全泄放设施。

（5）注意维护保养。保持清洁，防止腐蚀和油污、脏物堵塞安全阀；经常检查铅封，发现泄漏及时调换或维修，严禁用加大载荷的办法来消除泄漏。安全阀每年至少要作一次定期检验。

5.2 爆破片

爆破片又称防爆膜、防爆片，是一种断裂型的安全泄压装置，当设备、容器及系统因某种原因压力超标时，爆破片即被破坏，使过高的压力泄放出来，以防止设备、容器及系统受到破坏。爆破片与安全阀的作用基本相同，但安全阀可根据压力自行开关，如因压力过高开启泄放后，待压力正常即自行关闭，可再次继续使用；而爆破片的使用则是一次性的如果被破坏，则需要重新安装。

1. 爆破片的特点

爆破片具有以下 6 种特点：

（1）适用于浆状、有黏性、腐蚀性工艺介质，这种情况下安全阀不起作用。

（2）惯性小，可对急剧升高的压力迅速作出反应。

（3）在发生火灾或其他意外时，在主泄压装置打开后，可用爆破片作为附加泄压装置。

（4）严密无泄漏，适用于盛装昂贵或有毒介质的压力容器。

（5）规格型号多，可用各种材料制造，适应性强。

（6）便于维护、更换。

如果压力容器的介质不洁净、易于结晶或聚合，这些杂质或结晶体有可能堵塞安全阀，使得阀门不能按规定的压力开启，失去了安全阀泄压作用。在这种情况下就只得用爆破片作为泄压装置。此外，对于工作介质为剧毒气体或可燃气体（蒸气）里含有剧毒气体的压力容器，其泄压装置也应采用爆破片而不宜用安全阀，以免污染环境。因为对于安全阀来说，微量的泄漏是难免的。

2. 爆破片的结构与分类

爆破片装置主要由爆破片与夹持器组成，爆破片是脆性材料的爆破元件，又称防爆膜，夹持器起固定爆破片的作用，防爆片的防爆效率取决于它的材质、厚度和泄压孔面积。正常生产时压力很小的设备系统，可采用石棉、塑料、玻璃或橡胶等材料制作防爆片；操作压力较高的设备系统，可采用铝、铜、碳钢、不锈钢制作。

按爆破片的断裂特征和形状，可分为拉伸正拱型、失稳反拱型、剪切平板型和弯曲平板型四种类型，见图4-9。

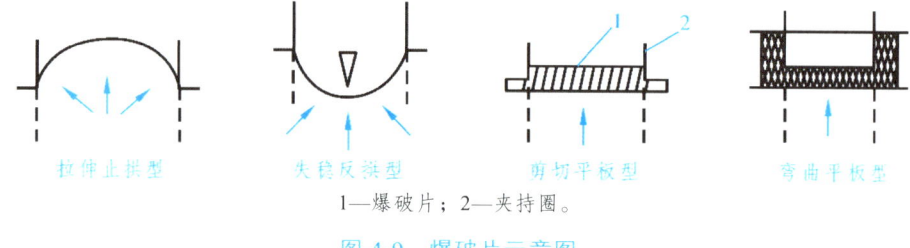

1—爆破片；2—夹持圈。

图4-9 爆破片示意图

爆破片的防爆效率与它的厚度、泄压面积和膜片材料的选择有关。防爆片的厚度（δ）可按经验式计算，即

$$\delta = \frac{pD}{K} \tag{4-3}$$

式中　δ——防爆片厚度，mm；

P——设计确定的爆破压力，Pa；

D——防爆孔直径，mm；

K——应力系数，根据不同材料选择（如铝在小于100 ℃时，$K = 2.4 \times 10^3 \sim 2.8 \times 10^3$；铜在小于200 ℃时，$K = 7.7 \times 10^3 \sim 8.8 \times 10^3$）。

防爆片的爆破压力一般按不超过操作压力25%考虑。防爆泄压孔的面积一般按0.035～0.08 m²/m³计算，但对含有氢和乙炔的设备系统则应大于0.4 m²/m³。

对室内设备，为防止防爆片爆破后，大量易燃易爆物料充入空间，扩大灾害，可在防爆片上的爆破孔上接装通向室外安全地点的导爆筒。在有腐蚀性物料的设备上安装防爆片，应在防爆片上涂一层聚四氯乙烯防腐剂。

设备和容器运行时，爆破片需长期承受工作压力、温度或腐蚀的影响，还要保证设备的气密性，而且遇到爆炸增压时必须立刻破裂。泄压膜材料要具备以下几种特性：

（1）要有一定的强度，以承受工作压力。
（2）有良好的耐热、耐腐蚀性。
（3）具有脆性，当受到爆炸波冲击时，易于破裂。
（4）厚度要尽可能地薄，但气密性要好。

正常工作时操作压力较低或没有压力的系统，可选用石棉、塑料、橡皮或玻璃等材质的爆破片；操作压力较高的系统，可选用铝、铜等材质；微负压操作时，可选用 2~3 mm 厚的橡胶板。应特别注意的是，由于钢、铁片破裂时可能产生火花，存有燃爆性气体的系统不宜选其作为爆破片。在存有腐蚀性介质的系统，为防止腐蚀，可以在爆破片上涂一层防腐剂。爆破片爆破压力的选定，一般为设备、容器及系统最高工作压力的 1.15~1.3 倍。压力波动幅度较大的系统，其比值还可增大。但是任何情况下，爆破片的爆破压力均应低于系统的设计压力。

爆破片一定要选用有生产许可证单位制造的合格产品，安装要可靠，表面不得有油污；运行中应经常检查法兰连接处有无泄漏；爆破片一般 6~12 个月更换一次。此外，如果在系统超压后未破裂的爆破片以及正常运行中有明显变形的爆破片应立即更换。

5.3 防爆球阀

防爆球阀是安装在加热炉（立式圆筒炉）燃烧室底部的一种防爆泄压装置。它由两个直径为 15~20 cm 的铸铁球和两根杠杆组成，安装在一个支点上，如图 4-10 所示，平时可作为点火孔或用于观察炉膛的燃烧状况。当燃烧发生爆炸时球 1 受压向下动作，球 2 同时上升，爆炸气体通过球阀泄放后，球 1 受球 2 重力作用而被顶回原位。根据燃烧室的大小，一般安装 4~7 个球阀，均匀地分布在燃烧室底部。

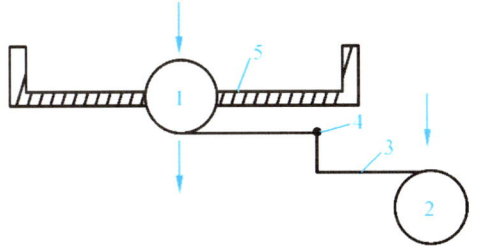

1，2—球；3—杠杆；4—支点；5—燃烧室。

图 4-10 防爆球阀示意图

5.4 放空管

放空管是一种管式排放泄压安全装置。放空管分为两种：一是正常排气放空用，将生产过程中产生的一些废气及时排放；二是事故放空用，当反应物料发生剧烈反应，采取措施无效，不能防止反应设备超压、超温、爆聚、分解爆炸事故而设置的一种自动或手动的紧急放空装置。

放空管一般应安设在设备或容器的顶部，室内设备安设的放空管应引出室外，其管口要高于附近有人操作的最高设备 2 m 以上。此外，连续排放的放空管口，还应高出半径 20 m 范围内的平台或建筑物顶 3.5 m 以上；间歇排放的放空管口，应高 10 m 范围内的平台或建筑物顶 3.5 m 以上（见图 4-11）。对经常排放有着火爆炸危险的气态物质的放空管，管口附近宜设置阻火器。当放空气体流速较大时，放空管应有良好的静电接地设施。放空管口应处在防雷保护范围内。图 4-12 所示为放空管的实物图。

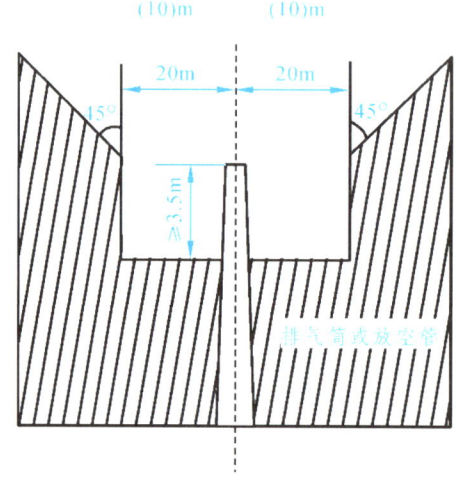

图 4-11　放空管结构示意图

图 4-12　放空管实物图

5.5 紧急切断阀

紧急切断阀是当发生火灾爆炸事故时，为防止可燃气体、易燃液体大量泄漏，在容器的气相管和液相管（含槽车）出口位置设置的一种紧急切断装置。紧急切断阀有油压式、气压式和电动式等（见图4-13）。

图 4-13　几种常用的紧急切断阀及结构

1. 紧急切断阀的工作过程

正常工作时，油压紧急切断阀用油泵将高压油管送入切断阀上部的油孔，并进入油缸中，高压油在油缸中克服弹簧力，推动带着阀瓣的缸体移动，使阀瓣从活塞杆的固定阀座离开，阀门开启，液体介质就可通过紧急切断阀。

当发生事故时，通过油压泄放，导致阀瓣在弹簧力的作用下移动，而紧紧地压在阀座上，阻止液体通过，起到紧急切断的作用。气压紧急切断阀是将压缩空气压入切断阀，使阀开启，发生事故时放掉压缩空气，切断阀即关闭。电动紧急切断阀，当通电时，电磁阀产生吸力使阀门开启，断电时阀门即关闭。

2. 紧急切断阀的使用

对切断阀的要求如下：

（1）动作灵活，性能可靠，便于检修。

（2）切断阀应在 10 s 内确实能闭合。

（3）为使紧急切断阀能在发生火灾时自动关闭，在阀的高压油管系统上应设置易熔合金塞。当火灾发生时，周围温度升高，易熔金属熔化，油缸中的油自动泄出，油压降低则紧急切断阀关闭，易熔塞的易熔合金熔融温度较低，多为（70±5）℃。

（4）紧急切断阀不得当阀门使用。

5.6 信号报警装置

在生产过程中应安装信号报警装置，当过程出现意外时发出警告，以便及时采取措施消除故障。报警装置与测量仪表连接，用声、光或颜色示警。例如，在硝化反应中，硝化器的冷却水为负压，为防止器壁泄漏造成事故，在冷却水排出口装有带铃的导电性测量仪，若设备泄漏，水内必混有酸，电导率提高，铃响示警。

5.7 泄爆门

泄爆门又称为防爆门、泄爆窗，是爆炸时能够掀开泄压、保护设备完整的防爆安全装置。其构造如图 4-14 所示。

泄爆门通常安装在燃油、燃气和燃煤粉的加热炉燃烧室外壁上，以防止燃烧室或加热炉发生爆炸或爆炸时设备遭到破坏。防爆门一般安装在燃烧室（炉）墙壁的四周，容积较大的燃烧室可安装数个防爆门，泄爆门的总面积一般按燃烧室内部净容积不少于 250 cm^2/m^3 来计算。为了防止燃烧气体喷出伤人或掀开的盖子伤人，泄爆门（窗）应设置在人们不常到的地方，高度不应低于 2 m，防爆门的门盖与门座的接触面宽度一般为 3~5 m，并应定期检修、试动，保证严密不漏，并且防锈死、失效。

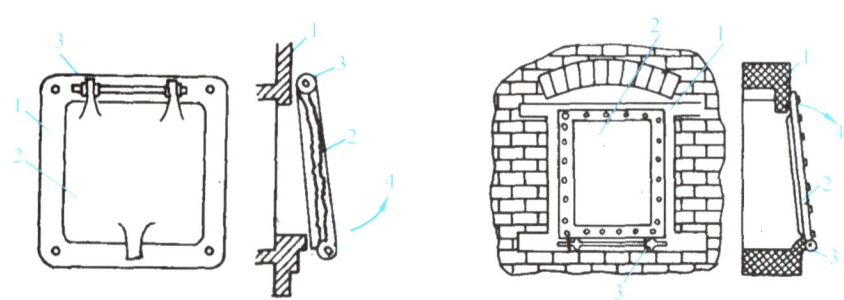

1—泄爆门（窗）框；2—泄爆门；3—转轴；4—泄爆门动作方向。

图 4-14 泄爆门

5.8 单向阀

单向阀又称为止逆阀、止回阀，是用来防止有压流体在管道中倒流的一种自动阀门。
工业上常用的单向阀有升降式、摇板式和球式等几种。其结构如图4-15所示。单向阀通常设置在与可燃气体、可燃液体管道及设备相连的辅助管线上；压缩机与油泵的出口管线上；高压与低压相连接的低压系统上。其作用是仅允许流体沿一个方向流动，遇有回流时即自动关闭，以防止高压窜入低压引起管道、容器及设备破裂；在可燃气体管线上，也可作为防止回火的安全装置。

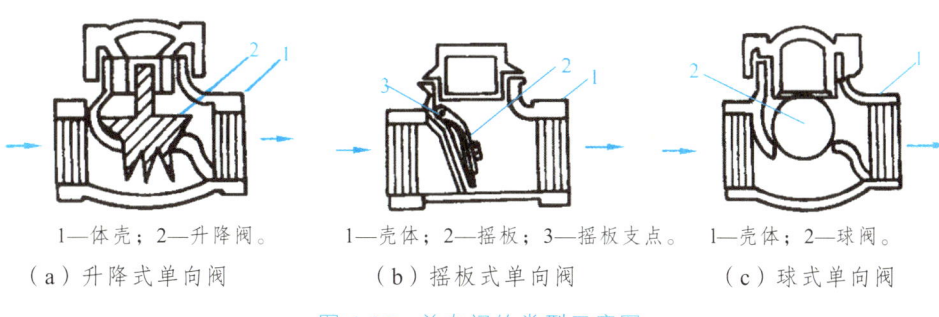

1—体壳；2—升降阀。
（a）升降式单向阀

1—壳体；2—摇板；3—摇板支点。
（b）摇板式单向阀

1—壳体；2—球阀。
（c）球式单向阀

图4-15 单向阀的类型示意图

5.9 过流阀

过流阀也称为快速阀，一般安装在液化石油气储罐的液相管和气相管出口或汽车铁路槽车的气、液相出口上。

过流阀分弹簧式和浮桶式两种，其中弹簧式过流阀较常用。

在正常工作情况下，弹簧式过流阀管道中通过规定范围内的流量时，阀是开启的，此时设备内的流体从过流阀通过。当发生事故时，如出现管道和附属设备断裂，以及填料脱落等情况，使管道和容器内介质大量泄出，其出口流速便超正常流速，当达到规定流量范围的1.5～2.0倍时，作用在瓣上的力大于正常状态下弹簧的反作用力，阀瓣压缩弹簧使阀口关闭，从而防止设备、容器内液体大量流出。当事故排除后，液体物料从均压孔慢慢流过，经一段时间后，使阀瓣前后的压力接近，阀瓣便在弹簧作用下，恢复到原来正常的开启状态的位置，设备内介质又可经阀口流过。

浮筒式过流阀在阀体内设有浮筒，浮筒边上设有3个控制筒移动的导架，用浮筒的自重来调节阀门的开关。当流量超过规定值时流速增加，浮筒升起并压紧底座，使液体不能流出。在浮筒底部设有槽沟，当过流阀关闭后，用它来平衡前后的压力。这种过流阀仅用于自下而上的流动液体。

当储罐内的压力和过流阀后管道内的压力相差过大时，或当过快地打开过流阀后面的其他阀门时，也能使过流阀关闭，因此，操作时应注意。

5.10 安全连锁装置

安全连锁装置是利用机械或电气控制接通各个仪器和设备，使之彼此发生联系，达到安全运行的目的。常见的联锁装置通常用于以下情形：

（1）多个部件、设备、机器交替操作，需要同时或依次排放两种液体或气体时。

（2）反应终止需要惰性气体保护时，或需要先解除压力后降温时。

（3）某危险区域或部位禁止人员入内时。

例如某些需要经常打开孔盖的带压反应容器，在开盖之前必须卸压。频繁的操作容易疏忽出现差错，如果把卸掉罐内压力和打开孔盖联锁起来，就可以安全无误。

1. 爆炸反应必备的三个最基本的条件是_____、_____、_____。
2. 安全阀按作用原理有_____、_____和_____三种类型。
3. 安全阀的两个功能是_____和_____。
4. （判断题）爆炸反应的实质就是瞬间的剧烈燃烧反应，因而爆炸需要外界供给助燃剂(空气或氧气)。（   ）
5. （判断题）爆破片在使用过程中一般每两年更换一次。（   ）
6. （判断题）当反应物料发生剧烈反应，反应设备压力升高，采取其他措施无效时，可采用事故放空管泄压。（   ）
7. 通过本节所学知识或参考相关资料，查找任务所学的防爆设备运用在哪些工业场所中？

典型案例事故分析（四）

模块 5

建筑防火的技术

建筑防火是工业建筑与民用建筑的消防安全重点，通过建筑设计、施工和使用过程中采取的一系列防火措施和技术手段，可以保护建筑物及其内部物品免受火灾损害，最大限度地减少人员伤亡和财产损失。本模块的重点内容是建筑防火的标准、设备与手段措施。

知识目标

1. 掌握建筑分类标准，能够判定建筑的类别；掌握建筑材料的燃烧性能、建筑构件的耐火极限和建筑的耐火等级。
2. 掌握防火间距的意义，了解不同建筑防火间距设置要求。掌握常见消防设施的种类、设置要求和使用注意事项。
3. 掌握防火防烟分区的定义及意义，了解不同建筑防火防烟分区的划分要求。
4. 掌握安全疏散基本参数和疏散设施，了解不同疏散设施的设置要求。

能力目标

1. 掌握常见的防火防烟分隔设施及其设置要求。
2. 能够进行安全疏散设计、检验。

素质目标

1. 养成良好的建筑消防安全意识。
2. 遵守建筑消防安全标准与规定。

任务1  学会建筑的分类与耐火等级的划分

1.1 建筑分类

民用建筑根据其建筑高度和层数可分为地下建筑,单、多层民用建筑和高层民用建筑。高层民用建筑根据其建筑高度、使用功能和楼层的建筑面积分为一类和二类。民用建筑的分类应符合表5-1的规定。

建筑分类与建筑材料的燃烧性能

表5-1 民用建筑的分类

名称	高层民用建筑		单、多层民用建筑
	一类	二类	
住宅建筑	建筑高度大于54 m的住宅建筑（包括设置商业服务网点的住宅建筑）	建筑高度大于27 m，但不大于54 m的住宅建筑（包括设置商业服务网点的住宅建筑）	建筑高度不大于27 m的住宅建筑（包括设置商业服务网点的住宅建筑）
公共建筑	1．建筑高度大于50 m的公共建筑； 2．任一楼层建筑面积大于1 000 m²的商店、展览、电信、邮政、财贸金融建筑和其他多种功能组合的建筑； 3．医疗建筑、重要公共建筑； 4．省级及以上的广播电视和防灾指挥调度建筑、网局级和省级电力调度建筑； 5．藏书超过100万册的图书馆、书库	除一类高层公共建筑外的其他高层公共建筑	1．建筑高度大于24 m的单层公共建筑； 2．建筑高度不大于24 m的其他公共建筑

注：半地下室是指房间地面低于室外设计地面的平均高度大于该房间平均净高1/3，且不大于1/2者。
地下室是指房间地面低于室外设计地面的平均高度大于该房间平均净高1/2者。

1.2 建筑材料的燃烧性能

建筑材料的燃烧性能直接关系到建筑物的防火安全。按照我国强制性国家标准《建筑材料及制品燃烧性能分级》（GB 8624—2012）的规定，我国建筑材料及制品燃烧性能的基本分级为A、B1、B2、B3（见表5-2）。

表 5-2　建筑材料及制品的燃烧性能等级

建筑材料及制品的燃烧性能等级	名称
A	不燃材料（制品）
B1	难燃材料（制品）
B2	可燃材料（制品）
B3	易燃材料（制品）

不燃性：用不燃烧材料制成的构件。不燃烧材料是指在空气中受到火烧或高温作用时不起火、不微燃、不炭化的材料。

难燃性：用难燃烧材料制成的构件，或用带有非燃烧材料保护层的燃烧材料制成的构件。难燃烧材料指在空气中受到火烧或高温作用时难起火、难微燃、难炭化，当火源移走后燃烧或微燃立即停止的材料。

可燃性：用燃烧材料制成的构件。可燃材料是指在空气中受到火烧或高温作用时，立即能起火燃烧或微燃，且火源移走后仍继续燃烧或微燃的材料，如木材等。

选取建筑材料应符合现行国家消防技术标准的要求，优先选取不燃、难燃材料，控制减少可燃材料的使用，杜绝使用易燃材料，保障建筑的消防安全。

1.3　建筑构件的耐火极限

建筑构件主要包括建筑内的墙、柱、梁、楼板、门、窗等，一般来讲，建筑构件的耐火性能取决于构件的燃烧性能和耐火极限。耐火建筑构配件在火灾中起着阻止火势蔓延、延长支撑时间的作用。

建筑耐火极限与耐火等级

建筑构件的耐火极限指建筑构件遇火后能不倒塌、阻止火势蔓延的时间。对任一建筑构件进行耐火试验，从受到火的作用起，到失去支持能力或完整性被破坏或失去隔火作用时为止的这段时间，即为该构件的耐火极限，用小时（h）表示。

1.4　建筑的耐火等级

对于不同类型、性质的建筑物提出不同的耐火等级要求，既有利于消防安全，又有利于节约基本建设投资。建筑构件的耐火极限是衡量建筑物耐火等级的主要指标。

1.4.1　建筑耐火等级的划分依据

我国现行规范选择楼板作为确定建筑物耐火极限的基准。这是因为楼板是众多建筑构件中最具代表性的重要构件，它直接承载人和物，它的耐火极限高低对建筑物的人员疏散、火灾扑救及灾后能否迅速恢复使用有极大的影响。根据规范确定建筑物的耐火极限，首先确定该建筑物内楼板的极限。其他构件，比楼板重要者，其耐火极限应高于楼板；比楼板次要者，可适当降低其耐火极限要求。

1.4.2 建筑耐火等级的划分

我国现行国家消防技术标准《建筑设计防火规范》（GB 50016—2014）将建筑耐火等级从高到低划分为一、二、三、四级，一级最高，四级最低。由于各类建筑的使用性质、重要程度、规模大小、层数高低和火灾危险性存在差异，所要求的耐火程度也有所不同。

1. 厂房和仓库的耐火等级

厂房、仓库主要指除炸药厂（库）、花炮厂（库）、炼油厂外的厂房及仓库。厂房和仓库的耐火等级分一、二、三、四级，相应建筑构件的燃烧性能和耐火极限如表5-3所示。

表 5-3 厂房和仓库建筑构件的燃烧性能和耐火极限　　　　　　　单位：h

构件名称		耐火等级			
		一级	二级	三级	四级
墙	防火墙	不燃性 3.00	不燃性 3.00	不燃性 3.00	不燃性 3.00
	承重墙	不燃性 3.00	不燃性 2.50	不燃性 2.00	难燃性 0.50
	楼梯间和前室的墙 电梯井的墙	不燃性 2.00	不燃性 2.00	不燃性 1.50	难燃性 0.50
	疏散走道两侧的隔墙	不燃性 1.00	不燃性 1.00	不燃性 0.50	难燃性 0.25
	非承重外墙房间隔墙	不燃性 0.75	不燃性 0.50	难燃性 0.50	难燃性 0.25
柱		不燃性 3.00	不燃性 2.50	不燃性 2.00	难燃性 0.50
梁		不燃性 2.00	不燃性 1.50	不燃性 1.00	难燃性 0.50
楼板		不燃性 1.50	不燃性 1.00	不燃性 0.75	难燃性 0.50
屋顶承重构件		不燃性 1.50	不燃性 1.00	难燃性 0.50	可燃性
疏散楼梯		不燃性 1.50	不燃性 1.00	不燃性 0.75	可燃性
吊顶（包括吊顶搁栅）		不燃性 0.25	难燃性 0.25	难燃性 0.15	可燃性

注：二级耐火等级建筑内采用不燃材料的吊顶，其耐火极限不限。

2. 民用建筑的耐火等级

民用建筑的耐火等级分为一、二、三、四级，除规范另有规定者外，不同耐火等级建筑物相应构件的燃烧性能和耐火极限不应低于表5-4的规定。

表 5-4 民用建筑构件的燃烧性能和耐火极限　　　　　　　　　　单位：h

构件名称		耐火等级			
		一级	二级	三级	四级
墙	防火墙	不燃性 3.00	不燃性 3.00	不燃性 3.00	不燃性 3.00
	承重墙	不燃性 3.00	不燃性 2.50	不燃性 2.00	难燃性 0.50
	非承重外墙	不燃性 1.00	不燃性 1.00	不燃性 0.50	可燃性
	楼梯间和前室的墙 电梯井的墙 住宅建筑单元之间的墙和分户墙	不燃性 2.00	不燃性 2.00	不燃性 1.50	难燃性 0.50
	疏散走道两侧的隔墙	不燃性 1.00	不燃性 1.00	不燃性 0.50	难燃性 0.25
	房间隔墙	不燃性 0.75	不燃性 0.50	难燃性 0.50	难燃性 0.25
柱		不燃性 3.00	不燃性 2.50	不燃性 2.00	难燃性 0.50
梁		不燃性 2.00	不燃性 1.50	不燃性 1.00	难燃性 0.50
楼板		不燃性 1.50	不燃性 1.00	不燃性 0.50	可燃性
屋顶承重构件		不燃性 1.50	不燃性 1.00	不燃性 0.50	可燃性
疏散楼梯		不燃性 1.50	不燃性 1.00	不燃性 0.50	可燃性
吊顶（包括吊顶格栅）		不燃性 0.25	难燃性 0.25	难燃性 0.15	可燃性

注：1. 除本规范另有规定外，以木柱承重且墙体采用不燃材料的建筑，其耐火等级应按四级确定。
　　2. 住宅建筑构件的耐火极限和燃烧性能可按现行国家标准《住宅建筑规范》(GB 50368—2005) 的规定执行。

1.4.3　建筑耐火等级的检查评定

在实践中检查评定建筑物的耐火等级，可根据建筑结构类型进行判定。

通常情况下，钢筋混凝土的框架结构及板墙结构、砖混结构，可定为一、二级耐火等级建筑。用木结构屋顶、钢筋混凝土楼板和砖墙组成的砖木结构，可定为三级耐火等级建筑。以木柱、木屋架承重的可燃结构可定为四级耐火等级建筑。

课后作业

1. 根据建筑高度和层数，民用建筑分为几类？简述其分类标准。
2. 建筑材料的燃烧性能分为＿＿＿＿、＿＿＿＿、＿＿＿＿和＿＿＿＿四个等级。
3. 建筑分类是根据建筑物的使用性质和防火要求将建筑物划分为不同类别，以下哪些因素可以影响建筑分类的划分？（　　）
　　A. 建筑物的高度　　　　　　B. 建筑物的占地面积

C. 建筑物的使用功能　　D. 建筑物的年限

4. 建筑物的耐火等级与以下哪个因素无关？（　　）

A. 建筑结构材料　　B. 火灾隔离区划分

C. 建筑物的高度　　D. 防火门窗的配置

5. 针对不同的建筑分类和耐火等级，需采取相应的建筑防火措施。以下哪项措施是常见的建筑防火措施？（　　）

A. 安装火灾报警系统　　B. 加强消防器材的存放

C. 配备大型灭火设备　　D. 设置机械通风系统

6. 简述建筑耐火等级分类及其判定依据。

7. 结合所学知识，试判定你所在学校的教学楼和宿舍分别属于哪一类建筑？

8. 某高层建筑，设计建筑高度为 68 m，建筑的耐火等级为二级，其楼板、梁、柱子的耐火极限分别为 1 h、2 h、3 h。请指出该建筑结构耐火方面的问题，并改正。

任务 2　建筑总平面的布置

2.1　概　述

对建筑进行总平面布置需要考虑以下要求。

1. 周围环境要求

各类建筑在规划建设时，需要考虑周围环境的相互影响。特别是工厂、仓库选址时既要考虑本单位的安全，又要考虑邻近的企业和居民的安全。

2. 地势条件要求

建筑选址时，要充分考虑和利用自然地形、地势条件。

3. 考虑主导风向

散发可燃气体、可燃蒸气和可燃粉尘的车间、装置等，宜布置在明火或散发火花地点的常年主导风向的下风或侧风向处。

4. 划分功能区

规模较大的企业，要合理划分生产区、储存区（包括露天储存区）、生产辅助设施区、行政办公和生活区等。同一企业内，若有不同火灾危险的生产建筑，则应尽量将火灾危险性相同的或相近的建筑集中布置，以利采取防火防爆措施，便于安全管理。易燃、易爆的工厂、仓库的生产区、储存区内不得修建办公楼、宿舍等民用建筑。

2.2　防火间距

1. 防火间距的含义

防止着火建筑在一定时间内引燃相邻建筑，便于消防扑救的间隔距离称为防火间距。

为了防止建筑物发生火灾后，火势因热辐射等作用与相邻建筑物之间相互蔓延，并为消防扑救创造条件，各类建（构）筑物、堆场、储气罐、电力设施等之间应保持一定的防火间距。

2. 防火间距的确定原则

影响防火间距的因素很多，火灾时建筑物可能产生的热辐射强度是确定防火间距应考虑的主要因素。热辐射强度与消防扑救力量、火灾延续时间、可燃物的性质和数量、相对外墙开口面积的大小、建筑物的长度和高度以及气象条件等有关。

3. 厂房的防火间距

厂房之间及其与乙、丙、丁戊类仓库、民用建筑等之间的防火间距不应小于表 5-5 的规定。

表 5-5　厂房之间及与乙、丙、丁、戊类仓库、民用建筑的防火间距　　　单位：m

名称			甲类厂房	乙类厂房（仓库）			丙、丁、戊类厂房（仓库）				民用建筑				
			单、多层	单、多层		高层	单、多层			高层	裙房，单、多层			高层	
			一、二级	一、二级	三级	一、二级	一、二级	三级	四级	一、二级	一、二级	三级	四级	一类	二类
甲类厂房	单、多层	一、二级	12	12	14	13	12	14	16	13					
乙类厂房	单、多层	一、二级	12	10	12	13	10	12	14	13	25			50	
		三级	14	12	14	15	12	14	16	15					
	高层	一、二级	13	13	15	13	13	15	17	13					
丙类厂房	单、多层	一、二级	12	10	12	13	10	12	14	13	10	12	14	20	15
		三级	14	12	14	15	12	14	16	15	12	14	16	25	20
		四级	16	14	16	17	14	16	18	17	14	16	18		
	高层	一、二级	13	13	15	13	13	15	17	13	13	15	17	20.	15
丁、戊类厂房	单、多层	一、二级	12	10	12	13	10	12	14	13	10	12	14	15	13
		三级	14	12	14	15	12	14	16	15	12	14	16	18	15
		四级	16	14	16	17	14	16	18	17	14	16	18		
	高层	一、二级	13	13	15	13	13	15	17	13	13	15	17	15	13
室外变、配电站	变压器总油量（t）	≥5, ≤10	25	25	25	25	12	15	20	12	15	20	25	20	
		>10, ≤50					15	20	25	15	20	25	30	25	
		>50					20	25	30	20	25	30	35	30	

注：1. 乙类厂房与重要公共建筑的防火间距不应小于 50 m，与明火或散发火花地点间距不宜小于 30 m。单、多层戊类厂房之间及与戊类仓库的防火间距可按本表的规定减少 2 m，与民用建筑的防火间距可将戊类厂房等同民用建筑按《建筑设计防火规范》第 5.2.2 条的规定执行。为丙、丁、戊类厂房服务而单独设置的生活用房应按民用建筑确定，与所属厂房的防火间距不应小于 6 m。确需相邻布置时，应符合本表注 2、3 的规定。
2. 两座厂房相邻较高一面外墙为防火墙时，其防火间距不限，但甲类厂房之间不应小于 4 m。两座丙、丁、戊类厂房相邻两面外墙均为不燃性墙体，当无外露的可燃性屋檐，每面外墙上的门、窗、洞口面积之和各不大于外墙面积的 5%，且门、窗、洞口不正对开设时，其防火间距可按本表的规定减少 25%。甲、乙类厂房（仓库）不应与《建筑设计防火规范》第 3.3.5 规定外的其他建筑毗邻。
3. 两座一、二级耐火等级的厂房，当相邻较低一面外墙为防火墙且较低一座厂房的屋顶无天窗，屋顶的耐火极限不低于 1.00 h，或相邻较高一面外墙的门、窗等开口部位设置甲级防火门、窗或防火分隔水幕或按《建筑设计防火规范》第 6.5.3 条的规定设置防火卷帘时，甲、乙类厂房之间的防火间距不应小于 6 m；丙、丁、戊类厂房之间的防火间距不应小于 4 m。
4. 发电厂内的主变压器，其油量可按单台确定。
5. 耐火等级低于四级的既有厂房，其耐火等级可按四级确定。
6. 当丙、丁、戊类厂房与丙、丁、戊类仓库相邻时，应符合本表注 2、3 的规定。

4. 仓库的防火间距

甲类仓库之间及其与其他建筑、明火或散发火花地点、铁路、道路等的防火间距不应小于表 5-6 中的规定。

表 5-6 甲类仓库之间及与其他建筑、明火或散发火花地点、铁路、道路等的防火间距　　单位：m

名称		甲类仓库（储量，t）			
		甲类储存物品第 3、4 项		甲类储存物品第 1、2、5、6 项	
		≤5	>5	≤10	>10
高层民用建筑、重要公共建筑		50			
裙房、其他民用建筑、明火或散发火花地点		30	40	25	30
甲类仓库		20	20	20	20
厂房和乙、丙、丁、戊类仓库	一、二级	15	20	12	15
	三级	20	25	15	20
	四级	25	30	20	25
电力系统电压为 35～500 kV 且每台变压器容量不小于 10 MV·A 的室外变、配电站，工业企业的变压器总油量大于 5 t 的室外降压变电站		30	40	25	30
厂外铁路线中心线		40			
厂内铁路线中心线		30			
厂外道路路边		20			
厂内道路路边	主要	10			
	次要	5			

注：甲类仓库之间的防火间距，当第 3、4 项物品储量不大于 2 t，第 1、2、5、6 项物品储量不大于 5 t 时，不应小于 12 m，甲类仓库与高层仓库的防火间距不应小于 13 m。

5. 民用建筑的防火间距

民用建筑之间的防火间距不应小于表 5-7 中的规定。

表 5-7 民用建筑之间的防火间距　　单位：m

建筑类别		高层民用建筑	裙房和其他民用建筑		
		一、二级	一、二级	三级	四级
高层民用建筑	一、二级	13	9	11	14
裙房和其他民用建筑	一、二级	9	6	7	9
	三级	11	7	8	10
	四级	14	9	10	12

注：1. 相邻两座单、多层建筑，当相邻外墙为不燃性墙体且无外露的可燃性屋檐，每面外墙上无防火保护的门、窗、洞口不正对开设且该门、窗、洞口的面积之和不大于外墙面积的 5% 时，其防火间距可按本表的规定减少 25%。
2. 两座建筑相邻较高一面外墙为防火墙，或高出相邻较低一座一、二级耐火等级建筑的屋面 15 m 及以下范围内的外墙为防火墙时，其防火间距不限。
3. 相邻两座高度相同的一、二级耐火等级建筑中相邻任一侧外墙为防火墙，屋面板的耐火极限不低于 1.00 h 时，其防火间距不限。
4. 相邻两座建筑中较低一座建筑的耐火等级不低于二级，相邻较低一面外墙为防火墙且屋顶无天窗，屋面板的耐火极限不低于 1.00 h 时，其防火间距不应小于 3.5 m；对于高层建筑，不应小于 4 m。
5. 相邻两座建筑中较低一座建筑的耐火等级不低于二级且屋顶无天窗，相邻较高一面外墙高出较低一座建筑的屋面 15 m 及以下范围内的开口部位设置甲级防火门、窗，或设置符合现行国家标准《自动喷水灭火系统设计规范》GB 50084 规定的防火分隔水幕或《建筑设计防火规范》第 6.5.3 条规定的防火卷帘时其防火间距不应小于 3.5 m；对于高层建筑，不应小于 4 m。
6. 相邻建筑通过连廊、天桥或底部的建筑物等连接时，其间距不应小于本表的规定。
7. 耐火等级低于四级的既有建筑，其耐火等级可按四级确定。

2.3 救援设施

2.3.1 消防车道

设置消防车道的目的是保证发生火灾时,消防车能畅通无阻,迅速到达火场,及时扑救灭火,减少火灾损失。消防车道可以利用交通道路,但在通行的净高度、净宽度、地面承载力、转弯半径等方面应满足消防车通行与停靠的需求,并保证畅通。

消防车道的设置应根据当地消防部队使用的消防车辆的外形尺寸、载重、转弯半径等消防车技术参数,以及建筑物的体量大小、周围通行条件等因素确定。消防车道的具体设置应符合国家有关消防技术标准的规定,主要包括:

(1)尽头式消防车道应设置回车道或回车场,回车场的面积不应小于 12 m×12 m;对于高层建筑,不宜小于 15 m×15 m;供重型消防车使用时,不宜小于 18 m×18 m。

(2)对于一些使用功能多、面积大、建筑长度长的建筑,如 L 形、U 形建筑,当其沿街长度超过 150 m,或总长度大于 220 m 时,应在适当位置设置穿过建筑物的消防车道。

(3)消防车道的净宽度和净空高度均不应小于 4.0 m。消防车道距高层建筑外墙宜大于 5.0 m,消防车道的坡度不宜大于 8%。

2.3.2 登高面、消防救援场地和灭火救援窗

1. 消防登高面的设置要求

消防登高面是指登高消防车能够靠近高层主体建筑,便于消防车作业和消防人员进入高层建筑抢救人员和扑救火灾的建筑立面,也称为建筑的消防扑救面。

对于高层建筑,应根据建筑的立面和消防车道等情况,合理确定建筑的消防登高面。高层建筑应至少沿一条长边或周边长度的 1/4 且不小于一条长边长度的底边连续布置消防车登高操作场地,该范围内的裙房进深不应大于 4 m、高度不大于 5 m。建筑高度不大于 50 m 的建筑,连续布置消防车登高操作场地有困难时,可间隔布置,但间隔距离不宜大于 30 m。

建筑物与消防车登高操作场地相对应的范围内,应设置直通室外的楼梯或直通楼梯间的入口,方便救援人员快速进入建筑展开灭火和救援。

2. 消防救援场地的设置要求

消防救援场地在高层建筑的消防登高面一侧,地面必须设置消防车道和供消防车停靠并进行灭火救人的作业场地。

消防车登高操作场地应符合下列规定:

(1)场地与厂房、仓库、民用建筑之间不应设置妨碍消防车操作的树木、架空管线等障碍物和车库出入口。

(2)场地的长度和宽度分别不应小于 15 m 和 10 m。对于建筑高度大于 50 m 的建

筑，场地的长度和宽度分别不应小于 20 m 和 10 m。

（3）场地及其下面的建筑结构、管道和暗沟等应能承受重型消防车的压力。

（4）场地应与消防车道连通，场地靠建筑外墙一侧的边缘距离建筑外墙不宜小于 5 m，且不应大于 10 m，场地的坡度不宜大于 3%。

（5）建筑物与消防车登高操作场地相对应的范围内，应设置直通室外的楼梯或直通楼梯间的入口。

3. 灭火救援窗的设置要求

灭火救援窗是在高层建筑的消防登高面一侧外墙上设置的供消防人员快速进入建筑主体且便于识别的灭火救援窗口。厂房、仓库、公共建筑的外墙应每层设置灭火救援窗。

窗口的净高度和净宽度均不应小于 1.0 m，下沿距室内地面不宜大于 1.2 m，间距不宜大于 20 m 且每个防火分区不应少于 2 个，设置位置应与消防车登高操作场地相对应。窗口的玻璃应易于破碎，并应设置可在室外易于识别的明显标志。

2.3.3　消防电梯

对于高层建筑，设置消防电梯能节省消防员的体力，使消防员能快速接近着火区域，提高战斗力和灭火救援效果。

1. 应设置消防电梯的建筑

（1）建筑高度大于 33 m 的住宅建筑。

（2）一类高层公共建筑和建筑高度大于 32 m 的二类高层公共建筑。

（3）设置消防电梯的建筑的地下或半地下室，埋深大于 10 m 且总建筑面积大于 3 000 m² 的其他地下或半地下建筑（室）。

2. 消防电梯相关规定

（1）电梯应能每层停靠。

（2）电梯的承载质量不应小于 800 kg。

（3）电梯从首层至顶层的运行时间不宜大于 60 s。

（4）电梯的动力与控制电缆、电线、控制面板应采取防水措施。

（5）在首层的消防电梯入口处应设置供消防队员专用的操作按钮。

（6）电梯轿厢的内部装修应采用不燃材料。

（7）电梯轿厢内部应设置专用消防对讲电话。

课后作业

1. 简述防火间距设置意义及其主要内容。
2. 尽头式消防车道应设置回车道或回车场，回车场的面积不应小于_____，对于高层建筑，不宜小于_____；供重型消防车使用时，不宜小于_____。

3. 消防车道的净宽度和净空高度均不应小于_____。

4. 消防救援场地的长度和宽度分别不应小于_____和_____。对于建筑高度大于 50 m 的建筑，场地的长度和宽度分别不应小于_____和_____。

5. 灭火救援窗窗口的净高度和净宽度均不应小于_____。

6. 消防电梯的载重量不应小于_____。

7. 某一耐火等级为四级的旅馆建筑，建筑高度为 128.0 m，下部设置 3 层地下室，（每层层高 3.3 m）和 4 层裙房，裙房的建筑高度为 33.4 m，高层主体东侧为旅馆主入口，设置了长 12 m、宽 6 m、高 5 m 的门廊，北侧设置员工出入口。建筑周围设置宽度为 6 m 的环形消防车道，消防车道的内边缘距离建筑外墙 6~22 m；沿建筑高层主体东侧和北侧连续设置了宽度为 15 m 的消防车登高操作场地，北侧的消防车登高操作场地距离建筑外墙 12 m，东侧距离建筑外墙 6 m。指出该建筑在总平面布局存在的问题，并简述理由。

任务 3　防火分隔的作用

3.1　防火分区

防火分区是指采用具有较高耐火极限的墙和楼板等构件作为一个区域的边界构件划分出的，能在一定时间内阻止火势向同一建筑的其他区域蔓延的防火单元。防火分区的面积大小应根据建筑物的使用性质、高度、火灾危险性、消防扑救能力等因素确定。

防火与防烟分区

1. 建筑防火分区的类型

建筑防火分区分为水平防火分区和垂直防火分区。水平防火分区是指在同一个水平面内，采用具有一定耐火能力的防火分隔物，如防火墙、防火卷帘、防火门等，将该楼层在水平方向上分隔为若干个防火单元区域，防止火灾在水平方向扩大蔓延。垂直防火分区是指在上下层分别采用一定耐火性能的楼板和窗间墙等构件进行分隔，防止火灾沿着建筑物的各种竖向管道、通道向上部楼层蔓延，或在中庭、敞开楼梯等上下层连通不能分隔的部位采用防火墙、防火卷帘将其与水平各层分隔，形成独立的一个竖向防火单元区域。

2. 防火分隔物

防火分区采用防火分隔物来划分。防火分隔物就是能在一定时间内阻止火势蔓延且能把整个建筑内部空间划分成若干较小防火空间的建筑构件或设备。防火分隔物主要有以下两类。

（1）固定的防火分隔物：防火墙、耐火楼板、防火隔墙。

（2）活动的防火分隔物：防火门、防火窗、防火卷帘、防火水幕，以及通风空调系统中的防火阀、排烟防火阀等。

其中，常见的防火分隔物是防火墙、防火门、防火窗、防火卷帘。各类防火分隔物的燃烧性能、耐火极限和分类等具体参见国家消防技术标准和产品标准。

3. 厂房的防火分区

根据不同的生产火灾危险性类别，合理确定厂房的层数和建筑面积，可以有效防止火灾蔓延扩大，减少损失。各类厂房的防火分区面积应符合表 5-8 的要求。

表 5-8　厂房的层数和每个防火分区的最大允许建筑面积

生产的火灾危险性类别	厂房的耐火等级	最多允许层数	每个防火分区的最大允许建筑面积 /m²			
			单层厂房	多层厂房	高层厂房	地下或半地下厂房（包括地下或半地下室）
甲	一级	宜采用单层	4 000	3 000	—	—
	二级		3 000	2 000	—	—
乙	一级	不限	5 000	4 000	2 000	—
	二级	6	4 000	3 000	1 500	—
丙	一级	不限	不限	6 000	3 000	500
	二级	不限	8 000	4 000	2 000	500
	三级	2	3 000	2 000	—	—
丁	一、二级	不限	不限	不限	4 000	1 000
	三级	3	4 000	2 000	—	—
	四级	1	1 000	—	—	—
戊	一、二级	不限	不限	不限	6 000	1 000
	三级	3	5 000	3 000	—	—
	四级	1	1 500	—	—	—

注：1. 防火分区之间应采用防火墙分隔。除甲类厂房外的一、二级耐火等级厂房，当其防火分区的建筑面积大于本表规定，且设置防火墙确有困难时，可采用防火卷帘或防火分隔水幕分隔。采用防火卷帘时，应符合《建筑设计防火规范》（GB 50016—2014）第 6.5.3 条的规定；采用防火分隔水幕时，应符合现行国家标准《自动喷水灭火系统设计规范》（GB 50084—2017）的规定。
2. 除麻纺厂房外，一级耐火等级的多层纺织厂房和二级耐火等级的单、多层纺织厂房，其每个防火分区的最大允许建筑面积可按本表的规定增加 0.5 倍，但厂房内的原棉开包、清花车间与厂房内其他部位之间均应采用耐火极限不低于 2.50 h 的防火隔墙分隔。需要开设门、窗、洞口时，应设置甲级防火门、窗。
3. 一、二级耐火等级的单、多层造纸生产联合厂房，其每个防火分区的最大允许建筑面积可按本表的规定增加 1.5 倍。一、二级耐火等级的湿式造纸联合厂房，当纸机烘缸罩内设置自动灭火系统，完成工段设置有效灭火设施保护时，其每个防火分区的最大允许建筑面积可按工艺要求确定。
4. 一、二级耐火等级的谷物筒仓工作塔，当每层工作人数不超过 2 人时，其层数不限。
5. 一、二级耐火等级卷烟生产联合厂房内的原料、备料及成组配方、制丝、储存和卷接包、辅料周转、成品暂存、二氧化碳膨胀烟丝等生产用房应划分独立的防火分区单元，当工艺条件许可时，应采用防火墙进行分隔。其中制丝、储存和卷接包车间可划分为一个防火分区，且每个防火分区的最大允许建筑面积可按工艺要求确定，但制丝、储存及卷接包车间之间应采用耐火极限不低于 2.00 h 的防火墙和 1.00 h 的楼板进行分隔。厂房内各水平和竖向防火分隔之间的开口应采取防止火灾蔓延的措施。
6. 厂房内的操作平台、检修平台，当使用人数少于 10 人时，平台的面积可不计入所在防火分区的建筑面积内。
7. "—"表示不允许。

4. 仓库的防火分区

仓库物资储存比较集中，可燃物数量多，一旦发生火灾，灭火救援难度大，会造成严重经济损失。因此，除了对仓库总的占地面积进行限制外，库房防火分区之间的水平分隔必须采用防火墙分隔，不能采用其他分隔方式替代。设置在地下、半地下的仓库，发生火灾时室内气温高，烟气浓度比较高，热分解产物成分复杂、毒性大，而且威胁上部仓库的安全，因此，甲、乙类仓库不应附设在建筑物的地下室和半地下室内。仓库的耐火等级、层数和面积应符合表 5-9 的规定。

表 5-9　仓库的层数和面积

储存物品的火灾危险性类别		仓库的耐火等级	最多允许层数	每座仓库的最大允许占地面积和每个防火分区的最大允许建筑面积 /m²						地下或半地下仓库（包括地下或半地下室）
				单层仓库		多层仓库		高层仓库		
				每座仓库	防火分区	每座仓库	防火分区	每座仓库	防火分区	
甲	3、4 项	一级	1	180	60	—	—	—	—	—
	1、2、5、6 项	一、二级	1	750	250	—	—	—	—	—
乙	1、3、4 项	一、二级	3	2 000	500	900	300	—	—	—
		三级	1	500	250					
	2、5、6 项	一、二级	5	2 800	700	1 500	500	—	—	—
		三级	1	900	300					
丙	1 项	一、二级	5	4 000	1 000	2 800	700	—	—	150
		三级	1	1 200	400					
	2 项	一、二级	不限	6 000	1 500	4 800	1 200	4 000	1 000	300
		三级	3	2 100	700	1 200	400			
丁		一、二级	不限	不限	3 000	不限	1 500	4 800	1 200	500
		三级	3	3 000	1 000	1 500	500			
		四级	1	2 100	700	—	—			
戊		一、二级	不限	不限	不限	不限	2 000	6 000	1 500	1 000
		三级	3	3 000	1 000	2 100	700			
		四级	1	2 100	700	—	—			

注：1. 仓库内的防火分区之间必须采用防火墙分隔，甲、乙类仓库内防火分区之间的防火墙不应开设门、窗、洞口；地下或半地下仓库（包括地下或半地下室）的最大允许占地面积，不应大于相应类别地上仓库的最大允许占地面积。
2. 石油库区内的桶装油品仓库应符合现行国家标准《石油库设计规范》(GB 50074—2014)的规定。
3. 一、二级耐火等级的煤均化库，每个防火分区的最大允许建筑面积不应大于 12 000 m²。
4. 独立建造的硝酸铵仓库、电石仓库、聚乙烯等高分子制品仓库、尿素仓库、配煤仓库、造纸厂的独立成品仓库，当建筑的耐火等级不低于二级时，每座仓库的最大允许占地面积和每个防火分区的最大允许建筑面积可按本表的规定增加 1.0 倍。
5. 一、二级耐火等级粮食平房仓的最大允许占地面积不应大于 12 000 m²，每个防火分区的最大允许建筑面积不应大于 3 000 m²；三级耐火等级粮食平房仓的最大允许占地面积不应大于 3 000 m²，每个防火分区的最大允许建筑面积不应大于 1 000 m²。
6. 一、二级耐火等级且占地面积不大于 2 000 m² 的单层棉花库房，其防火分区的最大允许建筑面积不应大于 2 000 m²。
7. 一、二级耐火等级冷库的最大允许占地面积和防火分区的最大允许建筑面积，应符合现行国家标准《冷库设计标准》(GB 50072—2021)的规定。
8. "—"表示不允许。

3.2　防烟分区

防烟分区是在建筑内部采用挡烟设施分隔而成，能在一定时间内防止火灾烟气向同一防火分区的其余部分蔓延的局部空间。

1. 划分防烟分区的目的

划分防烟分区的目的：一是在火灾时，将烟气控制在一定范围内；二是提高排烟口的排烟效果。

2. 防烟分区的设置要求

设置排烟系统的场所或部位应划分防烟分区。防烟分区不宜大于 2 000 m²，长边不应大于 60 m。当室内高度超过 6 m，且具有对流条件时，长边不应大于 75 m。设置防烟分区应满足以下几个要求：

（1）防烟分区应采用挡烟垂壁、隔墙、结构梁等划分。

（2）防烟分区不应跨越防火分区。

（3）每个防烟分区的建筑面积不宜超过规范要求。

（4）采用隔墙等形成封闭的分隔空间时，该空间宜作为一个防烟分区。

（5）储烟仓高度不应小于空间净高的 10%，且不应小于 500 mm。同时应保证疏散所需的清晰高度，最小清晰高度应由计算确定。

（6）有特殊用途的场所应单独划分防烟分区。

3. 防烟分区分隔措施

划分防烟分区的构件主要有挡烟垂壁、隔墙、防火卷帘、建筑横梁等。

（1）挡烟垂壁：用不燃材料制成，垂直安装在建筑顶棚、横梁或吊顶下，能在火灾时形成一定的蓄烟空间的挡烟分隔设施。挡烟垂壁分固定式和活动式两种。固定式挡烟垂壁是指固定安装的、能满足设定挡烟高度的挡烟垂壁。活动式挡烟垂壁可从初始位置自动运行至挡烟工作位置，并满足设定挡烟高度的挡烟垂壁。

（2）建筑横梁：当建筑横梁的高度超过 500 mm 时，该横梁可作为挡烟设施使用。

3.3 防火墙

防火墙是指防止火灾蔓延至相邻建筑或相邻水平防火分区且耐火极限不低于 3.00 h 的不燃性墙体。

防火分隔设施

防火墙的设置应符合下列规定：

（1）防火墙应直接设置在建筑的基础或框架、梁等承重结构上，框架、梁等承重结构的耐火极限不应低于防火墙的耐火极限。

（2）防火墙应从楼地面基层隔断至梁、楼板或屋面板的底面基层。当高层厂房（仓库）屋顶承重结构和屋面板的耐火极限低于 1.00 h 其他建筑屋顶承重结构和屋面板的耐火极限低于 0.50 h 时，防火墙应高出屋面 0.5 m 以上。

（3）防火墙横截面中心线水平距离天窗端面小于 4.0 m，且天窗端面为可燃性墙体时，应采取防止火势蔓延的措施。

（4）建筑外墙为难燃性或可燃性墙体时，防火墙应凸出墙的外表面 0.4 m 以上，且防火墙两侧的外墙均应为宽度均不小于 2.0 m 的不燃性墙体，其耐火极限不应低于外墙的耐火极限。

（5）建筑外墙为不燃性墙体时，防火墙可不凸出墙的外表面，紧靠防火墙两侧的门、窗、洞口之间最近边缘的水平距离不应小于 2.0 m；采取设置乙级防火窗等防止火灾水平蔓延的措施时，该距离不限。

（6）建筑内的防火墙不宜设置在转角处，确需设置时，内转角两侧墙上的门、窗、洞口之间最近边缘的水平距离不应小于 4.0 m；采取设置乙级防火窗等防止火灾水平蔓延的措施时，该距离不限。

（7）防火墙上不应开设门、窗、洞口，确需开设时，应设置不可开启或火灾时能自动关闭的甲级防火门、窗。可燃气体和甲、乙、丙类液体的管道严禁穿过防火墙。防火墙内不应设置排气道。确需穿过时，应采用防火封堵材料将墙与管道之间的空隙紧密填实，穿过防火墙处的管道保温材料，应采用不燃材料；当管道为难燃及可燃材料时，应在防火墙两侧的管道上采取防火措施。

（8）防火墙的构造应能在防火墙任意一侧的屋架、梁、楼板等受到火灾的影响而破坏时，不会导致防火墙倒塌。

3.4 防火卷帘

防火分隔部位设置防火卷帘时，应符合下列规定：

（1）除中庭外，当防火分隔部位的宽度不大于 30 m 时，防火卷帘的宽度不应大于 10 m；当防火分隔部位的宽度大于 30 m 时，防火卷帘的宽度不应大于该部位宽度的 1/3，且不应大于 20 m。

（2）不宜采用侧式防火卷帘。

（3）防火卷帘的耐火极限不应低于对所设置部位墙体的耐火极限要求。

（4）防火卷帘应具有防烟性能，与楼板、梁、墙、柱之间的空隙应采用防火封堵材料封堵。

（5）需在火灾时自动降落的防火卷帘，应具有信号反馈的功能；

（6）其他要求应符合现行国家标准《防火卷帘》（GB 14102—2005）的规定。

3.5 防火门

防火门的设置应符合下列规定：

（1）设置在建筑内经常有人通行处的防火门宜采用常开防火门。常开防火门应能在火灾时自行关闭，并应具有信号反馈的功能。

（2）除允许设置常开防火门的位置外，其他位置的防火门均应采用常闭防火门。常闭防火门应在其明显位置设置"保持防火门关闭"等提示标识。

（3）除管井检修门和住宅的户门外，防火门应具有自行关闭功能。双扇防火门应具有按顺序自行关闭的功能。

（4）防火门应能在其内外两侧手动开启。

（5）设置在建筑变形缝附近时，防火门应设置在楼层较多的一侧，并应保证防火门开启时门扇不跨越变形缝。

（6）防火门关闭后应具有防烟性能。

（7）甲、乙、丙级防火门应符合现行国家标准《防火门》（GB 12955—2008）的规定。

课后作业

1. 什么是防火分区？
2. 建筑防火分区分为_____防火分区和_____防火分区。
3. 下列哪项不是固定防火分隔物（　　）。
   A. 防火墙　　　B. 耐火楼板　　　C. 防火隔墙　　　D. 防火门
4. 划分防烟分区的构件主要有_____、_____、_____、_____等。
5. 防火墙是指防止火灾蔓延至相邻建筑或相邻水平防火分区且耐火极限不低于（　　）的不燃性墙体。
   A. 2.0 h　　　B. 2.5 h　　　C. 3.0 h　　　D. 4.0 h
6. 简述防烟分区划分的目的。
7. 某框架结构仓库，地上6层，地下1层，层高3.8 m。仓库一层储存桶装润滑油；二层储存水泥刨花板；三至六层储存皮毛制品；地下室储存玻璃制品，每件玻璃制品质量为100 kg，其木质包装质量为20 kg。

问：该仓库的建筑层数是否符合要求？

任务 4　安全疏散的实施

4.1　基本参数

安全疏散基本参数是建筑安全疏散设计的重要依据，主要包括人员密度、疏散宽度指标、疏散距离指标等参数。

1. 人员密度

人员密度是指每平方米容纳的人数，单位为人/m²。有固定座位的场所，按照实际座位数的 1.1 倍计算。人员密度主要用于确定建筑物内容纳的人数，它等于该建筑或场所的建筑面积与人员密度的乘积。

2. 疏散宽度指标

我国现行规范根据允许疏散时间来确定疏散通道的百人宽度指标，从而计算出安全出口的总宽度，即实际需要设计的最小宽度。

（1）百人宽度指标是每百人在允许疏散时间内，以单股人流形式疏散所需的疏散宽度。

（2）最小净宽度是指设置的安全出口、疏散走道最低应达到的宽度指标。建筑物内疏散楼梯、走道和门的总的净宽度应根据其容纳的人数和百人疏散指标经计算确定，并采用最小净宽度校核。

3. 疏散距离指标

安全疏散距离是指由建筑物内到外部出口或楼梯的最大允许距离。厂房的安全疏散距离是指厂房内最远工作点到外部出口或楼梯间的最大距离。我国规范采用限制安全疏散距离的办法来保证疏散行动时间。

4.2　疏散设施

建筑的安全疏散设施主要有安全出口、疏散楼梯及楼梯间、疏散走道、应急照明和疏散指示标志、应急广播以及辅助救生设施。人员只有疏散到室外自然地坪才能视为到达安全地带。

消防安全疏散设施

4.2.1　疏散出口和疏散走道

1. 疏散出口

疏散出口包括安全出口和疏散门。疏散门是直接通向疏散走道的房间门、直接开向疏散楼梯间的门或室外的门，不包括套间内的隔间门或住宅套内的房间门。其设置应满足下列要求：

（1）疏散门应向疏散方向开启，但人数不超过 60 人的房间且每扇门的平均疏散人数不超过 30 人时，其门的开启方向不限（除甲、乙类生产车间外）。

（2）民用建筑及厂房的疏散门应采用平开门，不应采用推拉门、卷帘门、吊门、转门和折叠门；但丙、丁、戊类仓库首层靠墙的外侧可采用推拉或卷帘门。

（3）当门开启时，门扇不应影响人员的紧急疏散。

（4）公共建筑内安全出口的门应设置在火灾时能从内部易于开启的装置；人员密集的公共场所、观众厅的入场门、疏散出口不应设置门槛，从门扇开启 90°的门边处向外 1.4 m 范围内不应设置踏步，疏散门应为推闩式外开门。

（5）高层建筑直通室外的安全出口上方应设置挑出宽度不小于 1.0 m 的防护挑檐。

2. 安全出口

安全出口是指供人员安全疏散用的楼梯间和室外楼梯的出入口或直通室外安全区域的出口。安全出口是疏散出口的一个特例。其设置基本要求是：每座建筑或每个防火分区的安全出口数目不应少于两个，每个防火分区相邻两个安全出口或每个房间疏散出口最近边缘之间的水平距离不应小于 5.0 m；安全出口应分散布置，确保建筑物内的任一楼层上或任一防火分区中发生火灾时，其中一个或几个安全出口被烟火阻挡仍要保证有其他出口可供安全疏散和救援使用，并应有明显标志；对于面积较小的防火分区，除直通室外的安全出口外，可将设置在相邻防火分区之间向疏散方向开启的甲级防火门作为安全出口。

3. 疏散走道

疏散走道是指发生火灾时，建筑内人员从火灾现场逃往安全场所的通道。疏散走道的设置应保证逃离火场的人员进入走道后，能顺利地继续通行至楼梯间，到达安全地带。

疏散走道的布置应满足以下要求：

（1）走道应简洁，并按规定设置疏散指示标志和诱导灯。

（2）在 1.8 m 高度内不宜设置管道、门垛等突出物，走道中的门应向疏散方向开启。

（3）尽量避免设置袋形走道。

（4）疏散走道的宽度应符合现行国家消防技术标准的要求。

4. 避难层（间）

避难层（间）是指建筑内用于人员暂时躲避火灾及其烟气危害的楼层（房间），一般用于超高层民用建筑。

5. 避难走道

避难走道是指采取防烟措施且两侧设置耐火极限不低于 3.00 h 的防火隔墙，用于人员安全通行至室外的走道，一般用于地下人防工程。

4.2.2 疏散楼梯和楼梯间

疏散楼梯和楼梯间是建筑中的主要垂直交通空间，是安全疏散的重要通道。根据防火要求，楼梯间分为敞开楼梯间、封闭楼梯间、防烟楼梯间和室外楼梯4种形式。防烟楼梯间的安全性能最高，敞开楼梯间的安全性能最低，室外楼梯可以作为辅助的防烟楼梯使用。

敞开楼梯间是低、多层建筑常用的基本形式，也称普通楼梯间。封闭楼梯间是指在楼梯间入口处设置门，以防止火灾的烟和热气进入的楼梯间。防烟楼梯间是指在楼梯间入口处设置防烟的前室、开敞式阳台或凹廊（统称前室）等设施，且通向前室和楼梯间的门均为防火门，以防止火灾的烟和热气进入的楼梯间。室外疏散楼梯是指在建筑的外墙上设置全部敞开的楼梯，不易受烟火的威胁，防烟效果和经济性都较好。

4.2.3 应急照明及疏散指示标志

在发生火灾时，为了保证人员的安全疏散以及消防扑救人员的正常工作，必须保持一定的电光源，据此设置的照明称为火灾应急照明。为防止疏散通道在火灾下骤然变暗就要保证一定的亮度，以抑制人们心理上的惊慌，确保疏散安全。以显眼的文字、鲜明的箭头标记指明疏散方向，引导疏散，这种用信号标记的照明，称为疏散指示标志。

1. 应急照明

1）设置场所

除单、多层住宅外，民用建筑、厂房和丙类仓库的下列部位应设置疏散应急照明灯具：

（1）封闭楼梯间、防烟楼梯间及其前室、消防电梯间的前室或合用前室和避难层(间)。

（2）消防控制室、消防水泵房、自备发电机房、配电室、防烟与排烟机房以及发生火灾时仍需正常工作的其他房间。

（3）观众厅、展览厅、多功能厅和建筑面积超过 200 m^2 的营业厅、餐厅、演播室。

（4）建筑面积超过 100 m^2 的地下、半地下建筑或地下室、半地下室中的公共活动场。

（5）公共建筑中的疏散走道。

2）设置要求

消防应急照明灯具宜设置在墙面的上部、顶棚上或出口的顶部。建筑内消防应急照明灯具的照度应符合下列规定：

（1）疏散走道的地面最低水平照度不应低于 1.0 lx。人员密集场所、避难层（间）内的地面最低水平照度不应低于 3.0 lx。

（2）楼梯间、前室或合用前室、避难走道的地面最低水平照度不应低于 5.0 lx。防控制室、消防水泵房、自备发电机房、配电室、防烟与排烟机房以及发生火灾时仍需正常工作的其他房间的消防应急照明，仍应保证正常照明的照度。

2. 疏散指示标志

1）设置场所

公共建筑及其他一类高层民用建筑，高层厂房（仓库）及甲、乙、丙类厂房应沿疏散走道和在安全出口、人员密集场所的疏散门的正上方设置灯光疏散指示标志。下列建筑或场所应在其内疏散走道和主要疏散路线的地面上增设能保持视觉连续的灯光疏散指示标志或蓄光疏散指示标志：

（1）总建筑面积超过 8 000 m^2 的展览建筑。

（2）总建筑面积超过 5 000 m^2 的地上商店。

（3）总建筑面积超过 500 m^2 的地下、半地下商店。

（4）歌舞、娱乐、放映、游艺场所。

（5）座位数超过 1 500 个的电影院、剧院，座位数超过 3 000 个的体育馆、会堂或礼堂。

2）设置要求

（1）安全出口和疏散门的正上方应采用"安全出口"作为指示标志。

（2）沿疏散走道设置的灯光疏散指示标志，应设置在疏散走道及其转角处距地面高度 1.0 m 以下的墙面上，且灯光疏散指示标志间距不应大于 20.0 m；对于袋形走道，不应大于 10.0 m；在走道转角区，不应大于 1.0 m。

4.3 厂房的安全疏散

1. 安全出口

厂房的安全出口应分散布置，每个防火分区或一个防火分区的每个楼层，其相邻两个安全出口最近边缘之间的水平距离不应小于 5 m。厂房内每个防火分区或一个防火分区内的每个楼层，其安全出口的数量应经计算确定，且不应少于两个。当符合下列条件时，可设置一个安全出口：

（1）甲类厂房，每层建筑面积不大于 100 m^2，且同一时间的作业人数不超过 5 人。

（2）乙类厂房，每层建筑面积不大于 150 m^2，且同一时间的作业人数不超过 10 人。

（3）丙类厂房，每层建筑面积不大于 250 m^2，且同一时间的作业人数不超过 20 人。

（4）丁、戊类厂房，每层建筑面积不大于 400 m^2，且同一时间的作业人数不超过 30 人。

（5）地下或半地下厂房（包括地下或半地下室），每层建筑面积不大于 50 m^2，且同一时间的作业人数不超过 15 人。

2. 地下或半地下厂房

地下或半地下厂房（包括地下或半地下室），当有多个防火分区相邻布置，并采用防火墙分隔时，每个防火分区可利用防火墙上通向相邻防火分区的甲级防火门作为第二安全出口，但每个防火分区必须至少有一个直通室外的独立安全出口。

3. 疏散距离

安全疏散距离包括两部分：一是房间内最远点到房门的疏散距离；二是从房门到疏散楼梯间或外部出口的距离。厂房的安全疏散距离需要考虑楼层的实际情况（如单层、多层、高层）、生产的火灾危险性类别及建筑物的耐火等级等。厂房内任一点至最近安全处的直线距离不应大于表 5-10 的规定。

表 5-10　厂房内任一点至最近安全出口的直线距离　　　　　单位：m

生产的火灾危险性类别	耐火等级	单层厂房	多层厂房	高层厂房	地下或半地下厂房（包括地下或半地下室）
甲	一、二级	30	25	—	—
乙	一、二级	75	50	30	—
丙	一、二级	80	60	40	30
丙	三级	60	40	—	—
丁	一、二级	不限	不限	50	45
丁	三级	60	50	—	—
丁	四级	50	—	—	—
戊	一、二级	不限	不限	75	60
戊	三级	100	75	—	—
戊	四级	60	—	—	—

从表中可以看出，火灾危险性越大，安全疏散距离要求越严，厂房的耐火等级越低，安全疏散距离要求越严。而对于丁、戊类生产，当采用一、二级耐火等级的厂房时，其疏散距离可以不受限制。

4. 疏散宽度

厂房内疏散楼梯、走道、门的各自总净宽度，应根据疏散人数按每 100 人的最小疏散净宽度不小于表 5-11 的规定来计算确定。但疏散楼梯的最小净宽度不宜小于 1.10 m，疏散走道的最小净宽度不宜小于 1.40 m，门的最小净宽度不宜小于 0.90 m 当每层疏散人数不相等时，疏散楼梯的总净宽度应分层计算，下层楼梯总净宽度应按该层及以上疏散人数最多一层的疏散人数计算。首层外门的总净宽度应按该层及以上疏散人数最多一层的疏散人数计算，且该门的最小净宽度不应小于 1.20 m。

表 5-11　厂房内疏散楼梯、走道和门的每 100 人最小疏散净宽度

厂房层数 /层	1～2	3	≥4
最小疏散净宽度/（m/百人）	0.6	0.8	1.00

5. 疏散楼梯

高层厂房和甲、乙、丙类多层厂房的疏散楼梯应采用封闭楼梯间或室外楼梯。建筑高度大于 32 m 且任一层人数超过 10 人的厂房，应采用防烟楼梯间或室外楼梯。

4.4 仓库的安全疏散

（1）安全出口。仓库的安全出口应分散布置。每座仓库的安全出口不应少于两个；当一座仓库的占地面积不大于 300 m² 时，可设置一个安全出口。仓库内每个防火分区通向疏散走道、楼梯或室外的出口不宜少于两个；当防火分区的建筑面积不大于 100 m² 时，可设置一个出口。通向疏散走道或楼梯的门应为乙级防火门。

（2）地下或半地下仓库（包括地下或半地下室）的安全出口不应少于两个；当建筑面积不大于 100 m² 时，可设置一个安全出口。

（3）疏散楼梯。高层仓库应设置封闭楼梯间。仓库、筒仓的室外金属梯，当符合建筑设计防火规范的规定时可作为疏散楼梯，但筒仓室外楼梯平台的耐火极限不应低于 0.25 h。

（4）其他。除一、二级耐火等级的多层戊类仓库外，其他仓库中供垂直运输物品的提升设施宜设置在仓库外，当必须设置在仓库内时，应设置在井壁的耐火极限不低于 2.00 h 的井筒内。室内外提升设施通向仓库入口处的门应采用乙级防火门或防火卷帘。

课后作业

1. 安全疏散基本参数是建筑安全疏散设计的重要依据，主要包括_____、_____、等参数。

2. 根据防火要求，楼梯间分为_____、_____、_____和_____4 种形式。

3. 建筑的安全疏散设施主要有_____、_____、_____、_____、_____以及_____。

4. 每座建筑或每个防火分区的安全出口数目不应少于两个，每个防火分区相邻两个安全出口或每个房间疏散出口最近边缘之间的水平距离不应小于_____。

5. 疏散门是（　　）。

A. 直接开向室外的门

B. 直接开向疏散楼梯间的门或室外的门

C. 直接通向疏散走道的房间门、直接开向疏散楼梯间的门或室外的门，包括套间内的隔间门或住宅套内的房间门

D. 直接通向疏散走道的房间门、直接开向疏散楼梯间的门或室外的门，不包括套间内的隔间门或住宅套内的房间门

6. 下列关于疏散楼梯间的描述，正确的是（　　）。

A. 防烟楼梯间的安全性能最高，敞开楼梯间的安全性能最低，室外楼梯可以作为辅助的防烟楼梯使用

B. 室外楼梯的安全性能最高，敞开楼梯间的安全性能最低

C. 敞开楼梯间的安全性能最低，室外楼梯可以作为辅助的防烟楼梯使用

D. 封闭楼梯间的安全性能最高，敞开楼梯间的安全性能最低，室外楼梯可以作为辅助的防烟楼梯使用。

典型案例事故分析（五）

模块 6

灭火机理与灭火设施

火灾一旦发生，最紧要的任务就是如何快速、正确、有效地将火扑灭。鉴于火灾性质因物质种类和环境条件的差异，其灭火机理不尽相同。因此，深入理解和掌握各种灭火机理，从而能够针对火场具体情况采取合适的灭火方式是消防安全人员的一项重要能力。灭火设施是灭火的直接工具，是能否成功灭火的关键因素，随着社会的发展，火灾形式也越发多变，人们也不断地研究开发更加有效实用的灭火设施，消防人员能够在发生火灾时会正确使用相应灭火设施是防火的一项重要工作。

知识目标

1. 掌握常见的灭火机理。
2. 掌握灭火器的灭火机理及适用范围，能够进行建筑的灭火器配置计算。
3. 掌握室内外消火栓工作原理及设置要求。

能力目标

1. 能够识别自动喷水灭火系统运行故障。
2. 能够识别自动报警系统各组件的功能。

素质目标

1. 养成良好的消防设施维护和检查习惯。
2. 遵守消防设施维护和巡查安全操作规定。

任务 1  认识灭火器灭火机理与灭火剂

1.1 灭火机理

灭火就是控制和破坏已经形成的燃烧条件（见图 6-1），或者使燃烧反应中的游离基消失，以迅速熄灭或阻止物质的燃烧，最大限度地减少火灾损失。根据燃烧条件和同火灾作斗争的实践经验，灭火的基本方法有 4 种。

灭火的基本方法

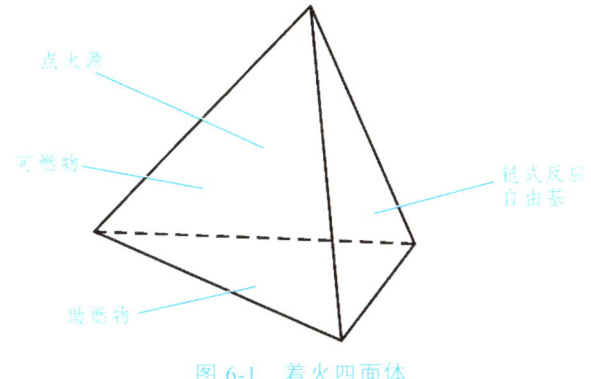

图 6-1 着火四面体

1. 隔离法

隔离就是将未燃烧的物质与正在燃烧的物质隔开或疏散到安全地点，燃烧会因缺乏可燃物而停止。这是扑灭火灾比较常用的方法，适用扑救各种火灾。在灭火中，根据不同情况，一般可采取下列措施：

（1）关闭可燃气体、液体管道的阀门，以减少和阻止可燃物进入燃烧区。

（2）将火源附近的可燃、易燃、易爆和助燃物品搬走。

（3）排除生产装置、容器内的可燃气体或液体。

（4）设法阻挡流散的液体。

（5）拆除与火源毗连的易燃建（构）筑物，形成阻止火势蔓延的空间地带。

（6）用高压密集射流封闭的方法扑救井喷火灾。

2. 窒息法

窒息就是隔绝空气或稀释燃烧区的空气氧含量，使可燃物得不到足够的氧气而停止燃烧。它适用于扑救容易封的容器设备、房间、洞室和工艺装置或船舱内的火灾。在灭火中，根据不同情况，可采取下列基本措施：

（1）用干砂、湿棉被、帆布、海草等不燃或难燃物覆盖燃烧物，阻止空气流入燃烧区，使已经燃烧的物质得不到足够的氧气而熄灭。

（2）用水蒸气或惰性气体（如 CO_2、N_2）灌注容器设备以稀释空气，条件允许时，也可用水淹没的方法灭火。

（3）密闭起火建筑、设备的孔洞和洞室。

（4）用泡沫覆盖在燃烧物上使之窒息。

3. 冷却法

冷却就是将灭火剂直接喷射到燃烧物上，将燃烧物的温度降到低于燃点，使燃烧停止；或者将灭火剂喷洒在火源附近的物体上，使其不受火焰辐射热的威胁，避免形成新的火点，将火灾迅速控制和扑灭。最常见的方法，就是用水冷却灭火。例如，一般房屋、家具、木柴、棉花、布匹等可燃物都可以用水冷却灭火。二氧化碳灭火剂的冷却效果也很好，可以用来扑灭精密仪器、文书档案等贵重物品的初期火灾。还可用水冷却建（构）筑物、生产装置、设备容器，以减弱或消除火焰辐射热的影响。但采用水冷却灭火时，应首先掌握"不见明火不射水"这个防止水渍损失的原则，当明火焰熄灭后，应立即减少水枪支数和水流量，防止水渍损失。同时，对不能用水冷却法扑救的火灾，切忌用水冷却灭火。

4. 抑制法

这是基于燃烧是一种链式反应的原理，使灭火剂参与燃烧的链式反应，可以销毁燃烧过程中产生的游离基，形成稳定分子或低活性游离基，从而使燃烧反应停止，达到灭火的目的。采用这种方法的灭火剂目前主要有卤代烷灭火剂和干粉灭火剂。但卤代烷灭火剂对环境有一定污染，特别是对大气臭氧层有破坏作用，生产和使用将会受到限制，各国正在研制灭火效果好且无污染的新型高效灭火剂来代替。

在火场上究竟采用哪种灭火方法，应根据燃烧物质的性质、燃烧特点和火场的具体情况以及消防器材装备的性能进行选择。有些火场，往往需要同时使用几种灭火方法，比如用干粉灭火时，还要采用必要的冷却降温措施，以防止复燃。

1.2 灭火剂

为能迅速地扑灭生产过程中发生的火灾，必须按照现代的防火技术水平、生产工艺过程的特点，着火物质的性质、灭火物质的性质以及取用是否便利等原则来选择灭火剂。目前工业企业常用的有水、灭火泡沫、惰性气体、不燃性挥发液、化学干粉、固态物质等。

1. 消防用水

水是最常用的灭火物质，它是取之不尽、用之不竭的天然灭火剂，在灭火中应用最广。它的主要优点是灭火性强，价格低廉，取用方便。水的吸热量比其他物质大，加热 1 kg 水，使温度升高 1 ℃，需要 4 186.8 J 热量。如果灭火时水的初温为 10 ℃，那水达到沸点（100 ℃）时需 376.8 kJ 的热量，再变成水蒸气则需 2 260.0 kJ 的热量。所以 1 L

水总共能吸收 2 636.8 kJ 的热量，这是水的冷却作用。同时，当水与燃烧物质接触时会形成"蒸气幕"，能够防止空气进入燃烧区，并能稀释燃烧区中氧的含量，使燃烧强度逐渐减弱。当水蒸气在燃烧区的浓度超过 30%时，即可将火熄灭。当水溶性可燃液体发生火灾时，在允许用水扑救的条件下，水可降低可燃液体浓度及燃烧区内可燃蒸气的浓度。此外，在扑救过程中用高压水流强烈冲击燃烧物和火焰，这种机械冲击作用可冲散燃烧物并使燃烧强度显著减弱。

水用于灭火的缺点是水具有导电性，不宜扑灭带电设备的火灾；不能扑救遇水燃烧物质和非水溶性燃烧液体的火灾。此外，水与高温盐液接触会发生爆炸，比水轻的易燃液体能浮在水面燃烧并蔓延。这些都是利用水作为灭火剂时应当注意的问题。

2. 泡　沫

泡沫是由液体的薄膜包裹气体而成的小气泡群。用水作为泡沫液膜的气体可以是空气或二氧化碳。由空气构成的泡沫叫空气机械泡沫或空气泡沫，由二氧化碳构成的泡沫叫化学泡沫。泡沫的灭火机理是利用水的冷却作用和泡沫层隔绝空气的窒息作用。燃烧物表面形成的泡沫覆盖层可使燃烧物表面与空气隔绝，由于泡沫层封闭了燃烧物表面，可以遮断火焰的热辐射，阻止燃烧物本身和附近可燃物质的蒸发；泡沫析出的液体可对燃烧表面进行冷却，而且泡沫受热蒸发产生的水蒸气能降低氧的浓度。这类灭火剂对可燃性液体的火灾最适用，是油田、炼油厂、石油化工处、发电厂、油库以及其他企业单位油罐区的重要灭火剂，也用于普通火灾扑救。

灭火用的泡沫必须具有以下特性：

第一，泡沫的密度小于油的密度，微泡要具有凝聚性和附着性。

第二，液膜的强度对热应具有一定的稳定性和流动性。

第三，泡沫对机械或风应具有一定的稳定性和持久性。

化学泡沫是利用硫酸铝和碳酸氢钠的水溶液作用，产生 CO_2 泡沫。其反应式如下：

$$6NaHCO_3 + Al_2(SO_4)_3 \cdot 18H_2O \longrightarrow 6CO_2 + 2Al(OH)_3 + 3Na_2SO_4 + 18H_2O$$

碳酸氢钠和泡沫稳定剂都溶于水，和硫酸铝的水溶液起反应，并由于化学反应而形成泡沫，所以称之为化学泡沫，对于扑灭汽油、柴油等易燃液体的火灾较为有效。不过，由于化学泡沫灭火设备较为复杂，且投资大、维护费用高，近来多采用设备简单操作方便的空气泡沫。

空气泡沫灭火剂可分为普通蛋白泡沫灭火剂、氟蛋白泡沫灭火剂等类型。

普通蛋白泡沫是在水解蛋白和稳泡剂的水溶液中用发泡机械鼓入空气，并猛烈搅拌使之相互混合而形成充满空气的微小稠密的膜状泡泡群。这种泡沫能有效地扑灭烃类液体火焰。氟蛋白泡沫液是在普通蛋白泡沫中加入 1%的 FCS 溶液（由氟表面活性剂、异丙醇、水三者组成，比例为 3∶3∶3）配制而成的，有较高的热稳定性、较好的流动性和防油防水等能力，可用于油罐液下喷射灭火。氟蛋白泡沫弥补了普通蛋白泡沫流动性较差、易被油类污染等缺点。氟蛋白泡沫通过油层时，使油不能在泡沫内扩散而被分隔成小油滴，这些小油滴被未污染的泡沫包裹，浮在液面后，形成一个包含有小油滴的不燃烧但能封闭油品蒸气的泡沫层。在泡沫层内即使含汽油量达 25%，也不会燃烧。而普通蛋白泡沫层内含 10%的汽油时，即开始燃烧，这说明氟蛋白泡沫有较好的灭火性能。氟蛋白泡沫的另一个特点是能与干粉配合扑灭烃类液体火灾。

对于醇、酮、醚等水溶性有机溶剂，如果使用普通蛋白泡沫灭火剂，则泡沫膜中的水分会被水溶性溶剂吸收而失效。针对水溶性可燃液体对泡沫具有破坏作用的特点，研制出了抗溶性泡沫灭火剂。这种灭火剂是在普通蛋白泡沫中添加有机酸金属络合盐而制成，有机酸络合盐与泡沫中的水接触时，会析出有机酸金属皂，在泡沫壁上形成连续的固体薄膜，该薄膜能有效地防止水溶性有机溶剂吸收水分，从而保护了泡沫，使泡沫能持久地覆盖在溶剂表面上，因而其灭火效果较好。但不宜扑救如乙醛（沸点 20.2 ℃）等沸点很低的水溶性有机溶剂。

3. 卤代烷灭火剂

卤代烷灭火剂主要通过抑制燃烧的化学反应过程使燃烧中断，达到灭火的目的。其作用是通过破坏燃烧连锁反应中的活泼性物质来完成的，这一过程称为断链过程和抑制过程。与干粉灭火剂作用相似。而其他灭火剂大都是冷却和稀释等物理过程。

由于卤代烷化合物本身含有氟的成分，因而具有较好的热稳定性和化学惰性，不变质，方便使用。作为灭火剂使用时也是用氮气、二氧化碳或氟利昂-12 加压压入容器，使用时由于压力作用，从喷嘴以雾状喷出，在燃烧热的作用下迅速变成蒸气。卤代烷灭火剂主要扑救各种易燃可燃气体火灾；甲、乙、丙类液体火灾；可燃固体的表面火灾和电器设备火灾，如银行账库、电教室计算机中心。与二氧化碳相比，其灭火效率高，为二氧化碳灭火率的五倍，二氧化碳易致人窒息，卤代烷毒性小些。但卤代烷生产成本高、价格贵；卤代烷灭火剂对臭氧大气层造成破坏，应尽量少用。卤代烷不能扑救锂、镁、钾、铝、锑、钛、镉等金属的火灾；不能扑灭在惰性介质中自身供氧燃烧的硝化纤维、火药等的火灾；不能扑灭金属氢化物如氢化钾、氢化钠火灾及自行分解的化学物质，如过氧化物、联氨等。

但是卤代烷类灭火剂中含有的氯和溴，在大气中受到太阳光辐射后，分解出氯、溴的自由基，这些化学活性基团与臭氧结合夺去臭氧分子中的一个氧原子，引发一个破坏性链式反应，使臭氧层遭到破坏，从而降低臭氧浓度，产生臭氧空洞。我国常用的 1211 灭火器和 1301 灭火器已经分别在 2005 年和 2010 年停产，目前常用的卤代烷类灭火剂是七氟丙烷类灭火剂。

4. 二氧化碳灭火剂

二氧化碳灭火剂的主要作用是稀释空气中的氧浓度，使其达到燃烧的最低需氧量以下，火即自动熄灭。二氧化碳灭火剂是将二氧化碳以液态的形式加压充装于灭火机中，因液态二氧化碳易挥发成气体，挥发后体积将扩大 760 倍，当它从灭火机里喷出时，由于气化吸收热量的关系，立即变成干冰。此种霜状干冰喷向着火处，立即汽化，而把燃烧处包围起来，起了隔绝和稀释氧的作用。当二氧化碳占空气的浓度为 30%～35%时，燃烧就会停止，其灭火效率很高。

由于二氧化碳不导电，所以可用于扑灭电气设备的着火。对于不能用水救火的遇水燃烧物质，使用二氧化碳扑救最为适宜，因为二氧化碳能不留痕迹地把火焰熄灭，在可燃固体粉碎、干燥过程中发生起火以及精密机械设备等着火时，都可用二氧化碳灭火剂扑救。其缺点是冷却作用不好，火焰熄灭后，温度可能仍在燃点以上，有发生复燃的可能，故不适用于空旷地域的灭火。二氧化碳灭火剂不能扑救碱金属和碱土金属的火灾，因二氧化碳与这些金属在高温下会起分解反应，游离出碳粒子，有发生爆炸的危险，如 $2Mg + CO_2 = 2MgO + C$。另外，二氧化碳能够使人窒息。以上都是应用二氧化碳灭火剂时应注意的问题。

5. 四氯化碳

四氯化碳的灭火机理是能蒸发冷却和稀释氧浓度。四氯化碳为无色透明液体，不助燃、不自燃、不导电、沸点低（76.8 ℃），其灭火作用主要是利用它的这些性质。当四氯化碳落到火区中时，迅速蒸发，由于其蒸气重（约为空气的5.5倍），能密集在火源四处包围正在燃烧的物质，起到了隔绝空气的作用。若空气中含有10%容积的四氯化碳蒸气，则燃着的火焰就迅速熄灭。故四氯化碳是一种阻燃能力很强的灭火剂，特别适用于带电设备的灭火。

四氯化碳有一定的腐蚀性，用于灭火时其纯度应在9%以上，不能混有水分及二硫化碳等杂质，否则更易侵蚀金属。另外，当四氯化碳受热到250 ℃以上时，能与水蒸气发生作用生成盐酸和光气；如与赤热的金属（尤其是铁）相遇则生成的光气更多；与电石、乙炔气相遇也会发生化学变化，放出光气。光气是剧毒的气体，空气中最高允许浓度仅为0.000 5 mg/L；同时四氯化碳本身亦有毒性，空气中最高允许浓度为25 mg/L，所以禁止用于扑救电石和钾、钠、铝、镁等的火灾。

6. 干粉灭火剂

干粉是细微的固体微粒，其作用主要是抑制燃烧。常用的干粉有碳酸氢钠、碳酸氢钾、磷酸二氢铵等。

碳酸氢钠干粉的成分是碳酸氢钠占93%，滑石粉占5%，硬脂酸镁占0.5%～2%，后两种成分是加重剂和防潮剂。从干粉灭火器中喷出的灭火粉末，覆盖在固体的燃烧物上，能够构成阻碍燃烧的隔离层，而且此种固体粉末灭火剂遇火时放出水蒸气及二氧化碳。其反应式如下：

$$2NaHCO_3 \longrightarrow Na_2CO_3 + H_2O + CO_2；吸收热量\ Q$$

钠盐在燃烧区吸收大量的热，起到冷却和稀释可燃气体的作用。同时干粉灭火剂与燃烧区的氢化合物起作用，夺取燃烧反应的游离基，起到抑制燃烧的作用，致使火焰熄灭。

干粉灭火剂综合了泡沫、二氧化碳和四氯化碳灭火剂的特点，具有不导电、不腐蚀，扑救火灾速度快等优点，可扑救可燃气体、电气设备、油类、遇水燃烧物质等物品的火灾。其缺点是灭火后留有残渣，因而不宜用于扑灭精密机械设备、精密仪器、旋转电动机等的火灾。此外，由于干粉灭火剂冷却性较差，不能扑灭阴燃火灾，不能迅速降低燃烧物品表面温度，容易发生复燃。

课后作业

1. 灭火机理是指灭火剂通过哪些方式来扑灭火灾？（　　）
   A. 降低燃料温度　　　　　B. 阻断氧气供应
   C. 阻止火焰的传播　　　　D. 扩散热量
2. 水是最常用的灭火剂之一，以下哪项是水作为灭火剂的主要灭火机理？（　　）
   A. 蒸汽作用　　　B. 取走燃料　　　C. 吸收热量　　　D. 降低温度
3. 干粉灭火剂通常通过以下哪个机理来扑灭火灾？（　　）
   A. 化学反应　　　B. 阻断火焰传播　　　C. 吸收热量　　　D. 绝缘作用
4. 二氧化碳是一种常用的灭火剂，以下哪项是二氧化碳作为灭火剂的主要灭火机理？（　　）
   A. 抑制火焰传播　　B. 降低温度　　　C. 吸收燃料　　　D. 逼出氧气
5. 泡沫灭火剂通常通过以下哪个机理来扑灭火灾？（　　）
   A. 隔绝氧气供应　　B. 扩散热量　　　C. 化学反应　　　D. 吸收燃料
6. 案例分析题

场景：一家家具工厂发生火灾，火势迅速蔓延。消防队接到报警后，立即派出消防员和消防车前往现场。消防队员在现场发现，家具工厂内堆放了大量易燃材料，如木材、布料等。

问题：
（1）请分析在这种情况下，选择哪种灭火剂较为合适？并解释原因。
（2）请描述消防员在现场如何利用选定的灭火剂进行灭火作业。
（3）请解释灭火机理在这个过程中是如何发挥作用的。

任务 2　灭火器的使用

2.1　常用类型

灭火器是由筒体、器头、喷嘴等部件组成，借助驱动压力将所充装的灭火剂喷出达到灭火目的的器材。灭火器是扑救初起火灾的重要消防器材。

灭火器的类型及适用范围

灭火器按所充装的灭火剂，可分为泡沫、干粉、卤代烷、二氧化碳、清水等几类。按其移动方式，可分为手提式和推车式（见图 6-2）。

按驱动灭火剂的动力来源，可分为储气瓶式、储压式、化学反应式。

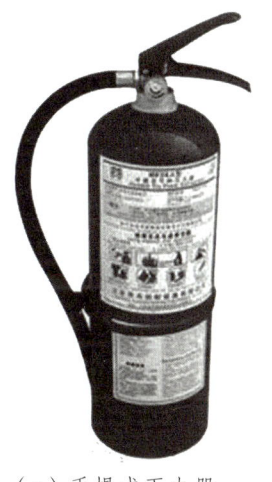
（a）手提式灭火器

（b）推车式灭火器

图 6-2　灭火器类型

2.2　设置要求

（1）灭火器应设置在位置明显和便于取用的地点，且不得影响安全疏散。

（2）对有视线障碍的灭火器设置点，应设置指示其位置的发光标志。

（3）灭火器的摆放应稳固，其铭牌应朝外。手提式灭火器宜设置在灭火器箱内或挂钩、托架上，其顶部离地面高度不应大于 1.5 m，底部离地面高度不宜小于 0.08 m。灭火器箱不得上锁。

（4）灭火器不宜设置在潮湿或强腐蚀性的地点，当必须设置时，应有相应的保护措施。

（5）灭火器不得设置在超出其使用温度范围的地点。

2.3 使用注意事项

1. 泡沫灭火器

泡沫灭火器有手提式和推车式泡沫灭火器两类。使用手提式泡沫灭火器时，应将灭火器竖直向上平衡地提到火场（不可倾倒）后，再颠倒筒身略加晃动，使碳酸氢钠和硫酸铝混合，产生泡沫从喷嘴喷射出去进行灭火。

使用注意事项：

（1）若喷嘴被杂物堵塞，应将筒身平放在地面上，用铁丝疏通喷嘴，不能采取打击筒体等措施。

（2）在使用时，筒盖和筒底不朝人身，防止发生意外爆炸时筒盖、筒底飞出伤人。

（3）应设置在明显而易于取用的地方，而且应防止高温和冻结。

（4）使用三年的手提式泡沫灭火器，其筒身应作水压试验，平时应经常检查泡沫灭火器的喷嘴是否畅通，螺帽是否拧紧，每年应检查一次药剂是否符合要求。

2. 二氧化碳灭火器

使用注意事项：

（1）二氧化碳灭火剂对着火物质和设备的冷却作用较差，火焰熄灭后，温度可能仍在燃点以上，有发生复燃的可能，故不适用于空旷地域的灭火。

（2）二氧化碳能使人窒息，因此，在喷射时人要站在上风处，尽量靠近火源，在空气不流畅的场合，如乙炔站或电石破碎间等室内喷射后，消防人员应立即撤出。

（3）二氧化碳灭火器（见图 6-3）应定期检查，当二氧化碳重量减少 1/10 时，应及时补充装罐。

（4）二氧化碳灭火器应放在明显而易于取用的地方，且应防止气温超过 42 ℃ 并防止日晒。

图 6-3 二氧化碳灭火器

3. 干粉灭火器

干粉灭火器有手提式干粉灭火器（见图 6-4）、推车式干粉灭火器和背负式干粉灭火器三类。

手提式干粉灭火器喷射灭火剂的时间短，有效的喷射时间最短的只有 6 s，最长的也只有 15 s。因此，为能迅速扑灭火灾，使用时应注意以下几点：

（1）应了解和熟练掌握灭火器的开启方法。使用手提式干粉灭火器时，应先将灭火器颠倒数次，使筒内干粉松动，然后撕去器头上的铝封，拔去保险销，一只手握住胶管，将喷嘴对准火焰的根部，另一只手按下压把或提起拉环，在二氧化碳的压力下喷出干粉灭火。

（2）应使灭火器尽可能在靠近火源的地方开始启动，不能在离起火源很远的地方就开启灭火器。

（3）喷粉要由近而远向前平推，左右横扫，不使火焰蹿向。

（4）手提式干粉灭火器应设在明显而易于取用，且通风良好的地方。每隔半年检查一次干粉质量（是否结块），称一次二氧化碳小钢瓶的重量。若二氧化碳小钢瓶的重量减少 1/10 以上，则应补充二氧化碳。应每隔一年进行水压试验。

灭火器的"身份证"——铭牌信息

图 6-4 干粉灭火器

2.4 维护管理

（1）灭火器的维修、再充装应由已取得维修许可证的专业单位承担。维修后的灭火器的筒体应贴有永久性的维修和合格标识，维修标识上的维修单位的名称、筒体的试验压力值、维修日期等内容应清晰，每次的维修铭牌不得相互覆盖。

（2）灭火器一经开启，必须重新充装。

（3）灭火器不论已经使用过还是未经使用，距出厂的年月已达到规定期限时，必须送维修单位进行水压试验检查。

（4）手提式六氟丙烷灭火器、手提式和推车式干粉灭火器以及手提式和推车式二氧化碳灭火器期满五年，以后每隔两年，必须进行水压试验等检查。

（5）灭火器应每年至少检查一次，外观不得有严重损伤、变形、锈蚀、老化等缺陷，保险销和铅封应完好，压力表的指针应在绿区，超过规定泄漏量或压力表指针到红区的应检修更换。

（6）灭火器达到报废年限，应强制报废处理。其中，水基型灭火器报废年限为6年，洁净气体灭火器为10年，干粉灭火器为10年，二氧化碳灭火器为12年。无法清楚识别生产厂名称和出厂日期（包括贴花脱落，或虽有贴花但已看不清）的灭火器必须报废。筒体严重变形、锈蚀（漆皮大面积脱落，锈蚀面积大于等于筒体总面积的三分之一者）或连接部位、筒底严重锈蚀的灭火器必须报废。

2.5 配置计算

2.5.1 灭火器配置场所的危险等级

建筑灭火器配置设计

1. 工业建筑

工业建筑灭火器配置场所的危险等级，应根据其生产、使用、储存物品的火灾危险性、可燃物数量、火灾蔓延速度、扑救难易程度等因素，划分为严重危险级、中危险级和轻危险级，可简要地概括为表6-1。

表6-1 灭火器配置场所与危险等级对应关系

危险等级配置场所	严重危险级	中危险级	轻危险级
厂房	甲、乙类物品生产场所	丙类物品生产场所	丁、戊类物品生产场所
库房	甲、乙类物品储存场所	丙类物品储存场所	丁、戊类物品储存场所

2. 民用建筑

民用建筑灭火器配置场所的危险等级，应根据其使用性质、人员密集程度、用电用火情况、可燃物数量、火灾蔓延速度、扑救难易程度等因素，划分为严重危险级、中危险级和轻危险级。

2.5.2 灭火器配置场所的配置设计计算

1. 计算步骤

（1）确定各灭火器配置场所的火灾种类和危险等级。

（2）划分计算单元，计算各单元的保护面积。

（3）计算各单元的最小需配灭火级别。

（4）确定各单元内的灭火器设置点的位置和数量。

（5）计算每个灭火器设置点的最小需配灭火级别。

（6）确定各单元和每个设置点的灭火器的类型、规格与数量。

（7）确定每个灭火器的设置方式和要求。

（8）一个计算单元内的灭火器数量不应少于2个，每个设置点的灭火器数量不宜多于5个。

（9）在工程设计图上用灭火器图例和文字标明灭火器的类型、规格、数量与设置位置

2. 灭火器配置场所计算单元的划分

1）计算单元的划分

灭火器配置场所系指生产、使用、储存可燃物并要求配置灭火器的房间或部位。如油漆间、配电间、仪表控制室、办公室、实验室、库房、舞台堆垛等。而计算单元则是指在进行灭火器配置设计过程中，考虑了火灾种类、危险等级和是否相邻等因素后，为便于设计而进行的区域划分。一个计算单元可以是只含有个灭火器配置场所，也可以是含有若干个灭火器配置场所，但此时应将该若干个灭火器配置场所视为一个整体来考虑保护面积、保护距离和灭火器配置数量等。

显然，对于不相邻的灭火器配置场所，应分别作为一个计算单元进行灭火器的配置设计计算。但对于危险等级和火灾种类都相同的相邻配置场所，或危险等级和火灾种类有一个不相同的相邻配置场所，应按以下规定划分：灭火器配置场所的危险等级和火灾种类均相同的相邻场所，可将一个楼层或一个防火分区作为一个计算单元；灭火器配置场所的危险等级或火灾种类不同的场所，应分别作为一个计算单元；同计算单元不得跨越防火分区和楼层。

2）计算单元保护面积（S）的计算

在划分灭火器配置场所后，还需对保护面积进行计算。对灭火器配置场所（单元）灭火器保护面积计算，规定如下：建筑物应按其建筑面积进行计算；可燃物露天堆场，甲、乙、丙类液体储罐区，可燃气体储罐区按堆垛、储罐的占地面积进行计算。

3. 计算单元的最小需配灭火级别的计算

在确定了计算单元的保护面积后，应根据下式计算该单元应配置的灭火器的最小灭火级别：

$$Q = K \cdot S / U \tag{6-1}$$

式中　Q——计算单元的最小需配灭火级别，A 或 B；

S——计算单元的保护面积，m^2；

U——A 类或 B 类火灾场所单位灭火级别最大保护面积，m^2；

K——修正系数，修正系数值按表 6-2 的规定选取。

表6-2 修正系数

计算单元	K
未设室内消火栓系统和灭火系统	1.0
设有室内消火栓系统	0.9
设有灭火系统	0.7
设有室内消火栓系统和灭火系统	0.5
可燃物露天堆场，甲、乙、丙类液体储罐区和可燃气体储罐区	0.3

火灾场所单位灭火级别的最大保护面积依据火灾危险等级、火灾种类从表6-3或表6-4中选取。

表6-3 A类火灾场所灭火器的最低配置基准

危险等级	严重危险级	中危险级	轻危险级
单具灭火器最小配置灭火级别	3A	2A	1A
单位灭火级别最大保护面积 /（m²/A）	50	75	100

表6-4 B、C类火灾场所灭火器的最低配置基准

危险等级	严重危险级	中危险级	轻危险级
单具灭火器最小配置灭火级别	89B	55B	21B
单位灭火级别最大保护面积 /（m²/B）	0.5	1.0	1.5

注：歌舞、娱乐、放映、游艺场所、网吧、商场、寺庙以及地下场所等的计算单元的最小需配灭火级别应在式（6-1）计算结果的基础上增加30%。

4. 计算单元中每个灭火器设置点的最小需配灭火级别

计算单元中每个灭火器设置点的最小需配灭火级别按下式进行计算：

$$Q_e = Q/N \tag{6-2}$$

式中　Q_e——计算单元中每个灭火器设置点的最小需配灭火级别，A或B；

N——计算单元中的灭火器设置点数，个。

5. 灭火器设置点的确定

每个灭火器设置点实配灭火器的灭火级别和数量不得小于最小需配灭火级别和数量的计算值。计算单元中的灭火器设置点数依据火灾的危险等级、灭火器型式（手提式或推车式）按不大于表6-5或表6-6规定的最大保护距离合理设置，并应保证最不利点至少在一个灭火器的保护范围内。

表 6-5　A 类火灾场所的灭火器最大保护距离　　　　　　　　　　单位：m

危险等级	手提式灭火器	推车式灭火器
严重危险级	15	30
中危险级	20	40
轻危险级	25	50

表 6-6　B、C 类火灾场所的灭火器最大保护距离　　　　　　　单位：m

危险等级	手提式灭火器	推车式灭火器
严重危险级	9	18
中危险级	12	24
轻危险级	15	30

注：D 类火灾场所的灭火器，其最大保护距离应根据具体情况研究确定。E 类火灾场所的灭火器，其最大保护距离不应低于该场所内 A 类或 B 类火灾的规定。

如果计算单元中配置有室内消火栓系统，由于消火栓的设置距离与灭火器设置点的距离要求基本相近，在不影响灭火器保护效果的前提下，将灭火器设置点与室内消火栓设置合二为一是一个很好的选择。

课后作业

1. 水基型灭火器报废年限为_____年，洁净气体灭火器为_____年，干粉灭火器为_____年，二氧化碳灭火器为_____年。

2. 某学生宿舍楼共 5 层，长为 120 m，宽为 30 m，每层都只设有室内消防栓系统，试进行该宿舍楼的灭火器配置计算。

3. 某电子生产厂房，一层为电子产品及元器件的库房，二、三层均为生产车间，每层均为大空间厂房，长 80 m，宽 36 m，一层有室内消防栓和自动喷淋灭火系统，二、三层只设有室内消防栓，试进行该厂房灭火器配置计算。

4. 关于灭火器及配置的案例题

场景：一栋多层住宅楼突然发生电气火灾。火势起源于一层的电气设备，目前火势正在迅速蔓延，烟雾越来越浓密，楼内的居民开始逐渐被困在各自的住宅内。

问题：

（1）请列举出适合这种情况的灭火器及其配置。

（2）请解释每种灭火器的使用方法以及相应的灭火机理。

（3）请描述如何在这种情况下进行安全有效的灭火作业。

任务 3　消防给水系统的使用

建筑消火栓给水系统是指为建筑消防服务的以消火栓为给水点、以水为主要灭火剂的消防给水系统。它由消火栓、给水管道、供水设施等组成。按设置区域分，消火栓系统分为城市消火栓给水系统和建筑物消火栓给水系统；按设置位置分，消火栓系统分为室外消火栓给水系统和室内消火栓给水系统。

消火栓系统

3.1　室内消火栓系统

室内消火栓实际上是室内消防给水管网向火场供水的带有专用接口的阀门，其进水端与消防管道相连，出水端与水带、水枪相连。

3.1.1　系统工作原理

室内消火栓给水系统的工作原理与系统的给水方式有关，通常是针对建筑消防给水系统采用的临时高压消防给水系统。在临时高压消防给水系统中，系统设有消防泵和高位消防水箱。当火灾发生后，现场人员可打开消火栓箱，将水带与消火栓栓口连接，打开消火栓的阀门，按下消火栓箱内的启动按钮，消火栓便可投入使用。消火栓箱内的按钮直接启动消火栓泵，并向消防控制中心报警。在供水的初期，由于消火栓泵的启动有一定的时间，其初期供水由高位消防水箱来供水（储存 10 min 的消防水量）。对于消火栓泵的启动，还可由消防泵现场、消防控制中心启动，消火栓泵一旦启动后不得自动停泵，停泵只能由现场手动控制。

消火栓系统模拟动画

3.1.2　系统设置场所

下列建筑应设置室内消火栓系统：

（1）建筑占地面积大于 300 m² 的厂房和仓库。

（2）高层公共建筑和建筑高度大于 21 m 的住宅建筑。

注：建筑高度不大于 27 m 的住宅建筑，设置室内消火栓系统确有困难时，可只设置干式消防竖管和不带消火栓箱的 DN65 的室内消火栓。

（3）体积大于 5 000 m³ 的车站、码头、机场的候车（船、机）建筑、展览建筑、商店建筑、旅馆建筑、医疗建筑和图书馆建筑等单、多层建筑。

（4）特等、甲等剧场，超过 800 个座位的其他等级的剧场和电影院等，以及超过 1 200 个座位的礼堂、体育馆等单、多层建筑。

（5）建筑高度大于 15 m 或体积大于 10 000 m³ 的办公建筑、教学建筑和其他单、多层民用建筑。

3.1.3 室内消火栓的设置要求

（1）设有消防给水的建筑物，其各层（无可燃物的设备层除外）均应设置消火栓。

（2）室内消火栓的布置应满足同一平面有 2 支消防水枪的 2 股充实水柱同时到达该部位的要求，但对建筑高度小于或等于 24 m 且体积小于或等于 5 000 m³ 的多层仓库、建筑高度小于或等于 54 m 且每单元设置一部疏散楼梯的住宅，以及《消防给水及消火栓系统技术规范》（GB 50974—2014）表 3.5.2 中规定可采用 1 支消防水枪的场所，可采用 1 支消防水枪的 1 股充实水柱到达室内任何部位。

（3）室内消火栓应设置在明显易于取用的地点。栓口离地面的高度为 1.1 m，其出水方向宜向下或与设置消火栓的墙面呈 90°角。

（4）冷库的室内消火栓应设置在常温穿堂或楼梯间内。

（5）设有室内消火栓的建筑，如为平屋顶时，宜在平屋面顶上设置试验和检查用的消火栓。

（6）消防电梯前室应设室内消火栓。

（7）室内消火栓的间距应由计算确定。

（8）单层和多层建筑室内消火栓的间距不应超过 50 m，高层厂房（仓库）、高架仓库和甲、乙类厂房中室内消火栓的间距不应大于 30 m。同一建筑物内应采用统一规格的消火栓、水枪和水带。每根水带的长度不应超过 25 m。

（9）对于高位消防水箱不能满足最不利点消火栓水压要求的建筑，应在每个室内消火栓处设置直接启动消防水泵的按钮，并应有保护设施。

（10）消火栓应采用同一型号规格。消火栓的栓口直径应为 65 mm，水带长度不应超过 25 m，水枪喷嘴口径不应小于 19 mm。

（11）高层建筑的屋顶应设有一个装有压力显示装置的检查用的消火栓，采暖地区可设在顶层出口处或水箱间内。

（12）屋顶直升飞机停机坪和超高层建筑避难层、避难区应设置室内消火栓。

3.1.4 消防用水量、消防水源

1. 消防用水量

工厂、仓库、堆场、储罐区或民用建筑的室外消防给水用水量，应按同一时间内的火灾起数和一起火灾灭火室外消防给水用水量确定。同一时间内的火灾起数应符合下列规定：

（1）工厂、堆场和储罐区等，当占地面积小于等于 100 km²，且附有居住区人数小于等于 1.5 万人时，同一时间内的火灾起数应按 1 起确定；当占地面积小于等 100 km²，且附有居住区人数大于 1.5 万人时，同一时间内的火灾起数应按 2 起确定，居住区应计 1

起,工厂、堆场或储罐区应计 1 起。

(2)工厂、堆场和储罐区等,当占地面积大于 100 km² 时,同一时间内的火灾起数应按 2 起确定,工厂、堆场或储罐区应计 1 起,工厂、堆场或储罐区的附属建(构)筑物应计 1 起。

(3)仓库和民用等建筑,当总建筑面积小于等于 500 000 m² 时,同一时间内的火灾起数应按 1 起确定;当总建筑面积大于 500 000 m² 时,同一时间内的火灾起数应按 2 起确定,当为多栋建筑时应按需水量大的两座各计 1 起,当为单栋建筑时应按一半建筑体量计 2 起。

一起火灾灭火设计流量应由建筑的室外消火栓系统、室内消火栓系统、自动喷水灭火系统、泡沫灭火系统、水喷雾灭火系统、固定消防炮灭火系统、固定冷却水系统等需要同时作用的各种水灭火系统的设计流量组成,并应符合下列规定:

(1)应按需要同时作用的水灭火系统设计流量之和确定。

(2)两栋或两座及以上建筑合用时,应按其中一栋或一座设计流量大者确定。

(3)当消防给水与生活、生产给水合用时,合用给水的设计流量应为消防给水设计流量与生活、生产大时流量之和。其中生活大时流量计算时,淋浴用水量按 15%计浇洒及洗刷等火灾时能停用的用水量可不计。

2. 消防水源

市政给水、消防水池、天然水源等可作为消防水源,雨水清水池、水景池和游泳池可作为备用消防水源。

1)市政给水

当市政给水管网能满足两路消防供水连续供水时,消防给水系统可采用市政给水管网直接供水。

2)消防水池

下列情况,应设消防水池:

(1)当生产、生活用水量达到最大,市政给水管网或引入管不能满足室内外消防用水量时。

(2)当采用一路消防供水或只有一条引入管,且室外消火栓设计流量大于 20 L/s 或建筑高度大于 50 m 时。

(3)市政消防给水设计流量小于建筑的消防给水设计流量时。

不同建(构)筑物设置的消防水池,其有效容量应根据国家相关消防技术标准经计算确定。其设置要求如下:

(1)当室外给水管网能保证室外消防用水量时,消防水池的有效容量应满足在火灾延续时间内建(构)筑物室内消防用水量要求。

(2)当室外给水管网不能保证室外消防用水量时,消防水池的有效容量应满足在火灾延续时间内建（构）筑物室内消防用水量和室外消防用水不足部分之和的要求。

（3）在火灾情况下能保证连续补水时，消防水池的容量可以减去火灾延续时间内补充的水量，消防水池的补水时间不宜超过 48 h。消防水池总容积超过 500 m³ 时，应分成两个能独立使用的消防水池。

（4）对于消防水池，当消防用水与其他用水合用时，应有保证消防用水不被他用的技术措施。

3）消防水箱

临时高压消防给水系统的高位消防水箱的有效容积应满足初期火灾消防用水量的要求，并应符合下列规定：

（1）一类高层公共建筑，不应小于 36 m³。但当建筑高度大于 100 m 时，不应小于 50 m³；当建筑高度大于 150 m 时，不应小于 100 m。

（2）多层公共建筑、二类高层公共建筑和一类高层住宅，不应小于 18 m³。当一类高层住宅建筑高度超过 100 m 时，不应小于 36 m³。

（3）二类高层住宅，不应小于 12 m³。

（4）建筑高度大于 21 m 的多层住宅，不应小于 6 m³。

（5）工业建筑室内消防给水设计流量当小于或等于 25 L/s 时，不应小于 12 m³；大于 25 L/s 时，不应小于 18 m³。

（6）总建筑面积大于 10 000 m² 且小于 30 000 m² 的商业建筑，不应小于 36 m³；总建筑面积大于 30 000 m² 的商店，不应小于 50 m³；当与第一款规定不一致时应取较大值。

3.2 室外消火栓系统

室外消火栓系统的任务就是通过室外消火栓为消防车等消防设备提供消防用水，或通过进户管为室内消防给水设备提供消防用水。室外消防给水系统应满足火灾扑救时各种消防用水设备对水量、水压、水质的基本要求。室外消火栓给水系统由消防水源、消防供水设备、室外消防给水管网和室外消火栓灭火设施组成。室外消防给水管网包括进水管、干管和相应的配件、附件。室外消火栓灭火设施包括室外消火栓、水带、水枪等。

3.2.1 系统工作原理

（1）常高压消防给水系统。常高压消防给水系统管网内经常保持足够的压力和消防用水量。当火灾发生后，现场人员可直接连接水带、水枪，打开消火栓的阀门即可直接出水灭火。

（2）临时高压消防给水系统。在临时高压消防给水系统中，系统设有消防泵，平时管网内压力较低。当火灾发生后，现场人员连接水带、水枪后，打开消火栓的阀门，通知水泵房启动消防泵，使管网内的压力达到高压给水系统的水压要求。

（3）低压消防给水系统。低压消防给水系统管网内的压力较低，当火灾发生后，消防队员打开最近的室外消火栓，将消防车与室外消火栓连接，从室外管网内吸水加入到消防车内，然后再利用消防车直接加压灭火，或者消防车通过水泵接合器向室内管网内加压供水。

3.2.2　系统设置要求

1. 设置范围

（1）在城市、居住区、工厂、仓库等的规划和建筑设计时，必须同时设计消防给水系统。城市、居住区应设置市政消火栓。

（2）民用建筑、厂房（仓库）、储罐（区）、堆场应设置室外消火栓。

（3）耐火等级不低于二级，且建筑物体积小于等于 3 000 m³ 的戊类厂房或居住区人数不超过 500 人且建筑物层数不超过两层的居住区，可不设置室外消防给水。

2. 设置要求

（1）室外消火栓应沿道路设置，当道路宽度大于 60 m 时，宜在道路两边设置消火栓，并宜靠近十字路口。

（2）甲、乙、丙类液体储罐区和液化石油气储罐区的消火栓应设置在防火堤或防护墙外。距罐壁 15 m 范围内的消火栓，不应计算在该罐可使用的数量内。

（3）室外消火栓的间距不应大于 120 m。

（4）室外消火栓的保护半径不应大于 150 m，在市政消火栓保护半径 150 m 以内，当室外消防用水量小于等于 15 L/s 时，可不设置室外消火栓。

（5）室外消火栓的数量应按其保护半径和室外消防用水量等综合计算确定，每个室外消火栓的用水量应按 10～15 L/s 计算。与保护对象的距离在 5～40 m 范围内的市政消火栓，可计入室外消火栓的数量内。

（6）室外消火栓宜采用地上式消火栓。地上式消火栓应有一个 DN150 或 DN100 和两个 DN65 的栓口。采用室外地下式消火栓时，应有 DN100 和 DN65 的栓口各一个寒冷地区设置的室外消火栓应有防冻措施。

（7）消火栓距路边不应大于 2 m，距房屋外墙不宜小于 5 m。

（8）工艺装置区内的消火栓应设置在工艺装置的周围，其间距不宜大于 60 m。当工艺装置区宽度大于 120 m 时，宜在该装置区内的道路边设置消火栓

（9）建筑的室外消火栓、阀门、消防水泵接合器等设置地点应设置相应的永久性固定标志。

（10）寒冷地区设置市政消火栓、室外消火栓确有困难的，可设置水鹤等为消防车加水的设施，其保护范围可根据需要确定。

课后作业

1. 按设置区域分，消火栓系统分为_____和_____；按设置位置分，消火栓系统分为_____和_____。

2. 室内消火栓给水系统在供水的初期，由于消火栓泵的启动有一定的时间，其初期供水由（　　）来供水。

　　A. 市政给水管网　　B. 高位水箱　　C. 天然水源　　D. 消防水池

3. （　　）可作为消防水源。

　　A. 市政给水　　B. 消防水池　　C. 天然水源　　D. 上述三种水源

4. 室外消火栓系统的任务是（　　）。

　　A. 通过室外消火栓为消防车等消防设备提供消防用水

　　B. 通过室外消火栓为消防车等消防设备提供消防用水，或通过进户管为室内消防给水设备提供消防用水

　　C. 通过室外消火栓为消防车等消防设备提供消防用水，或通过管道为园艺工程提供用水

　　D. 通过室外消火栓为消防车等消防设备提供消防用水，或为洒水车提供用水

5. 案例应用题

　　一栋高层写字楼发生火灾，火势迅速蔓延，现场居民和工作人员被困在楼内。消防队已经到达现场，但需要建立一套有效的消防给水系统来支持灭火作业。

　　问题：

　　（1）请列举适合高层写字楼的消防给水系统组成部分。

　　（2）请描述每个组成部分的功能及其在灭火作业中的作用。

　　（3）请解释如何进行消防给水系统的配置和操作，以保证在火灾发生时能够提供足够的水源支持。

任务 4  火灾自动报警系统的运行

火灾自动报警系统是火灾探测报警与消防联动控制系统的简称，是以实现火灾早期探测和报警、向各类消防设备发出控制信号并接收设备反馈信号，进而以实现预定消防功能为基本任务的一种自动消防设施。

4.1 系统的组成

火灾自动报警系统

火灾自动报警系统一般设置在工业与民用建筑内部和其他可对生命和财产造成危害的火灾危险场所，与自动灭火系统、防排烟系统以及防火分隔设施等其他消防设施一起构成完整的建筑消防系统。火灾自动报警系统由火灾探测报警系统、消防联动控制系统、可燃气体探测报警系统及电气火灾监控系统组成。

4.1.1 火灾探测报警系统

火灾探测报警系统由火灾报警控制器、触发器件和火灾警报装置等组成，它能及时、准确地探测被保护对象的初起火灾，并做出报警响应，从而使建筑物中的人员有足够的时间在火灾尚未发展蔓延到危害生命安全的程度时疏散至安全地带，是保障人员生命安全的最基本的建筑消防系统。

1. 触发器件

在火灾自动报警系统中，自动或手动产生火灾报警信号的器件称为触发器件（见图6-5），主要包括火灾探测器和手动火灾报警按钮。火灾探测器是能对火灾参数（如烟、温度、火焰辐射、气体浓度等）响应，并自动产生火灾报警信号的器件。手动火灾报警按钮是手动方式产生火灾报警信号、启动火灾自动报警系统的器件。火灾探测器主要有感烟火灾探测器（包括点型感烟火灾探测器和线型感烟火灾探测器）、感温火灾探测器（包括定温火灾探测器、差温火灾探测器、差定温火灾探测器）、感光火灾探测器（包括红外火焰火灾探测器和紫外火焰火灾探测器）、可燃气体探测器和复合式火灾探测器。

图6-5 触发器

2. 火灾报警装置

在火灾自动报警系统中，用以接收、显示和传递火灾报警信号，并能发出控制信号和具有其他辅助功能的控制指示设备称为火灾报警装置（见图6-6）。火灾报警控制器就是其中最基本的一种。

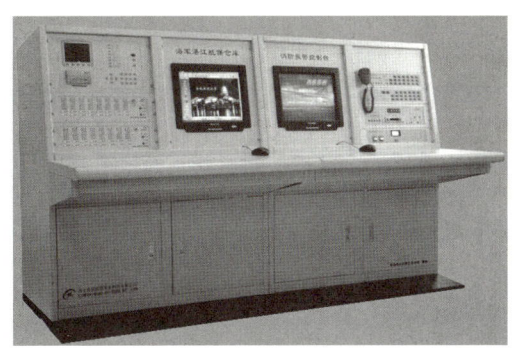

图 6-6　火灾报警装置

3. 火灾警报装置

在火灾自动报警系统中，用以发出区别于环境声、光的火灾警报信号的装置称为火灾警报装置（见图6-7）。它以声、光和音响等方式向报警区域发出火灾警报信号，以警示人们迅速采取安全疏散、灭火救灾措施。

图 6-7　火灾警报装置

4. 电　源

火灾自动报警系统属于消防用电设备，其主电源应当采用消防电源（见图6-8），备用电源可采用蓄电池。系统电源除为火灾报警控制器供电外，还为与系统相关的消防控制设备等供电。

图 6-8 电 源

4.1.2 消防联动控制系统

消防联动控制系统由消防联动控制器、消防控制室图形显示装置、消防电气控制装置(防火卷帘控制器、气体灭火控制器等)、消防电动装置、消防联动模块、消火栓按钮、消防应急广播设备、消防电话等设备和组件组成。在火灾发生时,联动控制器按设定的控制逻辑准确发出联动控制信号给消防泵、喷淋泵、防火门、防火阀、防排烟阀和通风等消防设备,完成对灭火系统、疏散指示系统、防排烟系统及防火卷帘等其他消防有关设备的控制功能。当消防设备动作后,将动作信号反馈给消防控制室并显示,实现对建筑消防设施状态的监视功能,并接收来自消防联动现场设备以及火灾自动报警系统以外的其他系统的火灾信息,或其他设备触发和输入的信息。

1. 消防联动控制器

消防联动控制器(见图 6-9)是消防联动控制系统的核心组件。它通过接收火灾报警控制器发出的火灾报警信息,按预设逻辑对建筑中设置的自动消防系统(设施)进行联动控制。消防联动控制器可直接发出控制信号,通过驱动装置控制现场的受控设备;对于控制逻辑复杂且在消防联动控制器上不便实现直接控制的情况,可通过消防电气控制装置(如防火卷帘控制器、气体灭火控制器等)间接控制受控设备同时接收自动消防系统(设施)动作的反馈信号。

图 6-9 消防联动控制器

2. 消防控制室图形显示装置

消防控制室图形显示装置（见图6-10）用于接收并显示保护区域内的火灾探测报警及联动控制系统、消火栓系统、自动灭火系统、防烟排烟系统、防火门及卷帘系统、电梯、消防电源、消防应急照明和疏散指示系统、消防通信等各类消防系统及系统中的各类消防设备（设施）运行的动态信息和消防管理信息，同时还具有信息传输和记录功能。

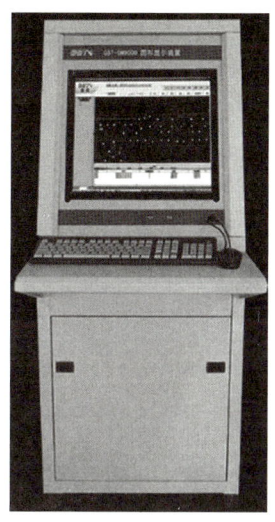

图6-10　消防控制室图形显示装置

3. 消防电气控制装置

消防电气控制装置（见图6-11）的功能是用于控制各类消防电气设备。它一般通过手动或自动的工作方式来控制各类消防泵、防烟排烟风机、电动防火门电动防火窗、防火卷帘、电动阀等各类电动消防设施的控制装置及双电源互换装置，并将相应设备的工作状态反馈给消防联动控制器进行显示。

图6-11　消防电气控制装置

4. 消防电动装置

消防电动装置的功能是电动消防设施的电气驱动或释放，它是包括电动防火门窗、电动防火阀、电动防烟排烟阀、气体驱动器等电动消防设施的电气驱动或释放装置。

5. 消防联动模块

消防联动模块（见图 6-12）是用于消防联动控制器和其所连接的受控设备或部件之间信号传输的设备，包括输入模块、输出模块和输入/输出模块。输入模块的功能是接收受控设备或部件的信号反馈并将信号输入到消防联动控制器中进行显示，输出模块的功能是接收消防联动控制器的输出信号并发送到受控设备或部件，输入/输出模块则同时具备输入模块和输出模块的功能。

图 6-12　消防联动模块

6. 消火栓按钮

消火栓按钮是手动启动消火栓系统的控制按钮（见图 6-13）。

图 6-13　消火栓按钮

7. 消防应急广播设备

消防应急广播设备（见图 6-14）由控制和指示装置、声频功率放大器、传声器、扬声器、广播分配装置、电源装置等部分组成，是在火灾或意外事故发生时通过控制功率放大器和扬声器进行应急广播的设备，它的主要功能是向现场人员通报火灾发生，指挥并引导现场人员疏散。

图 6-14　消防应急广播设备

8. 消防电话

消防电话是用于消防控制室与建筑物中各部位之间进行通话的电话系统，由消防电话总机、消防电话分机、消防电话插孔构成。消防电话是与普通电话分开的专用独立系统，一般采用集中式对讲电话。消防电话的总机设在消防控制室，分机分设在其他各个部位。

4.2　系统的工作原理

在火灾自动报警系统中，火灾报警控制器和消防联动控制器是核心组件，是系统中火灾报警与警报的监控管理枢纽和人机交互平台。

1. 火灾探测报警系统

火灾发生时，安装在保护区域现场的火灾探测器，将火灾产生的烟雾、热量和光辐射等火灾特征参数转变为电信号，经数据处理后，将火灾特征参数信息传输至火灾报警控制器；或直接由火灾探测器做出火灾报警判断，将报警信息传输到火灾报警控制器。火灾报警控制器在接收到探测器的火灾特征参数信息或报警信息后，经报警确认判断，显示报警探测器的部位，记录探测器火灾报警的时间。处于火灾现场的人员，在发现火灾后可立即触动安装在现场的手动火灾报警按钮，手动报警按钮便将报警信息传输到火灾报警控制器，火灾报警控制器在接收到手动火灾报警按钮的报警信息后，经报警确认判断，显示动作的手动报警按钮的部位，记录手动火灾报警按钮报警的时间。火灾报警控制器在确认火灾探测器和手动火灾报警按钮的报警信息后，驱动安装在被保护区域现场的火灾警报装置,发出火灾警报,向处于被保护区域内的人员警示火灾的发生。

2. 消防联动控制系统

火灾发生时,火灾探测器和手动火灾报警按钮的报警信号等联动触发信号传输至消防联动控制器,消防联动控制器按照预设的逻辑关系对接收到的触发信号进行识别判断,在满足逻辑关系条件时,消防联动控制器按照预设的控制时序启动相应的自动消防系统(设施),实现预设的消防功能;消防控制室的消防管理人员也可以通过操作消防联动控制器的手动控制盘直接启动相应的消防系统(设施),从而实现相应消防系统(设施)预设的消防功能。消防联动控制系统接收并显示消防系统(设施)动作的反馈信息。火灾自动报警过程如图6-15所示。

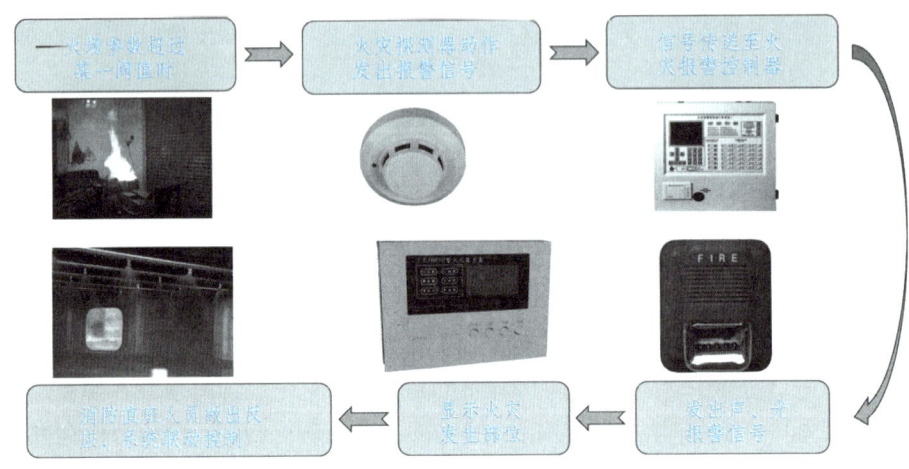

图6-15 火灾自动报警过程

4.3 系统的设置场所

(1)任一层建筑面积大于1 500 m² 或总建筑面积大于3 000 m² 的制鞋、制衣、玩具、电子等类似用途的厂房。

(2)每座占地面积大于1 000 m² 的棉、毛、丝、麻、化纤及其制品的仓库,占地面积大于500 m² 或总建筑面积大于1 000 m² 的卷烟仓库。

(3)任一层建筑面积大于1 500 m² 或总建筑面积大于3 000 m² 的商店、展览、财贸金融、客运和货运等类似用途的建筑,总建筑面积大于500 m² 的地下或半地下商店。

(4)图书或文物的珍藏库,每座藏书超过50万册的图书馆,重要的档案馆。

(5)地市级及以上广播电视建筑、邮政建筑、电信建筑,城市或区域性电力、交通和防灾等指挥调度建筑。

(6)特等、甲等剧场,座位数超过150个的其他等级的剧场或电影院,座位数超过2 000个的会堂或礼堂,座位数超过3 000个的体育馆。

(7)大、中型幼儿园的儿童用房等场所,老年人建筑,任一层建筑面积大于1 500 m²

或总建筑面积大于 3 000 m² 的疗养院的病房楼、旅馆建筑和其他儿童活动场所，不少于 200 个床位的医院门诊楼、病房楼和手术部等。

（8）歌舞、娱乐、放映、游艺场所。

（9）净高大于 2.6 m 且可燃物较多的技术夹层，净高大于 0.8 m 且有可燃物的闷顶或吊顶内。

（10）大、中型电子计算机房及其控制室、记录介质库，特殊贵重或火灾危险性大的机器、仪表、仪器设备室，贵重物品库房，设置气体灭火系统的房间。

（11）二类高层公共建筑内建筑面积大于 50 m² 的可燃物品库房和建筑面积大于 500 m² 的营业厅。

（12）其他一类高层公共建筑。

（13）设置机械防烟排烟系统、雨淋或预作用自动喷水灭火系统、固定消防水炮灭火系统等需与火灾自动报警系统联动的场所或部位。

（14）建筑高度大于 100 m 的住宅建筑。

（15）建筑高度大于 54 m 但不大于 100 m 的住宅建筑，其公共部位应设置火灾自动报警系统，套内宜设置火灾探测器。

（16）建筑高度不大于 54 m 的高层住宅建筑，其公共部位宜设置火灾自动报警系统。当设置需联动控制的消防设施时，公共部位应设置火灾自动报警系统。

（17）高层住宅建筑的公共部位应设置具有语音功能的火灾声警报装置或应急广播。

（18）建筑内可能散发可燃气体、可燃蒸气的场所应设置可燃气体报警装置。

课后作业

1. 火灾自动报警系统是用来实时监测并报警火灾的系统。它通过以下哪些设备来实现火灾的探测和报警？（　　）

   A. 烟感应器　　　B. 热感应器　　　C. 光纤传感器　　　D. 消防喷淋头

2. 火灾自动报警系统在火灾探测中常见的工作原理是什么？（　　）

   A. 探测异常的热量　　　　　　B. 探测燃烧产生的有害气体

   C. 探测燃烧产生的光线　　　　D. 探测燃烧产生的火焰

3. 火灾自动报警系统一般包括以下哪几个部分？（　　）

   A. 火灾探测器　　　　　　　　B. 火灾报警装置

   C. 控制中心　　　　　　　　　D. 手动火警按钮

   E. 接收报警设备

4. 火灾自动报警系统的作用主要包括以下哪些方面？（　　）

   A. 及时发现火灾　　　　　　　B. 发出警报通知人员疏散

   C. 启动自动喷水灭火系统　　　D. 通知消防部门并请求救援

5. 火灾自动报警系统的布置要考虑的因素主要包括（　　）。

   A. 建筑物的结构和布局　　　　B. 火灾风险等级

C. 监控范围和灵敏度　　　　　　D. 特殊环境要求

6. 案例场景分析：一栋多层商业大厦突然发生火灾。大厦内设有火灾自动报警系统，但火势迅速蔓延，烟雾弥漫，部分楼层的居民和工作人员被困在自己的办公室或住宅内。消防部门接到报警后立即出动，同时火灾自动报警系统也开始启动。

问题：

（1）火灾自动报警系统是如何检测火灾的？

（2）火灾自动报警系统是如何进行报警并通知人员疏散的？

（3）针对此案例，说明火灾自动报警系统的作用，并解释如何提高火灾自动报警系统的响应效率。

任务 5　自动喷水灭火系统的运行与使用

5.1　自动喷水灭火系统

自动喷水灭火系统是由洒水喷头、报警阀组、水流报警装置(水流指示器或压力开关)等组件,以及管道、供水设施组成的,能在发生火灾时喷水的自动灭火系统。自动喷水灭火系统在保护人身和财产安全方面具有安全可靠、经济实用、灭火成功率高等优点,广泛应用于工业建筑和民用建筑。自动喷水灭火系统根据所使用喷头的型式,分为闭式自动喷水灭火系统和开式自动喷水灭火系统两大类;根据系统的用途和配置状况,自动喷水灭火系统又分为湿式系统、干式系统、雨淋系统、水幕系统、自动喷水-泡沫联用系统等。下面简单介绍自动喷水灭火系统的分类与组成。

自动喷水灭火系统

1. 湿式自动喷水灭火系统

湿式系统(见图 6-16)在准工作状态时,由消防水箱或稳压泵、气压给水设备等稳压设施维持管道内充水的压力。发生火灾时,在火灾温度的作用下,闭式喷头的热敏元件动作喷头开启并开始喷水。此时,管网中的水由静止变为流动,水流指示器动作送出电信号,在报警控制器上显示某一区域喷水的信息。由于持续喷水泄压造成湿式报警阀的上部水压低于下部水压,在压力差的作用下,原来处于关闭状态的湿式报警阀自动开启。此时压力水通过湿式报警阀流向管网,同时打开通向水力警铃的通道,延迟器充满水后,水力警铃发出声响警报,压力开关动作并输出启动供水泵的信号。供水泵投入运行后,完成系统的启动过程。

湿式系统是应用最为广泛的自动喷水灭火系统,适合在环境温度不低于 4 ℃ 并不高于 70 ℃ 的环境中使用。低于 4 ℃ 的场所使用湿式系统,存在系统管道和组件内充水冰冻的危险;高于 70 ℃ 的场所采用湿式系统,存在系统管道和组件内充水水蒸气气压升高而破坏管道的危险。

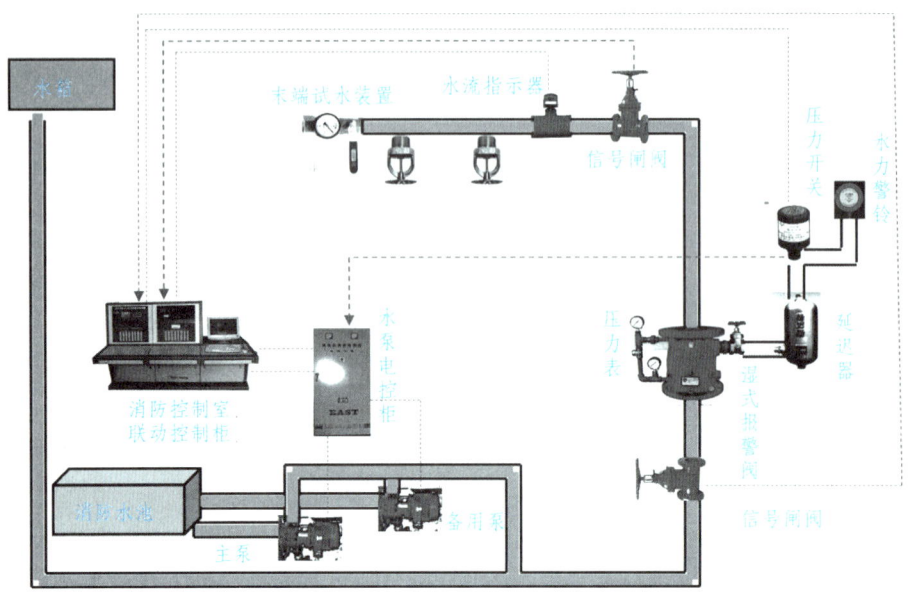

图 6-16 湿式自动喷水灭火系统

2. 干式自动喷水灭火系统

干式系统在准工作状态时,由消防水箱或稳压泵、气压给水设备等稳压设施维持干式报警阀入口前管道内充水的压力,报警阀出口后的管道内充满有压气体(通常采用压缩空气),报警阀处于关闭状态。发生火灾时,在火灾温度的作用下,闭式喷头的热敏元件动作,闭式喷头开启,使干式阀出口压力下降,加速器动作后促使干式报警阀迅速开启,管道开始排气充水,剩余压缩空气从系统最高处的排气阀和开启的喷头处喷出,此时通向水力警铃和压力开关的通道被打开,水力警铃发出声响警报,压力开关动作并输出启泵信号,启动系统供水泵;管道完成排气充水过程后,开启喷头开始喷水。从闭式喷头开启至供水泵投入运行前,由消防水箱、气压给水设备或稳压泵等供水设施为系统的配水管道充水。干式系统适用于环境温度低于 4 ℃,或高于 70 ℃ 的场所。干式系统虽然解决了湿式系统不适用于高、低温环境场所的问题,但由于准工作状态时配水管道内没有水,喷头动作、系统启动时必须经过一个管道排气充水的过程,因此会出现滞后喷水现象,不利于系统及时控火灭火。

3. 预作用自动喷水灭火系统

预作用自动喷水灭火系统(以下简称预作用系统,见图 6-17)由闭式喷头、雨淋阀组、水流报警装置、供水与配水管道、充气设备和供水设施等组成,在准工作状态时配水管道内不充水,由火灾报警系统自动开启雨淋阀后,转换为湿式系统。预作用系统与湿式系统、干式系统的不同之处,在于系统采用雨淋阀,并配套设置火灾自动报警系统。预作用系统可消除干式系统在喷头开放后延迟喷水的弊病,因此预作用系统可在低温和高温环境中替代干式系统。系统处于准工作状态时,严禁管道漏水。严禁系统误喷的忌水场所，应采用预作用系统。

4. 雨淋系统

雨淋系统由开式喷头、雨淋阀组、水流报警装置、供水与配水管道以及供水设施等组成，与前几种系统的不同之处在于，雨淋系统采用开式喷头，由雨淋阀控制喷水范围，由配套的火灾自动报警系统或传动管系统启动雨淋阀。雨淋系统有电动系统和液动或气动系统两种常用的自动控制方式。

系统处于准工作状态时，由消防水箱或稳压泵、气压给水设备等稳压设施维持雨淋阀入口前管道内充水的压力。发生火灾时，由火灾自动报警系统或传动管控制，自动开启雨淋报警阀和供水泵，向系统管网供水，由雨淋阀控制的开式喷头同时喷水。雨淋系统的喷水范围由雨淋阀控制，因此在系统启动后立即大面积喷水。因此雨淋系统主要适用于需大面积喷水、快速扑灭火灾的特别危险场所。火灾的水平蔓延速度快、闭式喷头的开放不能及时使喷水有效覆盖着火区域，或室内净空高度超过一定高度且必须迅速扑救初期火灾的，或属于严重危险级Ⅱ级的场所，应采用雨淋系统。

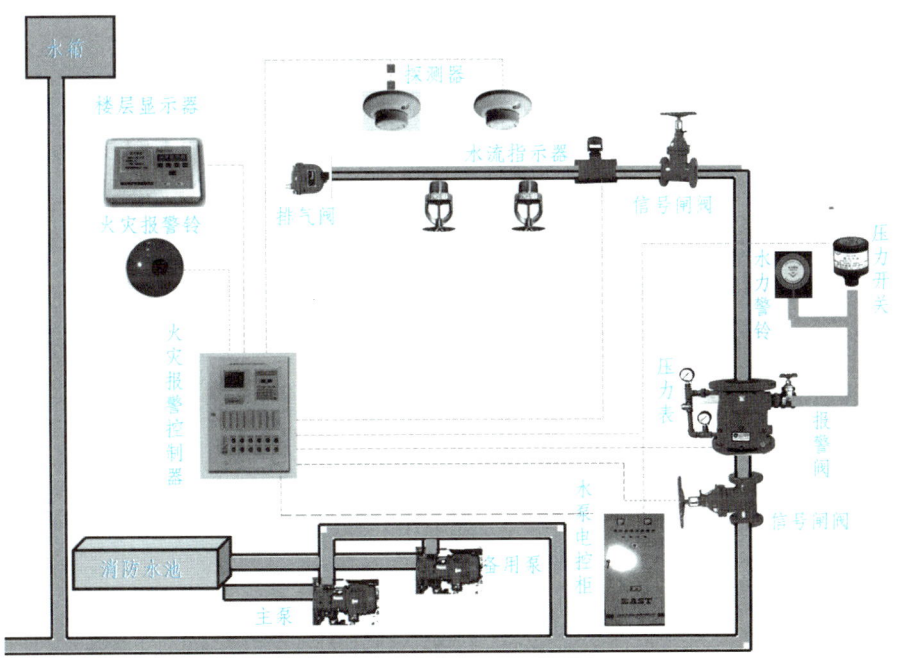

图6-17 预作用自动喷水灭火系统

5. 水幕系统

水幕系统由开式洒水喷头或水幕喷头、雨淋报警阀组或感温雨淋阀、供水与配水管道、控制阀以及水流报警装置（水流指示器或压力开关）等组成。与前几种系统不同的是，水幕系统不具备直接灭火的能力，是用于挡烟阻火和冷却分隔物的防火系统。

系统处于准工作状态时，由消防水箱或稳压泵、气压给水设备等稳压设施维持管道内充水的压力。发生火灾时，由火灾自动报警系统联动开启雨淋报警阀组和供水泵，向系统管网和喷头供水。

防火分隔水幕系统利用密集喷洒形成的水墙或多层水帘，可封堵防火分区处的孔洞，阻挡火灾和烟气的蔓延，因此适用于局部防火分隔处。防护冷却水幕系统则利用喷水在物体表面形成的水膜，控制防火分区处分隔物的温度，使分隔物的完整性和隔热性免遭火灾破坏。

6. 自动喷水-泡沫联用系统

自动喷水灭火系统配置供给泡沫混合液的设备后，组成既可喷水又可以喷泡沫的自动喷水灭火系统。

5.2 自动喷水灭火系统组件

自动喷水灭火系统主要由喷头、报警阀组、水流指示器、火灾探测器、信号阀、末端试水装置组成。

5.2.1 喷头

1. 闭式喷头

闭式喷头的喷口由感温元件组成的释放机制封闭，当温度达到喷头的动作温度范围时，感温元件动作，释放机构脱落，喷头开启。

适用范围：闭式喷头具有感温自动开启的功能，并按照规定的水量和形状洒水，主要用于湿式系统、干式系统和预作用系统，有时也可作火灾探测器使用。

闭式喷头分类：按照热敏元件分为玻璃球洒水喷头、易熔合金洒水喷头。

按照安装方式分为直立安装-溅水盘直立向上、下垂安装-溅水盘竖直向下、溅水盘的折边位于墙壁一侧、普通型、吊顶型等。

玻璃球洒水喷头由喷水口、玻璃球、框架、溅水盘、密封垫等组成，其释放机构中的热敏感元件是一个内装彩色膨胀液体的玻璃球，用它支撑喷水口的密封垫。这种喷头外形美观，体积小，重量轻、耐腐蚀、适用于美观要求较高的公共建筑和具有腐蚀性场所（见图6-18）。

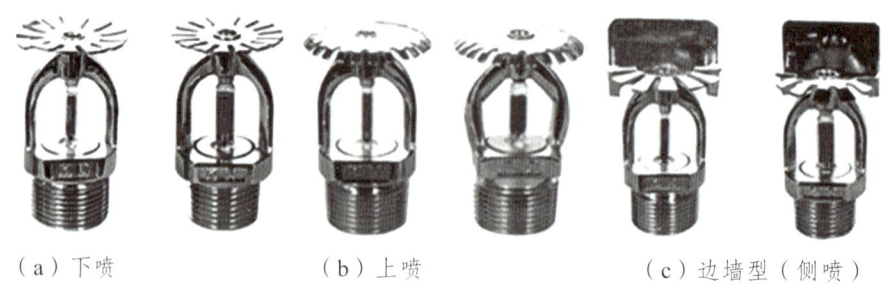

（a）下喷　　　　　（b）上喷　　　　　（c）边墙型（侧喷）

图 6-18　玻璃球喷头类型

易熔合金洒水喷头的热敏感元件为易熔材料制成的元件，室内起火当温度达到易熔元件本身的设计温度时，易熔元件融化，释放机构脱落，压力水便喷出灭火。这种喷头适用于外观要求不高，腐蚀性不大的工厂、仓库及民用建筑（见图 6-19）。

图 6-19　易熔合金洒水喷头

2. 开式喷头

开式喷头（见图 6-20）的喷口处于常开状态，主要分为开启式、水幕式和喷雾式等。

开启式喷头适用范围：用于火灾蔓延速度快，闭式喷头开放后喷水不能有效覆盖起火范围的场所。

图 6-20　开式喷头

水幕式喷头适用范围：当火灾发生时，探测报警装置进行报警，并且开启雨淋报警阀向管网系统供水，水流经过喷头的喷嘴时，从半圆形开口处按预定方向喷射出密集颗粒水滴而形成一个水幕用来冷却保护防火卷帘门、剧院幕布等。也可以起到阻火隔离作用。

喷雾式喷头适用范围：水喷雾灭火系统所使用的水雾喷头是在一定水压下，利用离心或撞击原理将水分解成细小水雾，并以一定的喷角将水雾喷出。适用于甲、乙、丙类可燃液体及液化石油气的扑灭。

5.2.2 报警阀组

报警阀组主要由报警阀、延迟器、压力开关、水力警铃等构成。

报警阀组作用是接通或者切断水源,传递控制信号至控制系统并启动水力警铃报警。主要分为湿式报警阀、干式报警阀、干湿两用阀、雨淋阀和预作用阀。

1. 湿式报警阀

湿式报警阀内设有阀瓣、阀座等组件,平时阀瓣上下充满水,水压近似相等。阀瓣上面与水接触的面积大于下面与水接触的面积,阀瓣受到合力向下,处于关闭状态(见图 6-21)。

发生火灾时,喷头喷水,阀上面水压下降,此时阀瓣下面水压大于阀瓣上面水压,阀瓣开启,向立管及管网供水,同时水沿着报警阀的环形槽进入延时器、压力开关及水力警铃等设施,发出火警信号并启动消防泵。

图 6-21 湿式报警阀

2. 干式报警阀

干式报警阀的工作原理与湿式基本相同,不同之处在于阀瓣上部的压力由有压气体产生。平时阀瓣上面充满有压气体,阀瓣下面充满有水。发生火灾时,气体压力降低,水压将阀瓣向上推,开启阀瓣,喷水灭火(见图 6-22)。

图 6-22 干式报警阀

5.2.3　延迟器

延迟器是一个罐式容器(见图 6-23),安装于报警阀与水力警铃(或压力开关)之间。报警阀开启后,水流需经 30 s 左右充满延迟器后方可冲击水力警铃。

当报警阀因水锤或水源压力波动阀瓣被冲开时,水由报警支管进入延迟器,因为波动时间短,进入到延迟器的水少,压力不会作用到水力警铃或压力开关上,能有效地防止误报。

图 6-23　延迟器

5.2.4　压力开关

当系统启动、报警支管中的压力达到压力开关(见图 6-24)的动作压力时,触点就会自动闭合或断开,将水流信号转化为电信号,传输至消防控制中心或直接控制和启动消防水泵、电子报警系统。

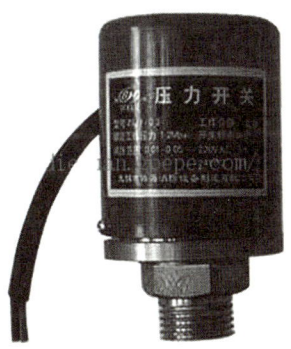

图 6-24　压力开关

5.2.5　水力警铃

水力警铃(见图 6-25)由警铃、击铃锤、转动轴、水轮机及输水管等组成。当自动喷水灭火系统的任一喷头动作或试验阀开启后,系统报警阀自动打开,则有一小股水流通过输水管,冲击水轮机转动,使击铃锤不断冲击警铃,发出连续不断的报警声响。

图 6-25　水力警铃

5.2.6　末端试水装置

末端试水装置（见图 6-26）用来测试系统能否在开放一支喷头的最不利条件下可靠报警并正常启动，是自动喷水灭火系统中每个水流指示器作用范围内供水最不利点处设置的检验水压、水流指示器以及报警与自动喷水灭火系统、水泵联动装置可靠性的检验装置。

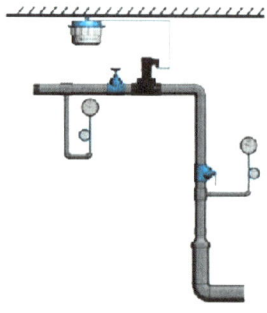

图 6-26　末端试水装置

5.2.7　火灾探测器

常见的火灾探测器（见图 6-27）有感烟探测器、感温探测器、可燃气体探测器、火焰探测器和复合探测器等。

图 6-27　火灾探测器

课后作业

1. 简述自动喷水灭火系统的组成。
2. 自动喷水灭火系统根据所使用喷头的型式,分为_____和_____两大类。
3. 下列不属于闭式自动喷水灭火系统的是( )。
   A. 湿式自动喷水灭火系统 B. 干式自动喷水灭火系统
   C. 干湿两用式自动喷水灭火系统 D. 雨淋灭火系统
4. 湿式自动喷水灭火系统适用于环境温度( )的场所。
   A. 不低于 4 ℃ 并不高于 70 ℃
   B. 不低于 0 ℃ 并不高于 70 ℃
   C. 不低于 4 ℃ 并不高于 100 ℃
   D. 不低于 0 ℃ 并不高于 100 ℃
5. 不以直接灭火为目的的灭火系统是( )。
   A. 湿式自动喷水灭火系统 B. 干式自动喷水灭火系统
   C. 水幕灭火系统 D. 雨淋灭火系统
6. 场景:某学校图书馆内,一位学生在阅读时发现书架附近有一处喷头爆裂。他立即启动手动报警按钮,系统在火警传感器和环境湿度传感器的联合作用下启动了自动喷水灭火系统,随后火警警报器开始报警,所有的人员开始疏散.

分析:这个案例中,自动喷水灭火系统在初期火灾中如何发挥了重要的作用,从而有效地控制了火势的蔓延,减少了火灾对图书馆的损害。

任务 6  其他灭火系统的使用

6.1 气体灭火系统

气体灭火系统以一种或多种气体作为灭火介质，通过这些气体在整个防护区内或保护对象周围的局部区域建立起灭火浓度，实现灭火。气体灭火系统具有灭火效率高、灭火速度快、保护对象无污损等优点。气体灭火系统是根据灭火介质而命名的，目前比较常用的气体灭火系统有二氧化碳灭火系统、七氟丙烷灭火系统、IG-541 混合气体灭火系统、热气溶胶灭火系统等几种。

气体灭火系统一般由灭火剂储存装置、启动分配装置、输送释放装置、监控装置等组成。气体灭火系统具有多种应用形式，为满足各种保护对象的需要，最大限度地降低火灾损失，会充装不同种类的灭火剂，采用不同的增压方式。

6.1.1 系统的分类

（1）按使用的灭火剂，分为二氧化碳灭火系统、七氟丙烷灭火系统、惰性气体灭火统、热气溶胶灭火系统。

（2）按系统的结构特点，分为无管网灭火系统、管网灭火系统。

其中，无管网灭火系统又分为以下两类：

① 柜式气体灭火装置。该装置一般由灭火剂瓶组、驱动气体瓶组（可选）、容器、减压装置（针对惰性气体灭火装置）、驱动装置、集流管（只限多瓶组）、连接管喷头、信号反馈装置、安全泄放装置、控制盘、检漏装置、管道管件等组成。

② 悬挂式气体灭火装置。该装置由灭火剂储存容器、启动释放组件、悬挂支架等组成。

（3）按应用方式，分为全淹没灭火系统、局部应用灭火系统。

（4）按加压方式，分为自压式气体灭火系统、内储压式气体灭火系统、外储压式气体灭火系统。

6.1.2 系统的组成

气体灭火系统一般由灭火剂瓶组、驱动气体瓶组（可选）、单向阀、选择阀、驱动装置、集流管、连接管、喷头、信号反馈装置、安全泄放装置、控制盘、检漏装置管道管件及吊钩支架等组成。不同类型的气体灭火系统有所不同。

6.1.3　系统的适用范围

1. 二氧化碳灭火系统

二氧化碳灭火系统可用于扑救灭火前可切断气源的气体火灾；液体火灾或石蜡、沥青等可熔化的固体火灾；固体表面火灾及棉毛、织物、纸张等部分固体深位火灾；电气火灾。该系统不得用于扑救硝化纤维、火药等含氧化剂的化学制品火灾；钾、钠、镁、钛、锆等活泼金属火灾；氰化钾、氢化钠等金属氢化物火灾。

2. 七氟丙烷灭火系统

七氟丙烷灭火系统适用于扑救电气火灾；液体表面火灾或可熔化的固体火灾；固体表面火灾；灭火前可切断气源的气体火灾。不得用于扑救下列物质的火灾：含氧化剂的化学制品及混合物，如硝化纤维、酸钠等；活泼金属，如钾、钠、镁、钛、锆、铀等；金属氢化物，如氰化钾、氢化链等；能自行分解的化学物质，如过氧化氢、联胺等。

3. 热气溶胶灭火系统

热气溶胶灭火系统适用于扑灭相对封闭空间的 A 类火灾、B 类火灾。该系统不适用于下列场所火灾：商业、饮食服务、娱乐等人员密集场所；有爆炸危险性的场所及有超净要求的场所。K 型及其他型热气溶胶预制灭火系统不得用于电子计算机房、通信机房等场所。

6.1.4　系统的设置场所

（1）国家、省级或人口超过 100 万的城市广播电视发射塔楼内的微波机房、分米波机房、米波机房、变配电室和不间断电源（UPS）室。

（2）国际电信局、大区中心、省中心和一万路以上的地区中心内的长途程控交换机房、控制室和信令转接点室。

（3）两万线以上的市话汇接局和六万门以上的市话端局内的程控交换机房、控制室和信令转接点室。

（4）中央及省级治安、防灾和网局级及以上的电力等调度指挥中心内的通信机房和控制室。

（5）主机房建筑面积大于等于 140 m^2 的电子计算机房内的主机房和基本工作间的已记录磁（纸）介质库。

（6）中央和省级广播电视中心内建筑面积不小于 120 m^2 的音像制品仓库。

（7）国家、省级或藏书量超过 100 万册的图书馆内的特藏库，中央和省级档案馆内的珍藏库和非纸质档案库，大、中型博物馆内的珍品仓库，一级纸绢质文物的陈列室。

（8）其他特殊重要设备室。

6.2 干粉灭火系统

干粉灭火系统是借助惰性气体的驱动，携带干粉灭火剂形成气粉两相混合流，通过管道输送，经喷嘴喷出实施灭火的固定或半固定式灭火系统。干粉灭火系统由干粉灭火设备和自动控制两大部分组成，前者由干粉储罐、动力气瓶、减压阀、输粉管道以及喷嘴等组成，后者由火灾探测器、启动瓶、报警控制器等组成。干粉灭火系统的灭火机理是化学抑制、隔离、冷却与窒息。

6.2.1 系统的分类

（1）按灭火方式，分为全淹没式干粉灭火系统、局部应用式干粉灭火系统和手持软管干粉灭火系统。

（2）按设计情况，分为设计型干粉灭火系统、预制型干粉灭火系统。

（3）按系统保护情况，分为组合分配系统、单元独立系统。

（4）按驱动气体储存方式，分为储气式干粉灭火系统、储压式干粉灭火系统、燃气式干粉灭火系统。

6.2.2 系统的工作原理

1. 自动控制方式

当保护对象着火后，温度上升达到规定值，探测器发出火灾信号到控制器，由控制器打开相应报警设备（如声光及警铃）；当启动机构接收到控制器的启动信号后将启动瓶打开，启动瓶内的氮气通过管道将高压驱动气体瓶组的瓶头阀打开，瓶中的高压驱动气体进入集气管，经过高压阀进入减压阀，减压至规定压力后，通过进气阀进入干粉储罐内，搅动罐中干粉灭火剂，使罐中干粉灭火剂疏松形成便于流动的气粉混合物；当干粉罐内的压力达到规定压力数值时，定压动作机构开始动作，打开干粉罐出口球阀，干粉灭火剂则经过总阀门、选择阀、输粉管和喷嘴喷向着火对象，或者经喷枪射到着火对象的表面，进行灭火。

2. 手动控制方式

手动启动装置是防护区内或保护对象附近的人员在发现火险时启动灭火系统的手段之一，故要求它们安装在靠近防护区或保护对象同时又是能够确保操作人员安全的位置。为了避免操作人员在紧急情况下错按其他按钮，故要求在所有手动启动装置上都应明显地标示出其对应的防护区或保护对象的名称。

手动紧急停止装置是在系统启动后的延迟时段内发现不需要或不能够实施喷放灭火剂的情况时可采用的一种使系统中止下来的手段。一旦系统开始喷放灭火剂，手动紧急停止装置便失去了作用。启用紧急停止装置后，虽然系统控制装置停止了后继动作，但干粉储罐增压仍然继续，系统处于蓄势待发的状态，这时仍有可能需要重新启动系统，释放灭火剂。在使用手动紧急停止装置后，手动启动装置可以再次启动。

6.2.3 系统的适用范围

干粉灭火系统灭火迅速可靠，尤其适用于火焰蔓延迅速的易燃液体。它造价低、占地小、不冻结，对于无水且寒冷的我国北方尤为适宜。

1. 适用范围

（1）易燃、可燃液体，如液体燃料罐、油罐、淬火油槽、洗涤油槽、浸渍槽、涂料反应釜、涂漆生产流水线、飞机库、汽车停车场、锅炉房、加油站、油泵房、液化气站、化学危险品仓库等。

（2）伴有压力喷出的易燃液体或气体设施，如反应塔、换热器、煤气站、天然气井、液化石油气充装站等。

（3）室内外变压油浸短路开关、变压器油箱等电气火灾。

（4）印刷厂、造纸厂、黏接胶带厂、造纸厂、棉纺厂等。

（5）三乙基铝储存罐、电缆等火灾。

2. 不适用范围

（1）火灾中产生含有氧的化学物质，如硝酸纤维。

（2）可燃金属，如钠、钾、镁等。

（3）固体深位火灾。

6.3 泡沫灭火系统

1. 系统的灭火机理

（1）隔氧窒息作用。在燃烧物表面形成泡沫覆盖层，使燃烧物的表面与空气隔绝同时泡沫受热蒸发产生的水蒸气可以降低燃烧物附近氧气的浓度，起到窒息灭火作用。

（2）辐射热阻隔作用。泡沫层能阻止燃烧区的热量作用于燃烧物质的表面，因此可防止可燃物本身和附近可燃物质的蒸发。

（3）吸热冷却作用。泡沫析出的水对燃烧物表面进行冷却。

2. 系统的组成和分类

泡沫灭火系统一般由泡沫液、泡沫消防水泵、泡沫混合液泵、泡沫液泵、泡沫比例混合器（装置）、泡沫液压力储罐、泡沫产生装置、火灾探测与启动控制装置、控制阀门及管道等系统组件组成。

泡沫灭火系统按喷射方式，分为液上喷射、液下喷射、半液下喷射；按系统结构，分为固定式、半固定式和移动式；按发泡倍数，分为低倍数泡沫灭火系统、中倍数泡沫灭火系统、高倍数泡沫灭火系统。

3. 系统形式的选择

泡沫灭火系统主要适用于提炼、加工生产甲、乙、丙类液体的炼油厂、化工厂油田、油库，为铁路油槽车装卸油品的鹤管栈桥、码头、飞机库、机场、燃油锅炉房及大型汽车库等。在火灾危险性大的甲、乙、丙类液体储罐区和其他危险场所，灭火优越性非常明显。泡沫灭火系统的选用，应符合国家标准《泡沫灭火系统技术标准》（GB 50151—2021）的相关规定。

（1）甲、乙、丙类液体储罐区宜选用低倍数泡沫灭火系统；单罐容量不大于 5 000 m^3 的甲、乙类固定顶与内浮顶油罐和单罐容量不大于 10 000 m^3 的丙类固定顶与内浮顶油罐，可选用中倍数泡沫系统。

（2）甲、乙、丙类液体储罐区固定式、半固定式或移动式泡沫灭火系统的选择应符合下列规定：低倍数泡沫灭火系统，应符合相关现行国家标准的规定；油罐中倍数泡沫灭火系统宜为固定式。

（3）全淹没式、局部应用式和移动式中倍数、高倍数泡沫灭火系统的选择，应根据防护区的总体布局、火灾的危害程度、火灾的种类和扑救条件等因素，经综合技术经济比较后确定。

（4）储罐区泡沫灭火系统的选择，应符合下列规定：烃类液体固定顶储罐，可选用液上喷射、液下喷射或半液下喷射泡沫系统；水溶性甲、乙、丙液体的固定顶储罐，应选用液上喷射或半液下喷射泡沫系统；外浮顶和内浮顶储罐应选用液上喷射泡沫系统；烃类液体外浮顶储罐、内浮顶储罐、直径大于 18 mn 的固定顶储罐以及水溶性液体的立式储罐，不得选用泡沫炮作为主要灭火设施；高度大于 7 m、直径大于 9 m 的固定顶储罐，不得选用泡沫枪作为主要灭火设施；油罐中倍数泡沫系统，应选用液上喷射泡沫系统。

课后作业

1. 场景：某电子工厂的洁净车间内，一名员工发现一台设备冒出火星。由于洁净车间的特殊性，采用了七氟丙烷气体灭火系统。请分析系统运行过程及注意事项。

2. 场景：某化工厂的储罐区域内，发生了一起化学品泄漏引发火灾的事故。由于储罐区域存在较高的火灾风险，该工厂安装了泡沫灭火系统。请分析在这个案例中，泡沫灭火系统在高风险区域的火灾中如何发挥作用。

典型案例

典型案例事故分析（六）

模块 7

典型场所防火与防爆

通过分析几个典型场所,如石油化工企业、汽车生产企业、加油站和机场等人群较密集或者数量分布较多的场所,了解防火与防爆对企业安全生产和人们的安全生活的重要意义。

知识目标

1. 了解石油化工企业安全防火与防爆要求。
2. 了解汽车生产企业涂装作业安全防火与防爆要求。
3. 了解加油站安全防火与防爆要求。
4. 了解机场安全防火与防爆要求。
5. 了解其他危险场所防火与防爆要求。

能力目标

1. 培养良好的防火防爆技术专业能力。
2. 能够根据不同场所选择不同的防火防爆装置。

素质目标

1. 培养良好的专业能力。
2. 养成遵守安全操作规定的习惯。

任务 1 石油化工企业防火与防爆

石油化工是指以石油、天然气做原料，经过物理、化学和机械加工而制取各种石油化工成品的工业。它涉及国民经济的各个领域，是国计民生不可缺少的重要行业和国民经济的支柱产业之一，在国民经济中占有十分重要的位置。石油化工生产流程复杂，设备种类繁多，是一种工艺比较复杂，技术性较强的行业。由于在生产过程中使用的原材料、半成品、成品以及各种辅助材料大多是易燃易爆物质，极易引发火灾和爆炸事故，所以石油化工企业一直都是防火防爆的重点单位。

1.1 石油化工企业火灾爆炸危险性特点

（1）生产涉及的物质种类多，一般具有危险性。石油化工生产所用的原材料、成品、半成品大多具有易燃易爆的特点。这类物质在生产过程中多以液态或气态的形式存在，闪点、燃点都比较低，所需要的点火能量较小，一旦遇上火源极易发生燃烧或者爆炸，且火势凶猛，传播速度快。

（2）生产工艺多采用高温、高压或深冷、负压。高温、高压工艺条件会增加物料的活性，扩大爆炸极限的范围，同时还能够引起设备管路接口的变形，造成物料泄漏；负压工艺条件虽然较安全，但有可能因为设备气密性不高而吸入空气，与可燃物料形成爆炸性混合物；低温深冷会使某些含水的物料冻结，造成管路堵塞或破裂。

（3）生产方式连续化、自动化，在生产过程中如有一处阀门开错、参数失控、部件失灵、通路受阻或运行中断，就会引起连锁反应造成毁灭性灾害。

（4）生产设备大型化。炉、塔、罐、泵等容器体积庞大，布局集中，管道纵横贯通，一旦发生火灾，连锁反应和大面积立体燃烧都将导致严重损失。

（5）生产动力源多。火源、电源、热源交织使用，如果管理不善或者使用不当，极易成为火灾爆炸的导火索。

1.2 石油化工企业防火防爆安全技术措施

石油化工生产过程是由多种单元操作过程组成，如物料的输送过程、粉碎混合过程、热传递过程、分离过程、反应过程等，这些单元操作过程的防火防爆是石油化工企业预防火灾及爆炸的重要途径。

1.2.1 物料输送过程防火防爆安全技术措施

1.2.1.1 气态物料输送过程

1. 气态物料输送方式的选择

物料的输送方式应根据工艺操作要求确定,并以保证安全、经济、高效为原则。例如,真空蒸发、蒸馏、吸滤等操作,应采用真空抽送方式输送气体;后道工序需要加压的操作,则宜采用压缩机等机械压送的方式。

2. 气态物料输送设备的选择

气态物料的输送设备除按输送方式确定外,尤其要注重按照物料的化学性质和防火防爆的要求进行选择。例如,压送氢气、乙炔等可燃气体的风机叶片等部件,绝不允许用能产生碰撞、摩擦火花的金属材质制造;同时设备必须满足相应的防爆等级,实践证明,输送可燃气体,采用液环泵比较安全。

为了避免压缩机气缸、缓冲罐压力增大所致的爆炸,其设计强度应满足最高压力的要求,而且在压力管线上和缓冲罐上均需安装安全泄压装置及压力检测报警装置,以及自动调节和连锁停车自动装置。

3. 工艺操作的防火防爆措施

(1)在抽送和压缩可燃气体时,进气吸入口应经常保持一定的余压,以免出现负压吸入空气形成爆炸性气体混合物。

(2)压缩机,特别是多级压缩机要保证有良好的冷却和润滑作用。冷却水的出口温度,一般不得超过40 ℃。在正常操作中,要对压缩机进行看、听、摸等方法的经常性巡回检查,发现有部件松动、发热、活塞被卡住、金属物落入气缸及气缸带液、部件损坏等故障,均应紧急停车进行检查、维修和更换。

(3)经常检查和记录入口和出口的压力。为了预防气体入口处的负压,要求开车和增加气量时,要及时同送气岗位联系。

(4)经常检查室外缓冲缸,以防积水太多;压缩机与鼓风机之间应设连锁装置;气体总管要装设压力低位报警装置。当发现压缩机带液时,应立即判断是哪段气缸带液,并迅速打开该段油水阀和放空阀将气缸内水排放。如严重带液,要紧急停车,检查各部件是否损坏,同时拆开活门对气缸、管道进行排水。

(5)为了防止出口压力憋高,开、停车过程中,要仔细检查,不能弄错阀门;向外工段送气或切断送气,要密切相接,不能提前和延迟;发现压力增高立即停车。

(6)为了预防冷却水不足和中断,要经常检查各段冷却水是否通畅;定期清理水冷却器和水夹套内杂物;在上水总管上设置水压低位自动报警装置;开车时及时打开水总阀门。

(7)为了预防可燃气体泄漏,对压送机械、管道等容易产生泄漏的部位,要加强经常性检查,发现泄漏及时检修。同时容易发生可燃气体泄漏的场所应设置可燃气体检测报警设备，并加强通风换气措施，以便及时发现并及时处置，防止形成爆炸性气体混合物。

1.2.1.2 液态物料输送过程

1. 液态物料输送方式的选择

真空抽送适用于真空度不大条件下的短距离液体输送；而压缩气体压送适用于长距离输送液体；当液体的火灾危险性较大，也宜采用惰性气体进行压送。通常多采用泵送方式输送液体，而采用虹吸和自流输送易燃液体的方式较为安全。

2. 液态物料输送设备的选择

当输送易燃可燃液态物料时，必须根据物料特性和防爆要求选择设备。一般地说，输送易燃液体宜采用蒸气往复泵，输送各类油品宜采用防爆型离心式油泵。

3. 工艺操作的防火措施

为了防止各种泵类出口压力增高和更好地调节流量，出口管道上应安装支路回流控制阀。泵、管道等设备容易产生泄漏的部位均应密封可靠，并经常检查，发现泄漏及时处置。要求连续处用垫圈密封，泵轴与泵壳之间要采用轴封装置，即填料密封或机械密封。容易产生腐蚀破坏的设备及管道要采取有效的防腐措施，一旦发现锈蚀应及时维修和更换。输送易于产生静电的液体的设备和管道，均要有良好的整体性静电接地装置。容易发生泄漏的场所应设置可燃蒸气浓度监测和报警装置，并要有良好的通风设施。

1.2.1.3 固态物料输送过程

1. 固态物料输送方式的选择

为防止火灾发生，需要合理地选择输送方式，例如，可燃粉状物料以惰性气体气流输送方式较为安全，而斗式提升输送方式则易造成粉尘飞扬，增大粉尘爆炸的危险性；螺旋输送油料粕等小颗粒料物料却不易引起粉尘飞扬。

2. 固态物料输送设备的选择

不同的输送方式，其输送设备种类也不同。从防火安全角度考虑，容易产生可燃粉尘飞扬的物料以气流密闭输送为好；块状、包装类物品应以传送带输送机平稳输送为好。但容易产生火花或高热的输送设备，不宜输送可燃物料；若必须采用时，应采用相应的防爆类型或具有可靠的防护措施。

3. 工艺操作的防火措施

为防止产生静电，可燃物料输送的管道应选用导电性能好的材料制造，并应有良好的接地装置。输送操作中，要控制速度平稳，不可急剧改变送风量或送料量，且其流速要控制在规定范围内。输送管道的直径要设计合理，尽量减少弯曲和变径部位，使过渡平缓，管道内要平滑并便于清理，以防止物料在管道内堆积堵塞管道。输送机械的传动和转动部位，要保持正常润滑，传送皮带应松紧适当，防止打滑而摩擦生热，并宜采用张紧装置。动力电机及其线路要经常检查维护，防止产生漏电和短路事故。容易造成粉尘飞扬的输送物料场所，要经常清理积尘，防止粉尘爆炸。

1.2.2 物料粉碎与混合过程防火防爆安全技术措施

1.2.2.1 物料粉碎过程

1. 防止粉尘爆炸

对于能产生可燃粉尘的破碎、研磨设备，要求密闭，并要设置静电接地装置和爆破片泄压装置；对于火灾、爆炸危险较大物料的粉碎设备，操作中应施以充氮保护。物料进入粉碎设备前应进行磁选，以去除铁钉等金属硬物；加料斗的构造要求封闭，在破碎和研磨时，加料斗需保持满料，使加料口经常有料进入粉碎设备内；加完料后，料斗的盖子应封严。粉碎设备的操作间应有良好的通风措施，宜设置机械通风除尘和水喷灭火设备（当物料不能与水发生反应时）。

2. 防止产生点火源

要随时检查维修设备，防止机械件松脱掉入粉碎机内；观察有无硬物混在物料中以便及时清除；转动部位的润滑要可靠；研磨具有爆炸危险物料的球磨机，宜内衬橡胶或其他柔软材料，研磨体可采用青铜球；消除设备内产生撞击火花和摩擦生热的可能性。

物料在初次研磨前，要先在研钵中试验，了解其火灾危险性和是否有黏结现象后再进行粉碎生产。可燃物料，特别是具有自燃特性的物料，研磨后应经冷却再装桶。具有发生粉尘爆炸危险的操作间内的所有电气设备均应满足相应的防爆等级。

当发现粉碎系统物料阴燃或着火时，须立即停止送料和停机，充入氮气、二氧化碳、卤代烷或水蒸气等灭火剂扑救。不宜采用强水流冲击，以免粉尘飞扬造成新的爆炸事故。

1.2.2.2 物料混合过程

混合操作是石油化工生产经常采用的工艺。凡是两种以上物料相分离的物料，按一定的组成均匀分布成一体的操作都属于混合操作。混合操作有的属于物理分散过程，有的属于化学反应过程。生产中常见的混合有气-气混合、液-液混合、固-固混合、液-固混合等操作过程。由于物料的火灾危险性，混合设备的故障及人为操作不当也会使混合操作过程产生火灾、爆炸的危险。

1. 严格控制各种点火源的产生

易燃、易爆物料混合操作的场所，除要严格控制各种人为点火源外，电气设备应保证具有相应的防爆等级。混合器容易发生摩擦生热的转动部位要加强润滑，必要时可附加其他冷却措施。混合过程中能产生静电火灾的设备，应设置可靠的静电接地装置。对于物料火灾危险性较大、混合过程中又有产生碰撞火花危险的操作，除应在操作前清除可能产生碰撞火花的杂物外，宜采用氮气保护措施。

2. 保证搅拌运转正常

搅拌器是保证物料按工艺要求混合的核心设备，其设计、选型必须合理适用。当因停电搅拌发生停转或搅拌发生损坏故障时，应有可靠的备用设备或人工辅助等混合措施，如以高压气流、高压液体、人工等方法补救。特别对于放热的混合操作过程，除要设置有效的冷却系统外，搅拌器还应采用双电路供电。

3. 混合设备要保证安全要求

对于可燃气体、液体混合操作设备和容易产生粉尘爆炸的混合操作设备，必须做到严密封闭。为了防止混合设备增压，可装设安全泄压装置或自然排尘管。火灾爆炸危险性极大的混合设备，宜设置温度或压力检测报警装置、自动调节连锁或联动装置、灭火装置或抑爆系统。操作过程中要严格遵守安全操作规程，发现异常及时处置，确保混合过程的防火安全。

1.2.3 热传递过程防火防爆安全技术措施

1.2.3.1 物料加热

1. 直接火加热

处理易燃易爆物料的生产操作，不宜采用直接火加热方式。如果工艺条件要求必须采用时要尽量避免火焰直接接触设备，最好采取烟道气加热或火焰通过辐射方式加热。当火焰直接接触设备时，应有防止设备局部受热过度和烧穿设备的措施。炉灶、烟道、烟囱等部位的缝隙应堵实，并应涂白漆或白灰以便于发现泄漏。可燃物应远离这些部位。容量较大的加热设备应备有事故排液罐；容易发生增压爆炸的设备要设置温度、压力检测报警和安全泄放装置。在燃气的加热设备进气管道上须安装阻火器；在以煤粉作燃料的煤粉输送管道上应装设爆破片。为了便于在应急情况下紧急处置，炉灶应采取"死锅活灶"。用烟道气加热时，应防止燃烧室内的火星进入受热物料设备；用煤作燃料时，可采用挡火墙阻挡火星。对燃油、燃气的加热炉，点火前，要检查供油、供气阀门的关闭状态，并用蒸汽吹扫炉膛，排除其中可能积存的可燃气体，以免点火时发生炉膛爆炸。

2. 水蒸气和热水加热

通常物料加热温度在 100 ℃ 以下的，应采用热水循环加热；100～140 ℃ 的物料，可用蒸汽加热；但忌水的反应物料（如金属钠）绝不可用热水或蒸汽加热，以免设备渗漏发生爆炸。

3. 载体加热

采用油类载热体加热时，应尽量选用高沸点的矿物油。例如，需要将物料加热到

140 ℃ 以上时，可用闪点和沸点都较高的 62 号或 65 号气缸油作为载热体，并由浸入油面以下的电加热管加热，或采用热油循环加热。如果采用热油循环，油加热器的排气管直径要选择得当，以防排气管堵塞而使系统压力增加，引起喷油。喷油可使油面下降，电热器落出油面形成明火源。忌水性物料，应采用油载体加热。另外，油循环系统应密封，不可出现渗漏，温度和压力指示仪表应可靠，并要经常定期检查和清除油锅、油管内的沉积物、结焦物，防止堵塞管路。

用联苯醚作载体的加热过程中，道生炉上应安装压力计、安全阀、放空管和油位指示器。道生蒸气管和回油管直径应设计合理，避免堵塞。联苯载体的容器和加热循环系统应保持密闭、无泄漏。道生炉宜采用火管式炉子，以保证有较好的循环对流和减少局部过热。开车前，要排净道生系统内的残留水；新的或添加的载热体，需经脱水预热，去除水分。在运行过程中，如遇压力突升的紧急情况，要立即打开放空阀泄压，并关闭通向加热设备的阀门，同时熄火。检查系统有无渗漏。停炉时，先放出被加热设备中的物料，后关道生蒸气阀。停车检修时，应检查设备有无渗漏；开车时，应先把进气阀和回油阀全部打开，然后按规定升温，把载体中的水分排除。开车初期，要注意温度与压力的关系，如压力偏高，温度偏低，说明有水分存在，应继续排气；如果压力偏低，温度偏高，表示道生油量不足，应补加道生油。操作中，要严格控制道生炉的温度不超 30 ℃。

无机载热体的加热应保证设备完好，尤其要防止硝酸盐混入燃烧室中，或泄漏物料与熔盐接触。操作中和火灾扑救时，严防水进入熔盐和熔融金属的设备中。

4. 电加热

当加热易燃物料时，应采用封闭式电炉。电炉丝与被加热的器壁要有良好的绝缘，以防击穿器壁。因此，导线的绝缘层应具有防潮、防腐、耐高温的性能。加热温度超过 250 ℃ 的加热操作，大多采用感应加热，导线应满足最高载荷的要求，并且导线接触部位要加跨接条。谨防物料滴漏，特别在电感加热器的上方不可设置带计量槽的中间储罐。电加热设备宜安装自动控温联动装置。加热温度接近或超过物料自燃点的操作，应采用惰性气体保护。物料的加热应严格控制在分解温度以下。

1.2.3.2 换热过程

1. 换热设备的防火措施

设备的连接处及焊缝等部位应经常检查，保证其密闭无渗漏。当介质为腐蚀性时，应采取器内防腐措施，或选择抗腐蚀的不锈钢、石墨等材料制造的换热器。换热器的进出物料和换热载体的管线上，应设置温度、压力检测仪表。高压换热器还应设置安全泄压装置或放空管。油品的换热设备区应安装蒸汽灭火设施。容易发生泄漏易燃易爆物料的换热设备下方，应有防止油品流散的围堰，该区的下水道应设水封井，围堰内宜设置可燃气体浓度检测报警装置。

2. 换热设备操作的防火措施

换热设备内的污垢要定期清洗，清洗的残积水应排净。某炼油厂就是由于开车前未排净残余水，遇高热物料汽化而发生了换热设备爆炸事故。换热设备不凝可燃气体的排空，宜采用密闭式；若使用敞开式，宜充氮保护。火灾爆炸危险性大的换热操作，其冷或热载体的供给要有可靠保证，如泵等输送机械应有备用设备或双路供电保障。

1.2.4 物料分离过程防火防爆安全技术措施

1.2.4.1 物料蒸馏过程

1. 减压蒸馏过程

减压蒸馏设备必须保持严密性，真空泵管路须设单向阀，防止突然停车时空气进入设备内。真空系统的排气管应通至厂房外，管端应设阻火器。冷凝、冷却系统必须保证有效，应有制冷剂中断后能及时给予补救的措施。要严格控制升温速度及上限温度，以防发生冲料。

蒸馏操作结束时，应先停止加热，待其降温后，再解除真空。如为自燃点较低或遇空气容易分解爆炸的物料，解除真空时应缓缓灌入惰性气体后，再停真空泵。开车时，则应先开真空阀门，再开冷却器阀门，最后打开蒸气阀门，否则物料会被吸入真空泵引起冲料，或使设备受压，甚至引起爆炸。

2. 常压蒸馏过程

蒸馏系统应密闭，尤其是介质的腐蚀性较强时，设备应有良好的防腐保护。蒸馏设备内严防冷水突然进入，操作时应先将塔内及蒸气管道内的冷凝水放净。间歇式蒸馏操作中，严防蒸干使残渣焦化结垢引起局部过热而着火或爆炸。用直接火加热蒸馏高沸点物质（如苯二甲酸酐）时，应控制温度限度，并要防止设备内自燃点很低的树脂油焦状物遇空气自燃。蒸馏接近结束时或残留物趁热放料时，可用惰性气体保护或降低卸料温度。常压蒸馏的再沸器温度要严格控制，防止出现物料的瞬间急剧汽化。冷凝、冷却器效果必须良好，而且接受冷凝的接受器的排气管应伸出室外，周围半径 15 m 范围内不得有产生火花地点，接受器内最好设有冷却装置，以减少蒸气蒸发损失和增加安全性。蒸馏系统管路要保持畅通；当发生物料冷凝堵塞时，可用热水或蒸汽在管道外壁加热，绝不许用明火加热烘烤。

3. 高压蒸馏过程

高压蒸馏系统应定期进行气密性和耐压试验检查；系统上须安装安全泄压装置；易燃易爆物料的紧急排放应送入密闭处置系统，液态排放应设事故槽；气相排放应接火炬或集中排放系统。

温度和压力的控制宜采取连锁自动调节控制系统。其余措施同常压蒸馏。萃取、吸收、蒸发等提纯分离操作的火灾危险性及预防措施基本与蒸馏操作相同。值得注意的是对于吸收放热、溶解放热的分解操作，严格控制温度，保证热量及时移出，使之不造成温度异常，对于防火防爆是十分重要的。

1.2.4.2　物料机械分离过程

1. 旋风分离过程

可燃物质的旋风分离载流体不宜采用空气，而应选用氮气、烟道气等惰性气体。旋风分离系统，必须设置静电导出装置。严格控制旋风分离场所内的各种火源。

2. 液体分离器和高速离心机分离液态物料过程

液体分离器设备应经常维护，确保密闭无泄漏；筒体应安装可靠的静电接地装置；操作中严格控制液位和静置时间，避免发生溢料、跑料事故。高速离心分离低自燃点易燃液体，或有在离心机内形成爆炸性气体混合物危险时，应采取惰性气体保护措施。离心机要保证性能完好，无泄漏。

3. 离心机甩滤过程

当采用离心机进行易燃可燃液体-固体甩滤操作时，离心机马达必须防爆，离心机壳体必须接地可靠。使用的皮带必须是整根的三角皮带，不得使用有金属接头的万用皮带，数量宜为 3 根，并且松紧适度。离心机滤袋的材质最好采用帆布。合成纤维滤布易产生静电，尽量少用或不用，不得已使用时，注意出料时应先将滤饼用木铲铲松，然后慢拉滤袋，以免突然剥离而产生高压静电。在离心机转篮涂有防腐涂料时，也容易产生静电火花，必须高度注意。

为了防止形成爆炸性气体混合物，除了要在拦液板上设槽边吸风装置外，还应有防止气体扩散的措施。离心机应加盖，放料管应伸入接受器，接受器不得敞口，并宜采取内循环法。离心机停车应缓慢、间歇进行，不得用力猛刹车，以防强烈摩擦产生高热。

4. 压滤过程

压滤机应有良好接地装置，并且严防泄漏；滤液接受器不得敞口，应加盖封闭，蒸气可用排气管导出室外。若滤液温度较高，应加设冷却设备降温冷却。

压滤开始时，压力要低，滤速要慢，以控制滤液缓速流出。经过一段时间后，压力方可缓慢平稳提高。如果工艺操作上有难度，则可通入惰性气体，驱除系统内空气后，再进行压滤操作。压滤结束，应待温度降低后再拆开压滤机盖，取出滤饼，以减少溶剂蒸发扩散。

含有易燃液体的物料应用惰性气体压滤，不得采用压缩空气压缩。压滤机旁应设机械吸风口，及时排出逸出的气体。容易产生蒸气泄漏的压滤操作场所，应设置可燃气体浓度检测报警装置和泡沫等灭火设备。

5. 抽滤过程

抽滤系统应保持严密无漏，以防吸入空气。真空泵必须有洗涤器和安全罐。洗涤器内一般装水，以凝聚和洗去部分滤液蒸气；必要时可在安全罐前设冷凝回收装置，既可回收部分溶剂，又可减少进入真空泵的溶剂蒸气量。当物料内含有低沸点溶剂时，则不应采取抽滤法分离。

1.2.5　物料反应过程防火防爆安全技术措施

1.2.5.1　预防泄漏类火灾与爆炸的安全技术措施

1. 防止泄漏

预防泄漏除要从行政管理角度加强教育外，还应从设备和操作两个方面研究。

反应器的材质选择要适当，特别要具有良好的防腐性能。密封结构设计应合理；焊缝质量要保证；各连接部位的安装要达到密封的质量要求，并尽量减少连接部位；易燃易爆物料的输送管道，尽量采用无缝钢管，且宜采取焊接连接。容易产生应力载荷的部位，应采取减振、热胀补偿等消除应力措施。定期或不定期地测试和维修设备，确保反应系统无泄漏。

防止出现操作失误、错误操作和违章操作。阀门的关启应有明显标志，管线应按规定涂色；开启孔盖要在保证无泄漏的状态下进行。经常进行业务培训和职业教育，提高责任感和消防安全意识，减少人为操作所致的泄漏事故。

2. 及时发现和处置泄漏

及时发现泄漏是预防泄漏类火灾的重要环节。为此，容易发生泄漏的部位和场所，要进行经常性的试漏检查。可采取听、闻、摸、喷涂试剂、肥皂水试漏、pH 试纸检验、压差检验等方法进行。易燃易爆物料的反应操作场所应设置可燃气体浓度监测报警装置和良好的通风、驱散、稀释等设施，以利于及时发现，及时处置，消除火灾爆炸危险。

处置泄漏的根本方法是堵封泄漏孔洞，断绝泄漏源。泄漏的物料应尽快清理干净；有发生爆炸性气体混合物爆炸危险的，应及时通风，或喷雾水扑集驱散，或充入惰性气体稀释、冲淡至爆炸下限以下。

3. 严格控制泄漏区域内的点火源

点火源的存在是引起泄漏类火灾或爆炸的关键。假如无任何点火源存在，即使形成了爆炸性气体混合物，也不会发生爆炸。

当泄漏发生后，应立即熄灭可能波及区域内的各种明火，如锅炉房、加热炉的明火、动火检修的焊接或喷灯的明火；非防爆电器不得随意开关，控制一切电气火花；能产生火花的一切行为或动作也应立即停止，确保危险区域内无任何点火源存在。

1.2.5.2　预防反应操作失控的安全技术措施

1. 防止操作引起的反应失控

必须严格按照操作规程的规定，进行投料速度、投量配比、投料顺序、升温和升压速度的控制，保证操作温度、压力在规定的数值范围内。发现事故苗头，立即遵照紧急事故处理方案操作。提高职业责任感、业务水平和消防安全意识，尽量避免出现操作失误、违章和违纪操作。

2. 防止设备引起的反应失控

平时应经常检查和维护反应设备，避免产生泄漏条件；开车前，要彻底清除反应设备内的残留水及污垢，保证冷却和加热系统供给正常，冷却水供给泵应有备用泵，电源应为双电路供电；搅拌系统要严格密封，并为双电路供电。当搅拌无法运转时，应有人工搅拌、高压水冷却或紧急卸料的措施。火灾爆炸危险性很大的反应设备，应设置氮气保护系统，或抑爆系统和灭火系统。

设备除安装温度、压力等控制装置、显示仪表装置外，应有与温度或压力连锁自动控制系统。安全泄压装置要定期试验检查，保证灵敏可靠。

 课后作业

1. 石油化工企业火灾爆炸危险性特点有哪些？
2. 石油化工企业防火防爆安全技术措施有哪些？
3. 石油化工企业发生火灾的主要原因是什么？
4. 如何预防石油化工企业生产过程中的静电火灾？
5. 如何处理石油化工企业火灾事故？
6. 如何加强石油化工企业的消防安全管理？

任务 2　汽车生产企业涂装作业防火与防爆

随着人们的生活质量水平的显著提高，人们拥有汽车的数量也在增加，这就促进了汽车产业的发展。汽车涂装作业是汽车制造中一个重要的生产环节，生产过程中存在大量易燃易爆物质，为避免造成伤害和引发火灾爆炸事故，制定汽车生产企业涂装作业防火防爆安全技术措施就显得十分必要了。

2.1　典型涂装作业工艺流程

涂装工艺一般采用三涂层、三烘干，以及二涂层二烘干的涂装体系，即阴极电泳底漆、中间涂层、面漆涂层。白车身在前处理/阴极电泳线进行脱脂、表调、磷化、钝化、阴极电泳及后清洗、烘干和打磨，再经过打胶工作区及 PVC 底涂，进入中涂线和面漆线分别进行中涂、面涂及相应的烘干打磨工作，检查精修后报交。涂装工艺流程如图 7-1 所示。

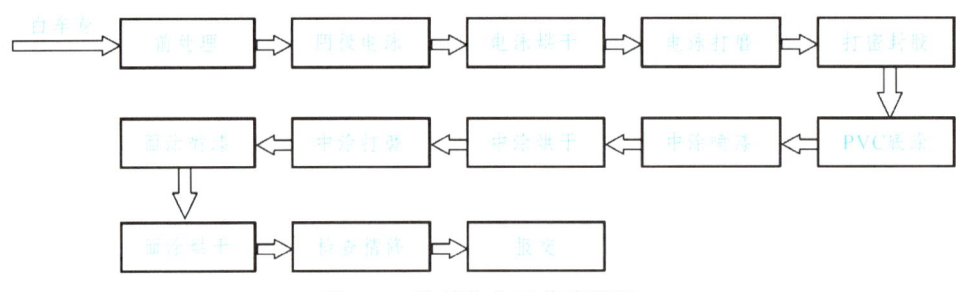

图 7-1　涂装作业工艺流程图

2.2　涂装作业中的易燃易爆物质

凡能引起火灾或爆炸危险的物质均是易燃易爆危险物质，汽车涂装作业过程中涉及的易燃易爆物质主要为可燃及易燃液体涂料、烘干使用的天然气燃料及打磨工序产生产粉尘。

1. 汽车涂料

汽车涂装作业使用的有机溶剂型涂料和稀释剂多数是一级易燃液体。《危险化学品名录》中危规号为 32198 的丙烯酸清漆、丙烯酸漆稀释、氨基漆稀释剂、聚氨酯漆稀释剂、聚酯树脂清漆、聚酯漆稀释剂等含一级易燃溶剂的油漆、辅助材料及涂料（-18 ℃ ≤闪点＜23 ℃）均为一级易燃液体。表 7-1 中列出了某汽车厂使用的部分涂料的 MSDS（Material Safety Data Sheet，化学品安全说明书）数据，从闪点上可以确定涂料本身不是一级易燃液体，但涂料成分却含有一级易燃液体。

表 7-1 部分汽车涂料技术数据

名称	主要成分	含量（%）	引燃稳定 /°C	闪点 /°C	爆炸极限（%）	
					上限	下限
丙烯酸氨基涂料	乙酸丁酯	6~10	>244	>48	6.6	1.1
	乙二醇乙醚醋酸酯	3~6				
	环己酮	2~5				
氨基聚酯涂料	芳烃溶剂	3	>244	>48	6.6	1.1
	乙酸丁酯	21				
	异丁醇	3				
	甲基异丁基甲酮	5				
聚氨酯清漆	醇酸树脂	58~60	>244	>46	—	—
	二甲苯	23~24.5				
	醋酸丁酯	13~15				
	助剂	0.5~1				
稀释剂	芳香烃溶剂	50~70	>244	>48	6.6	1.1
	酯类溶剂	30~40				
	醇醚类溶剂	20~30				

2. 天然气

涂装作业中的烘干室采用天然气作为燃料，天然气主要成分为甲烷，甲烷闪点极低，为 -188 ℃，引燃温度 538 ℃，爆炸下限 5.3%，爆炸上限 15%，易燃，与空气混合能形成爆炸性混合物，遇热源和明火有燃烧爆炸的危险。

3. 可燃粉尘

涂装作业各涂层烘干后的打磨过程中会产生大量的粉尘，粉尘的主要成分为涂料中的成膜物质和颜料，成膜物质中的环氧树脂和颜料中的炭黑等均为可燃性粉尘。作业场所漂浮的粉尘及通风除尘系统中的粉尘达到一定的浓度，遇明火、电气火花或静电等引火源，便会发生爆炸。

2.3 涂装作业场所火灾爆炸危险分析

1. 涂料引发的火灾、爆炸

（1）喷漆室、烘干室、储蓄间、调漆间等作业场所，如果通风系统设计缺陷或保养不善而致管路堵塞、风路不畅或通风换气设备故障等原因，不能及时将有机溶剂蒸气排出，达到爆炸极限时遇明火将发生火灾爆炸。

（2）爆炸危险区域如没有选用合适的防爆电气设备或选型不当及因管理、维护保养不善而致损坏，可能产生电火花或高温引致火灾爆炸。

（3）未采取防静电措施或防静电措施失效。涂装作业在喷涂、调输、清洗过程中都会产生静电火花，对需要点火能量小的易燃液体蒸气，会带来极大的威胁；作业人员因穿着不当（纤维类衣物）产生静电火花而导致涂料溶剂蒸气或漆雾发生火灾、爆炸。

（4）若项目所在地属多雷暴区，没有采取必要的防雷设施或防雷设施因维修保养不善而失效，有可能因建筑物遭雷击而导致火灾、爆炸。

（5）管理缺陷也容易引发火灾爆炸事故。

2. 燃气使用引发的火灾、爆炸

涂装作业使用天然气作为燃料，采用热风循环对部件进行烘干，因天然气闪点低，爆炸极限范围宽，爆炸下限浓度低，点火能量小，而在流动时易产生静电等特性，决定了天然气潜在的火灾、爆炸的危险性较大。

（1）燃气管道、阀门材质缺陷或施工质量不良、管理不善（没有进行定期检查，阀门密封失效、紧急切断阀失效）、操作不当、管路故障等原因会造成天然气泄漏，在局部空间或厂房顶部聚集形成爆炸性混合物，遇火源可发生火灾、爆炸。

（2）燃烧器出现故障或者工人违反操作规程，在未开启风机前先打开燃烧器燃气闸或没有相应的工艺安全联锁装置，形成具有爆炸危险的燃气空气混合物，点火会发生爆炸。

（3）燃烧器前的调压阀发生故障无法准确提供定稳压气源，使供气压力不稳而造成熄火，可能引发燃烧室爆炸。

3. 打磨粉尘引发的火灾、爆炸

打磨作业场所漂浮的粉尘及通风除尘系统中的粉尘浓度达到爆炸下限，排风机电气设备未采用防爆电气或通风管道未采取导除静的措施，就可能发生粉尘爆炸。

2.4 防火防爆安全技术措施

对汽车涂装作业的危险物质、工艺过程、设备设施的火灾爆炸危险进行分析，为了预防火灾爆炸事故，从汽车涂装作业总体布局、建筑物、电气防爆、防雷防静电、安全通风、自动控制、消防设施等方面采取相应的安全对策措施。

1. 总体布局

涂装作业场所应布置在厂区常年最小频率风向的上风侧，与厂前区、人流密集处、洁净度要求高的厂房之间应按《建筑设计防火规范》（GB 50016—2014）的规定留出足够的安全距离。

2. 建筑物

涂装作业场所的火灾危险性分类应根据使用的涂料种类而定，厂房的耐火等级、防火间距、防爆和安全疏散措施应根据已确定的生产火灾危险类别，符合现行《建筑设计防火规范》(GB 50016—2014)的相关要求。

厂房应采用单层建筑或独立厂房。涂装作业场所若与其他不同火灾危险类别的生产处于同一厂房内，生产区域之间应用防火墙进行分隔。门窗应向外开，出入口应至少为两个，其中一个出口直接通向安全区域，内部主要通道宽度不应小于1.2 m。

3. 电气防爆

涂装作业爆炸危险环境的电气设施必须符合整体防爆要求，即电机、电器、照明、线路、开关、接头等都必须符合防爆安全要求，严禁乱接临时电线。

4. 防雷防静电

高大厂房应有防直击雷的设施，精密电气设备、控制系统就有防感应雷的设施；在火灾、爆炸危险区域内禁止设置或进入电磁波辐射性设备、设施、工具以及易发生静电的物体；储漆间、调漆间及其工艺管线必须作可靠的防静电接地，如在地面设置静电接地铜带，输送天然气、涂料及其含有爆性粉尘、蒸气的排风管道的连接处（如法兰）应进行防静电跨接；喷漆室、烘干室等的所有导电部件等均应可靠接地，设置专用的静电接地体，其接地电阻应小于 100 Ω；采用手工静电喷漆设备的喷漆室地面应铺设导电面层，其电阻值应小于 1×10^6 Ω；管路输送涂料时，除将管路接地和跨接外，应控制涂料流速不大于 1 m/s，以防高速流动产生摩擦静电。

5. 安全通风

（1）涂漆作业场所通风系统的进风口和排风口应设防护网，直通到室外不可能有火花坠落的地方，排风管上应设防火阀。

（2）喷漆室应设置安全通风装置和去除漆雾装置，大型喷漆室还应配置送风系统。

（3）输送含有机溶剂蒸气的风管，应采用不燃材料制作，不应穿过防火墙，如必须穿过，穿墙处设防火阀。穿过防火墙两侧各 2 m 范围的风管，保温材料应采用不燃材料。风管穿过处的空隙用不燃材料填塞，风管正压段不应通过其他房间。

（4）静电喷漆室应保持机械通风装置始终处于工作状态。通风装置未启动前，喷漆设备不应工作。喷漆工作停止后，通风装置应继续运行 5～10 min，使用静电喷漆设备时，设备的操作控制应与通风装置有联锁保护。

（5）浸涂区应采用机械通风，使距挥发气源超过 1.5 m 区域及通风系统内的有机溶剂挥发气体浓度不超过其爆炸下限浓度的 25%。当通风系统出现故障时控制系统应自动停止浸涂工作，并发出声光报警。浸涂过程中应保证输送链系统启动前排风系统提前运行 10 min，浸涂操作结束后排风系统应继续运行 10 min。

（6）打磨作业场所的产尘点应设置吸尘罩，保证作业场所超粉尘浓度不应超过其爆炸下限浓度的 50%。排风系统的除尘器应布置在系统的负压段。

6. 自动控制

（1）喷漆室、涂层烘干室内均应设置可燃气体浓度报警仪，大型喷漆室设置多点可燃气体检测报警仪，报警浓度下限值应调整在所监测的可燃气体浓度爆炸下限的 25%。

（2）浸涂作业中需要间接加热的浸涂槽应设置温度控制装置。温控器应能控制极限高温，当温度超过所设定的温度时，输送链、加热器应停止工作。当槽液液面超过或低于安全液面时，加热系统应自动关闭。

（3）烘干室应设置温度自动控制及超温报警装置并与加热系统联锁。烘干室控制系统的联锁应保证开机时只有在循环风机及排气风机启动后，才能继续启动加热系统及工件输送系统；相反，停机时只有在加热系统和工件输送系统关闭后，才能继续停止风机运行。

大型烘干室排气管道上应设防火阀，当烘干室发生火灾时应能自动关闭阀门，同时使循环风机和排气风机自动停止工作。燃烧及加热装置使用自动点火系统，并安装窥视窗和火焰监测器，并具有熄火时能自动切断燃料供给。

7. 消防设施

（1）连续喷漆作业的喷漆室、流平室、供漆间、调漆间应设自动灭火系统，大型浸涂槽选择设置泡沫灭火系统、气体灭火系统、干式化学灭火系统或水喷淋系统以保护浸涂槽、滴漆板、刚浸过漆的工件、罩壳、风管等。

（2）浸涂槽容积超过 2 m^3 应设置底部排放装置和转移槽。输送链下部应设安全防护装置，防止润滑液滴落污染槽液，并防止悬链与轨道摩擦产生的火花引起火灾。

（3）涂装作业场所应按《建筑灭火器配置设计规范》（GB 50140—2005）的规定配置足够的移动式灭火器材。

8. 其他技术措施

（1）新建、改建、扩建涂装工程的安全设施应按设计要求与主体工程同时建成，设计单位应编写《劳动安全卫生专篇》，设计、制造、安装、检验单位应有相应资质。

（2）采购人员采购涂料等化学品时应向供货单位索要安全技术说明书，进口涂料应有相应的中文安全技术说明书及安全标签。

（3）涂装车间必须制定严格的安全操作规程和防火防爆安全管理制度并严格执行，制定应火灾爆炸应急救援预案并定期组织演练。

（4）作业人员应按设备技术与维护要求，做好日常运行维护检查工作，保证安全设备及设施完好有效。

（5）涂装生产管理、工艺技术人员应经安全技术专门培训，取得安全合格证书，持证上岗，涂装作业人员应取得特种作业操作证后上岗。

（6）涂装作业人员应穿戴防静电工作服、工作鞋及工作手套等劳动防护用品。

（7）涂装作业场所的入口设置"禁止烟火"标志，可能产生静电会导致火灾爆炸危险的场所设置"禁止穿化纤服"标志，可能产生火灾爆炸危险的使用有机溶剂等作业场所，设置"禁止穿戴钉鞋"标志。

（8）擦拭涂料和被有机溶剂污染的废物布、棉球等应集中并妥善存放，特别是一些废弃物要存放在储有净水的密闭桶中，不能放置在灼热的火炉边或热气管四周，避免引起火灾。

（9）作业人员尽量避免敲打、碰撞、冲击、摩擦铁器等动作，以免产生火花，引起燃烧。严禁穿有铁钉皮鞋的职员进入工作现场，不用铁棒启封金属漆桶等。

（10）必须备有足够数量的灭火器、石棉毡、黄砂箱及其他防火工具，作业人员应熟练使用各种灭火器材。检维修作业需要进行热加工或动火作业必须办理动火作业审批手续。每年对自动消防设施、电气设施及可燃气体报警仪进行一次检测，保证自动消防设施、电气设施及可燃气体报警仪安全、有效。

 课后作业

1. 涂装作业中的易燃易爆物质有哪些？
2. 简单总结汽车涂装作业中涂料引发火灾爆炸的方式。
3. 试从作业总体布局、建筑物、电气防爆、防雷防静电、安全通风、自动控制、消防设施等方面制定汽车涂装作业防火防爆安全技术措施。

任务 3  加油站主要作业防火与防爆

汽车加油站是经营石油产品的专门场所,主要为各类机动车辆添加油料,油料主要有汽油、轻柴油,它们都是易燃易爆品。随着各类机动车辆数量的不断增多,加油站的数量和规模也不断增加和扩大。因此,对汽车加油站防火防爆的要求也越来越高。

3.1 罐车装卸作业的防火防爆安全技术措施

1. 搞好防火安全设计

根据规范,控制各种设施的安全距离,特别是散发油蒸气的区域与可能出现火源场所的间距。要控制好储罐装卸口、通气管口等与锅炉房、配电间、明火或散发火花地点、道路或公共建筑、电力和通信架空线的间距,避免火种接近燃烧爆炸危险区域。

2. 采用密闭装卸技术

油罐车卸油必须采用密闭卸油方式,这样既可以减少油品的挥发损耗,又可避免装卸时油蒸气散发和集聚而加重对空气的污染或发生不安全事故。汽油罐车卸油宜采用卸油油气回收系统,在油罐车和储罐上安装气相管,装卸油品的同时,使油罐车中的蒸气经气相管流回到储罐或回收装置里。卸油管与油罐进油管的连接应采用快速接头及闷盖,保证接头牢固,无破损、断脱、开裂、老化现象。在油气回收管道接口前应装设手动阀门,卸油后拆除油气连通软管前关闭此阀,使油罐车、油罐内的油气不泄漏。

对非密闭式卸油,必须通知加油员关闭与卸油油罐连接的加油机,暂停加油作业。

3. 严格安全操作

卸油操作人员应准备不少于 1 只 4 kg 干粉灭火器、1 只泡沫灭火器和 1 块灭火毯进入作业现场。

油罐车进站后,卸油人员应检查油罐车的安全设施是否齐全有效,在检查合格后,引导油罐车行进到指定的卸油地点。

连接静电接地线,并检查接地装置是否连接牢固,防止漏接或接触不良。油罐车熄火并静置 10 min 以上,让电荷逐渐衰减。卸油操作人员按工艺流程连接卸油管路,将接头结合紧密,保证卸油管自然弯曲。

在卸油前一定要对油罐进行计量,核准油罐的存油量后才能卸油,以防止卸油时冒顶跑油。一、二级加油站的油罐宜设带有高液位报警功能的液位计,要求准确可靠。灌装时要按规定留出安全灌装量,一般要留有 5%~7%的剩余空间,防止胀坏油罐和跑冒。

装卸操作中,开启和关闭阀门要缓慢,禁止出现猛开急停的野蛮操作。在卸油过程中,现场必须有专人监护,观察卸油管线、相关阀门、过滤器等设备的运行情况,随时

准备处理可能发生的问题，防止意外事故发生，同时，罐车司机不得远离现场。

作业完毕后，登上罐车确认油品是否卸净。关闭闸阀，拆卸卸油管，盖严罐口处的卸油帽，收回静电导线。最好静待 5 min 左右再启动开走。从罐顶部量油和取样，须在装卸完毕后等待 5 min 以上才能进行。

装卸完毕，要收集泄漏的油品，冲刷地面，将含有油的污水排放到污水处理系统。换装不同油品时，必须采取清洗、吹扫、置换等方法清除残余油品及蒸气。

4. 消除静电危害

汽油罐车卸车场地，应设罐车卸车时用的防雷电接地装置，并宜设置能检测跨接线及监视接地装置状态的静电接地仪。储罐及管线均应有良好的静电导出接地和连、跨接。油罐车卸油用的卸油连通软管、油气回收连通软管应采用导静电耐油软管，管的公称直径不应小于 50 mm。

必须杜绝喷溅式卸油方式，不允许将卸油管插入罐口就开始卸油，卸油管必须深入罐底，距罐底高度不得大于 0.2 m。管端型式应能保证油流沿水平方向平缓地流出，进油管端的型式有 T 字形、喇叭口形、斜口形等多种形式，也可采用花管形（见图 7-2）。尽量采用密闭式底部固定灌装法，即通过罐的卸油口进行，可减少装油管因跨接失效和不适当定位造成的静电火花，进油口也宜装设防喷溅挡板或其他防止液体向上喷溅的构件。

严格控制油品流速。油罐车卸油时，在进油管被液面浸没之前，进口处的流速应控制在 1 m/s 以下，待全部淹没后方可加速。对过滤器孔小于 150 μm 的滤网，其下游应能提供至少 30 s 的缓弛时间，以衰减静电荷。当丝网发生堵塞，压降增大时，应立即停止输液，进行清洗或更换丝网。

操作人员应穿防静电工作服，其内衣和外套均应防静电。在天气炎热、干燥时，应在操作场所喷洒清水。

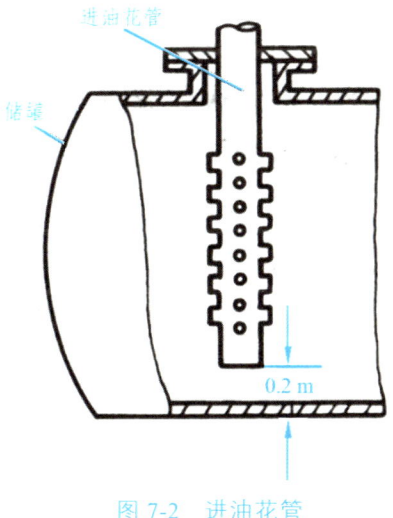

图 7-2 进油花管

5. 控制电气点火源

使用高于或等于相应作业区域油品蒸气级别的防爆电气设备。爆炸危险区域慎用移动式和便携式电器，禁止私拉乱接，违章用电。

6. 控制雷击点火源

独立的加油站或邻近无高大建（构）筑物的加油站应装避雷针。油罐必须进行防雷接地，接地点不少于两处。罐体、管道、法兰及其他金属附件均进行电气连接并接地。雷雨天气应停止装卸作业。

7. 控制明火源

控制检修用火、烟火和明火，装卸作业时不得使用电气焊、气割。油罐车的排气管应安装火星熄灭器。在装卸作业时油罐车不可点火起动和进行车位移动。

8. 控制摩擦撞击火源

储油罐的量油孔应设铜、铝等有色金属材料制成的尺槽，以防止量油过程中钢尺与孔口或钢管的摩擦打火。卸油操作人员应严禁穿带钉子的鞋。

3.2 加油作业的防火防爆安全技术措施

加油机是加油站的关键设备，如果操作不当，管理不善，会影响加油站的防火安全。

1. 保证设备完好不漏

油泵、管组、阀门、过滤器、流量计等设备，应完好无渗漏，工作可靠。加油枪宜采用自封式加油枪，能对汽车的油箱起到冒油防溢作用。随时检查有无泄漏部位，发现泄漏故障，应立即停止装卸操作，及时检修处理后方可继续作业。

2. 严格安全操作

引导车辆到机位时，特别是大型车辆，应避免发生意外碰撞，引起加油机体损坏。进站加油车停稳，发动机熄火后方可进行加油作业。

车辆油箱盖开启后，按操作规程加油，加油员必须亲自操纵加油枪，加油作业中不得将油枪交给顾客操作，不得折扭加油软管或拉长到极限。

加油枪要牢固地插入油箱的罐油口内，集中精力，认真操作，做到不洒不冒。车辆油箱的位置靠近电瓶或发动机上端，加油时必须特别小心，防止油枪滴油或触及电瓶，引起燃烧。车辆进油管的口径较小或油管弯道较多，加油时要轻注缓加，以防喷溢。操作中不慎发生喷溢油时，对喷洒在地面上的油品必须立即用棉纱或黄沙将油吸干，对溢在发动机或电瓶上的油，必须揩干，否则车辆不得发动。

摩托车加油后，应用人力将摩托车推离加油岛 4.5 m 后方可启动。

3. 停止加油作业

在遇到未熄火的车辆（发动机不停止工作）、发动机无罩、油箱（容器）无盖或渗漏、使用塑料桶等非金属容器、天气出现高强闪点或雷击频繁的情况时应暂停加油。

4. 防止油蒸气积聚

加油机、操作台都应设在通风良好的区域。密度比空气大的油蒸气在通风条件不好的情况下，易集聚在低洼处，达到爆炸浓度，因此装卸场所及邻近区域地坪以下应尽量避免有坑或沟。加油机基础中穿过的进油管、电源线和接地线的孔洞，应用黄沙填满，防止油蒸气串通积聚。

5. 消除引火源

加油机及管线均应有良好的静电导出接地和连、跨接。严格控制油品流速，加油枪给汽车加油时，其流量不应大于 60 L/min。

加油操作人员上岗时应穿防静电工作服、鞋，戴工作帽，严禁穿带钉子的鞋和易产生静电的服装。加油完毕后严禁用加油枪敲打油箱口。

控制电气点火源。加油站内爆炸危险区域的等级范围划分应按《汽车加油加气加氢站技术标准》(GB 50156-2021)(2014 修订版)确定。按照《爆炸危险环境电力装置设计规范》(GB 50058—2014)的规定，配备相应作业区域油品蒸气级别的防爆电气设备。慎用移动式和便携式电器。

独立建筑的加油站或邻近无高大建、构筑物的加油站，应设置可靠的防雷设施。加油站上空高强闪点或雷击频繁时，不应进行加油作业。

在加油站区域内禁止吸烟。

3.3 烃泵作业的防火防爆安全技术措施

烃泵是加油站重点设备之一，烃泵由于动密封件的易磨损，因此是较易泄漏的设备，火灾爆炸危险性较大，并且烃泵设备一旦发生故障，将会导致整个生产作业无法进行。

1. 控制和消除明火、摩擦、撞击火花

控制明火的产生，限制使用范围，严格用火管理，对于防止烃泵火灾是十分必要的。在加热时应避免使用明火，严格机动车行驶和禁烟等规定。

保持轴承润滑良好；摩擦、撞击部分采用不发火金属；严禁穿带钉子的鞋进入危险区域。

2. 消除工艺设备的不安全因素

电动机的功率应考虑有一定的安全系数，防止因过载而发热燃烧；严格电机质量检

查，及时更换绝缘严重老化的电机，保持其线圈绝缘性能；注意维修保养电机，减少或避免定子、转子的摩擦。

烃泵应选性能良好的轴封装置，轻油泵的输送量大于 50 m³/h 时，其轴封应为机械密封，渗漏应小于 2 滴/min。粘油泵也宜采用机械密封，如采用填料密封，渗漏量不应超过 8 滴/min。作业不频繁的、输送量小于 50 m³/h 的泵，可采用填料密封，其渗漏量不大于 15 滴/min。

泵应运转平稳，无异常的振动、杂音和撞击现象。充装泵的进、出口安装长度不小于 0.3 m 挠性管，可减少泵的振动。转动轴的振幅当转速为 1 500 r/min 时，不大于 0.09 r/min，当转速为 300 r/min 时，不大于 0.06 r/min。压力、真空、流量、电压、电流、功率和转速等参数均在规定范围。冷却系统保持畅通，运转时轴承温度不得超过 70 °C，填料函的温度不得高出环境温度 45 °C。为了防止潜液泵电动机超温运行造成损坏和事故，潜液泵宜设超温自动停泵保护装置。电动机运行温度至 45 °C 时，应自动切断电源。

加强阀门管线的维护保养，注意阀门的腐蚀、破损情况。泵房中各种设备和设施应清洁、整齐、无灰尘和油污。

3. 杜绝电气事故火灾发生

根据爆炸危险场所的要求，选用适当的防爆电器设备及线路，并在安装中严格按照防爆场所的电器安装规范。汽油泵房可列为第二级爆炸危险区域。

防止静电产生并尽快消除已产生的静电，如泵体和管线必须装有静电接地装置，控制输送时物料的流速，加缓冲器消除油品飞溅，增湿，合理选择材质搭配，加抗静电剂等措施。操作人员应穿戴防静电服装、鞋帽及棉线手套，不准用化纤织物擦拭设备和地面。

按防雷要求，烃泵房为第二类工业建筑物，要求设置与罐区间合用的避雷保护网。

4. 完备安全装置

在齿轮泵或螺杆泵的出口管道上，应设安全阀，其放空管应接至泵的入口管道上，并宜设事故停车连锁装置。

容积泵因靠泵体内容积的变化而吸入和排出液体，如果压出管线闭塞，泵内的压力将急剧升高，以致造成爆炸事故，必须安装支路回流控制阀，可让一部分液体从旁通管流回吸入管内，启动泵前控制阀必须打开。

泵房要安装自动报警系统，以便发现泵房空气中油蒸气的危险浓度，及时报警。并且与事故通风、切断供电电源、关闭电动闸阀联锁。

在泵房的阀组场所，应有能将油品经水封引入集油井的设施。集油井应加盖。

5. 配置灭火器材

烃泵房内应备有泡沫、干粉、二氧化碳等小型灭火器材和砂箱、铁锹钩斧等灭火工具，手提式灭火器材和灭火工具应放在拿取方便的地方。

3.4 设备清洗作业的防火防爆安全技术措施

当加油站换装不同种类的油料,而原油料对新换油料质量有影响时,储罐运行时间较长,杂质、沉积物较多时,储罐、设备渗漏或损坏需要进行检查或检修时,都必须进行清洗作业。由于汽车加油站所储存的物质易燃烧、易爆炸、易带电、挥发性强、流动性大,还兼有毒性,若清洗方法不当或清洗不合格即检修动火,极易引发火灾爆炸事故。因此,必须严格遵守清洗作业中的防火要求,落实防范措施。

1. 防止形成爆炸性混合物

储罐及其设备清洗之前要尽量将可燃物料完全排空,然后拆卸输送物料管线,脱离开储罐与其他罐、管的连接,并加盲板封堵,阀门关闭,防止物料进入。打开人孔、通气孔、排污口,使罐内充分通风。

对于机泵清洗和检修时,应加强泵房、压缩机间的通风,保证空气中油气、燃气浓度在安全范围内。

为了提高清洗油罐作业的安全性,可采取改储过渡油品的措施,即在不影响油品质量前提下,有计划地安排在清洗前将罐内汽油换储柴油。

禁止进罐人员使用氧气呼吸器,以防增加助燃的危险性。五级风力以上的大风天,不宜进行储罐的通风或清洗作业。

化学清洗时尽量选用能满足工艺要求的不燃或难燃性清洗剂。

2. 严格清洗作业的安全操作

为保证安全,不能利用输油管线代替清洗用的进水管线。可从排水口进行冲洗油罐。

采用高压水、蒸气冲洗方法时,要注意压力不宜过高,喷射速度不宜太快,防止高速摩擦产生静电。不得从储罐顶部进行喷溅式注水洗罐,也不能使用高压水枪或使用喷射蒸气冲洗罐壁。在通蒸气过程中,罐、桶的孔盖应全部打开,以免设备内超压。蒸刷完毕,要采取逐渐减压缓慢停气,注意防止产生过量负压损坏设备。

3. 控制和消除清洗中的引火源

清洗用的电气设备如照明、通信器材、卷扬机和机泵等应符合防爆要求。工作人员不准穿化纤衣服,不准使用化纤绳索、化纤纱头,防止静电产生和积聚。引入储罐的气管、水管、蒸气管线及其喷嘴等的金属部分,以及用于排除油品的胶管和机械通风机等,都应与储罐作电气连接,并有可靠的接地。进行人工铲除污物时,应用木质、铜质、铝质等不产生火花的铲、刷、钩等工具。拆卸零部件时只允许用木槌敲打,不得使用金属工具硬撬硬砸。禁止在雷雨天进行储罐清洗作业。

4. 彻底清除可燃物质

地下卧式圆筒型储罐的清洗一般采用蒸气吹扫,挥发性强的可燃液体成分被汽化后可随蒸气流排出,其低挥发性的成分又可被蒸气冷凝液冲洗带出。通蒸气时间应为 6~

8 h。油罐清洗干净后,在罐面锈皮或鳞片的后面仍可能积存可燃物质,应对其进行清除,直至出现金属面为止。

油桶及类似容器,清除可燃物的方法有蒸气吹扫、水和脱脂剂蒸煮、充惰性气体等。向容器内吹扫蒸气的时间应根据容器大小与可燃物的量来定,应使容器的各部分都热到烫手,以及冲出的冷凝液不含油为止,一般吹入蒸气 2~3 h 才合格。水和脱脂剂蒸煮法是将容器、盖、塞子全部浸泡在沸水中,加入脱脂剂有助于清除高沸点残渣,也可先以石油溶剂冲洗一次,再进行蒸汽吹扫或沸水浸泡。采用惰性气体冲洗出可燃油品蒸气时,应在整个动火检修中备足惰性气体,一般采用钢瓶供给氮气或二氧化碳,也可使用干冰,清扫一个 180 L 油桶需用 0.5 kg 干冰。

清除机泵内、管组、过滤器、阀门、集油坑等处的残油,在特殊场合应用惰性气体或蒸气彻底处理后才能动火。

5. 注意清洗后废物的处理

从储罐、设备中清出的锈蚀杂渣,应及时运出罐区,作为垃圾埋掉,或在监控条件下烧掉。在清除含硫储液的沉积物时,应不断用水润湿。含硫沉积物取出后,必须趁湿运走和埋入土中。

清洗后的含油污水不可随意排入下水系统,应从储罐放水栓、排污孔排至通往隔油池或相应的污油回收设施的专门下水道内。采用化学清洗剂清洗后的废液应经过处理,如稀释、沉淀、过滤等使污染物浓度降低到允许的排放标准后排放,或经化学方法处理废液酸、碱性至符合排放标准后排放,或排入污水处理系统,统一处理后排放。

3.5 检修作业的防火防爆安全技术措施

检修是汽车加油站经常进行的作业,加油站设备的安装维修、技改更换,往往离不开动火作业。

1. 加强检修作业的安全管理

加油站设备检修应尽量采用冷加工检修法。必须采用动火检修的应严格执行有关动火的法律、法规,办理动火许可证。动火作业前,经本单位安全部门审批,并报当地公安消防机构备案;动火期间,消防安全责任人或消防安全管理人应到现场指挥,并指定安全监护人员进行监督,动火人员必须按动火审批的具体要求作业;制定针对性的防范措施,作业场所应增设消防器材,随时作好灭火准备。

未经批准、无监护人在场、防护措施不落实时,严禁进行动火作业。

2. 拆卸拿离设备、管道、附件至安全地方

在可能的情况下,尽量将禁火区内需要动火的能拆卸拿离的设备、管道及其附件,从主体上拆下来,拿到安全地方动火,作业完后再装回原处。但应注意拆离的设备、管道及其附件内积有油污或残渣的,仍应按规定和要求进行清洗。

对于不能停止作业的机泵,又不能将其移出泵房外,工作机泵工作时不得检修作业。

3. 隔离、遮盖、清理动火设备

将动火的设备、管道及其附件和相关联的运行系统作有效的隔离,如在管道上加堵盲板,加封头或拆掉一节管子等,隔绝液体物料或蒸气进入动火作业点。

凡是火花可能达到之处的易燃易爆物品应移至安全地方,不能转移的物品应严密遮盖,特别应注意高处作业安全,因电火花随风飘曳或碰到物体进行二次抛溅,溅落点很难判定。

有油污的设备或地面要擦拭清除。修理加油机、拆机泵、油气分离器和管道时,要防止物料流出,形成火灾隐患。在修理电气设备之前,必须把油气清除干净,防止电火花点燃可燃蒸气。

4. 分析、检测、控制可燃物含量

动火之前应进行气样分析,判断有无爆炸危险,或用测爆仪在人孔、测量孔等孔口,以及罐内低凹和容易积聚油气的死角处,检测油气浓度。特别要注意升降管、放油口、罐底焊缝不良处可能存积油污。检测最好用两台以上测爆仪同时进行,以防因测爆仪失灵出现假象。气体允许浓度以低于该物料爆炸下限的50%为合格。对测爆正常但未及时动火的设备,在开始动火之前仍需重新进行测查,以防意外。

在容器内检修动火作业,还需进行氧含量分析,氧含量应为 18%~21%,毒物含量应符合《工业企业设计卫生标准》(GBZ 1—2010)的规定。

5. 严格检修作业的安全操作

修理工必须按规定穿戴好劳动保护用品,储罐作业时不能多处动火,高处作业时不能上下同时动火。工作间歇时,焊枪应从罐内移出。不能将氧气、乙炔气瓶放在动火点下方,氧气瓶、乙炔瓶之间应有 5 m 以上的安全间距,与火源保持 10 m 以上的距离。氧气瓶内的剩余压力应不低于 0.15 MPa,防止乙炔压力大于氧气压力,乙炔通过焊炬、割炬的混合室倒灌到氧气瓶中发生爆炸。

6. 动火结束后清理现场

动火结束后,应关掉电源、气源,搬离动火设备,熄灭余火,由监护人员和动火人员共同对现场进行检查和清理,凡火花可能涉及到的地方都要进行仔细的检查,并要有人员留守观察一段时间,经消防安全责任人或消防安全管理人确定安全后方可离开。检修动火时间过长,中途休息离开时也要进行现场检查清理。

课后作业

1. 加油站罐车装卸作业的防火防爆安全技术措施有哪些?
2. 加油站加油作业的防火防爆安全技术措施有哪些?

3. 加油站设备清洗作业的防火防爆安全技术措施有哪些？

4. 加油站的火灾与爆炸事故风险预测和评估主要依据的标准是（　　）。

A.《爆炸性安全环境评价与最新防爆技术及设备选用维护标准》

B.《加油站设计规范》

C.《火灾危险性分类与评估标准》

D.《加油站安全管理规定》

5. 以下哪类火灾不能用水型灭火器、泡沫灭火器进行灭火？（　　）

A. A类火灾（含碳固体可燃物，如木材、棉毛、麻、纸张等燃烧的火灾）

B. B类火灾（液体，如汽油、煤油、柴油、甲醇等燃烧的火灾）

C. C类火灾（可燃烧气体，如煤气、天然气、甲烷等燃烧的火灾）

D. D类火灾（可燃的活泼金属，如钾、钠、镁等可燃物的火灾）

6. 加油站应安装哪些设施来防止雷电引起的火灾？（　　）

A. 避雷针　　　　B. 接地装置　　　　C. 防火墙　　　　D. 防爆阀

任务 4 机场防火与防爆

随着经济建设的高速发展,飞机已成为人们出行的重要交通工具。飞行运输客流量和机场数量的持续增加,对机场安全保障工作提出了更高的要求。

根据不同的火灾危险性,对机场不同分区的防火设计提出不同要求,可使建筑的防火设计既利于节约投资,又利于确保安全。

4.1 建筑物构件的燃烧性能和耐火极限

4.1.1 建筑材料的燃烧性能及分级

在建筑物中使用的材料统称为建筑材料。建筑材料的燃烧性能是指其燃烧或遇火时所发生的一切物理和化学变化,这项性能由材料表面的着火性和火焰传播性、发热、发烟、炭化、失重,以及毒性生成物的产生等特性来衡量。我国国家标准《建筑材料及制品燃烧性能分级》(GB 8624—2012)将建筑材料的燃烧性能分以下几种等级:

A 级:不燃性建筑材料;B1 级:难燃性建筑材料;B2 级:可燃性建筑材料;B3 级:易燃性建筑材料。

4.1.2 建筑构件的燃烧性能

建筑物是由建筑构件组成的,诸如基础、墙壁、柱、梁、板、屋顶、楼梯等建筑构件由建筑材料构成,其燃烧性能取决于所使用建筑材料的燃烧性能,我国将建筑构件的燃烧性能分为三类。

1. 不燃烧体(非燃烧体)

金属、砖、石、混凝土等不燃性材料制成的构件,称为不燃烧体(以前也称非燃烧体)。这种构件在空气中遇明火或高温作用下不起火、不微燃、不炭化。例如,砖墙、钢屋架、钢筋混凝土梁等构件都属于非燃烧体,常被用作承重构件。

2. 难燃烧体

用难燃性材料制成的构件或用可燃材料制成而用不燃性材料作保护层制成的构件。其在空气中遇明火或在高温作用下难起火、难微燃、难炭化,且当火源移开后燃烧和微燃立即停止,如沥青混凝土、水泥刨花板等。

3. 燃烧体

用可燃性材料制成的构件。这种构件在空气中遇明火或在高温作用下会立即起火或发生微燃,而且当火源移开后,仍继续保持燃烧或微燃。例如,木柱、木屋架、木梁、木楼梯、木格栅、纤维板吊顶等构件都属于燃烧体构件。

4.1.3 建筑构件的耐火极限

1. 耐火极限的概念

建筑构件的耐火极限是指构件在标准耐火试验中,从受到火的作用时起,到失去稳定性、完整性或绝热性能的这段抵抗火作用的时间,一般以小时计。

建筑物发生火灾时,其内部的温度是随着时间变化的。对构件进行标准耐火试验,测定其耐火极限是通过燃烧试验炉进行的。耐火试验采用明火加热,使试验构件受到与实际火灾相似的火焰作用。为了模拟一般室内火灾的全面发展阶段,试验时,炉内温度随时间推移而上升并按下列关系式控制:

$$T - T_0 = 345\lg(8t + 1) \tag{7-1}$$

式中 t——试验经历的时间;

T——在 t 时间时的炉内温度,℃;

T_0——试验开始时的炉内温度,℃,T_0 应为 5~40 ℃。

对任一建筑构件进行耐火实验,从受到火的作用时起,到失去支持能力或完整性被破坏或失去绝热作用时止的这段时间称为耐火极限,以小时(h)表示。

2. 耐火极限的判定条件

耐火极限的判定条件:失去完整性;失去绝热性;失去承载能力和抗变形能力。

3. 影响耐火极限的因素

(1)材料的燃烧性能。材料的燃烧性能好,构件耐火极限就低。

(2)构件的截面尺寸。构件的截面尺寸大,构件的耐火极限就高。

(3)保护层的厚度。构件的保护层厚,构件的耐火极限就高。

4.2 防火间距

所谓防火间距就是当一幢建筑物起火时,其他建筑物受热辐射的作用,没用任何保护措施时,不会起火的最小距离。

1. 影响防火间距的因素

火灾不仅能在建筑物内部蔓延,而且还可能向相接甚至相隔一段距离的建筑物蔓延,造成火灾蔓延的主要因素有以下几种:

(1)辐射热。辐射热是影响防火间距的主要因素,辐射热的传导作用范围较大,在火场上火焰温度越高,辐射热强度越大,引燃一定距离内的可燃物时间也越短。辐射热伴随着热对流和飞火则更危险。

(2)热对流。这是火场冷热空气对流形成的热气流,热气流冲出窗口,火焰向上升腾而扩大，火势蔓延。由于热气流离开窗口后迅速降温，故热对流对邻近建筑物来说影响较小。

（3）建筑物外墙开口面积。建筑物外墙开口面积越大，火灾时在可燃物的质和量相同的条件下，由于通风好、燃烧快、火焰强度高，辐射热强，相邻建筑物接受辐射热也较多，容易引起火灾蔓延。

（4）建筑物内可燃物的性质、数量和种类。可燃物的性质、种类不同，火焰温度也不同。可燃物的数量与发热量成正比，与辐射热强度也有一定关系。

（5）风速。风的作用能加强可燃物的燃烧并促使火灾加快蔓延。

（6）相邻建筑物高度的影响。相邻的两栋建筑物，当较低的建筑着火，尤其当火灾发生时它的屋顶结构倒塌，火焰蹿出时，对相邻的较高的建筑危险很大。因此，较低建筑物对较高建筑物的辐射角在30°～45°时，辐射热强度最大。

（7）建筑物内消防设施的水平。如果建筑物内火灾自动报警和自动灭火设备完整，不但能有效地防止和减少建筑物本身的火灾损失，而且还能减小对相邻建筑物蔓延的可能。

（8）灭火时间的影响。火场中的火灾温度随燃烧时间有所增长。火灾延续时间越长，辐射热强度也会越大，对相邻建筑物蔓延的可能性越大。

2. 确定防火间距的基本原则

影响防火间距的因素很多，除考虑建筑物的耐火等级、建（构）筑物的使用性质、生产或储存物品的火灾危险性等因素外，还应考虑到消防人员能够及时到达并迅速扑救这一因素。通常根据下述情况确定防火间距：

（1）热辐射的作用。火灾资料表明，一、二级耐火等级的低层民用建筑，保持7～10 m 的防火间距，在有消防队进行扑救的情况下，一般不会蔓延到相邻的建筑物。

（2）灭火作战的实际需要。建筑物的建筑高度不同，需使用的消防车也不同。对低层建筑，普通消防车即可；而对高层建筑，则还要使用曲臂、云梯等登高消防车。为此，考虑登高消防车操作场地的要求，也是确定防火间距的因素之一。

（3）节约用地。在进行总平面规划时，既要满足防火要求，又要考虑节约用地。在有消防扑救的条件下，应以能够阻止火灾向相邻建筑物蔓延为原则。

4.3　防烟技术

烟气是物质燃烧和热解的产物。火灾过程所产生的气体、剩余空气和悬浮在气体中的微粒的总和称为烟气。

4.3.1　防火和防烟分区

1. 防烟分区的概念

防烟分区是为有利于建筑物内人员安全疏散与有组织排烟而采取的技术措施。防烟分区使烟气集于设定空间，通过排烟设施将烟气排至室外。其目的在于：为安全疏散创造有利条件；为消防扑救火灾创造有利条件；控制火势蔓延扩大，减小火灾造成的损失。

防烟分区范围是指以屋顶挡烟隔板、挡烟垂壁或从顶棚向下突出不小于 500 mm 的梁为界，从地板到屋顶或吊顶之间的规定空间。

屋顶挡烟隔板是指设在屋顶内，能对烟和热气的横向流动造成障碍的垂直分隔体。挡烟垂壁是指用不燃烧材料制成，从顶棚下垂不小于 500 mm 的固定或活动的挡烟设施。活动挡烟垂壁系指火灾时因感温、感烟或其他控制设备的作用，自动下垂的挡烟垂壁。

2. 防烟分区的作用

大量资料表明，火灾现场人员伤亡的主要原因是烟害。发生火灾时首要任务是把火场上产生的高温烟气控制在一定的区域之内，并迅速排出室外。为此，在设定条件下必须划分防烟分区。设置防烟分区主要是保证在一定时间内，使火场上产生的高温烟气不致随意扩散，并进而加以排除，从而达到有利于人员安全疏散，控制火势蔓延和减小火灾损失的目的。

3. 防烟分区的设置原则和方法

设置防烟分区时，如果面积过大，会使烟气波及面积扩大，增加受灾面，不利于安全疏散和扑救；如果面积过小，不仅影响使用，还会提高工程造价。一般遵循如下原则：不设排烟设施的房间（包括地下室）和走道，不划分防烟分区；防烟分区不应跨越防火分区；对有特殊用途的场所，如地下室、防烟楼梯间、消防电梯、避难层等，应单独划分防烟分区；防烟分区一般不跨越楼层，某些情况下，如 1 层面积过小，允许包括 1 个以上的楼层，但以不超过 3 层为宜；每个防烟分区的面积，对于高层民用建筑和其他建筑（含地下建筑和人防工程），其建筑面积不宜大于 500 m^2；当顶棚（或顶板）高度在 6 m 以上时，可不受此限制。此外，需设排烟设施的走道、净高不超过 6 m 的房间应采用挡烟垂壁、隔墙或从顶棚突出不小于 0.5 m 的梁划分防烟分区，梁或垂壁至室内地面的高度不应小于 1.8 m。

防烟分区一般根据建筑物的种类和要求不同，可按其用途、面积、楼层划分。

4.3.2　防烟方式

防烟方式归纳起来有非燃化防烟、密闭防烟、阻碍防烟和加压送风防烟几种方式：

1. 非燃化防烟

防烟的基本做法首先是非燃化。非燃化防烟是从根本上杜绝烟源的一种防烟方式。关于非燃化的问题，各国都制定了专门的法规或规范，对包括建筑材料、室内家具材料以及各种管道及其保温绝热材料在内的各种材料的燃化都做了明确规定，特别是对那些特殊建筑、大型建筑、地下建筑等场所，要求是非常严格的。非燃烧材料的特点是不容易发烟，即不燃烧且发烟量很少，所以非燃材料可使火灾时产生的烟气量大大减少，烟气光学浓度大大降低。

2. 密闭防烟方式

对发生火灾的房间实行密闭防烟也是防烟的一种基本方式，其原理是采用密封性能很好的墙壁等将房间封闭起来，并对进出房间的气流加以控制。房内一旦起火，一般可杜绝新鲜的空气流入，使着火房间内的燃烧因缺氧而自行熄灭，从而达到防烟灭火的目的。

这种方式一般适用于防火分区容易分得很细的住宅公寓、旅馆等，并优先用于容易发生火灾的房间，如灶房等。这种方式的优点是不需要动力，而且效果很好；缺点是门窗等经常处于关闭状态，使用不方便，而且发生火灾时，如果房间内有人需要疏散，仍将引起漏烟。

3. 阻碍防烟方式

在烟气扩散流动的路线上设置各种阻碍，以防止烟气继续扩散的方式称为阻碍防烟方式。这种方式常常用在烟气控制区域的交界处，有时在同一区域内也采用。防烟卷帘、防火门、防火阀、防烟垂壁等都是这种阻碍结构。

4. 机械加压防烟方式

在建筑物发生火灾时，对着火区以外的区域进行加压送风，使其保持一定的正压，以防止烟气侵入的防烟方式称为加压防烟。因为加压区域和非加压区域之间有若干常规的挡烟物，如墙壁、楼板及门窗等，挡烟物两侧的压力差可有效地防止烟气通过门窗周围的缝隙和围护结构缝隙渗漏过来。发生火灾时，由于疏散和扑救的需要，加压区域之间的门总是要打开的，或者是在疏散期间打开，或者是在整个火灾期间打开。如果敞开门洞处的气流速度方向与烟气流向相反，当气流速度达到一定值时，仍能有效阻止烟气，即阻止烟气向非加压的着火区流动。

加压防烟方式的优点是能有效地防止烟气侵入所控制的区域，而且由于送入大量的新鲜空气，特别适合于作为疏散通道的楼梯间、电梯间及前室的防烟。

4.3.3 排烟方式

4.3.3.1 自然排烟方式

自然排烟是利用火灾产生的烟气流的浮力和外部风力作用，通过建筑物的对外开口把烟气排至室外的排烟方式，实质是热烟气和冷空气的对流运动。在自然排烟时，必须有冷空气的进口和热烟气的排出口。烟气排出口可以是建筑物的外窗，也可以是专门设置在侧墙上部的排烟口。对高层的建筑来说，曾一度采用专用的通风排烟竖井。在平时，由于建筑物内空气温度一般比室外高，产生浮力，使气流上升，便于房间排气；发生火灾时，由于室内温度较大幅度上升，室内外温差较大，形成烟囱效应，成为排烟的一种动力，常称为烟塔排烟方式。这种方式由于利用了竖井的"烟囱效应"，产生抽风力，所以排烟效果好，它不受室外条件的影响，而且设备简单，不需要动力。如果考虑了竖井的耐热问题，可排除较高温度的烟气，因此得到了一定的应用。这种方式的主要缺点是占地面积大。

4.3.3.2　机械排烟方式

1.　全面通风排烟方式

在对房间利用排烟机进行机械排烟的同时利用送风机进行机械送风，这种方式称为全面通风排烟方式。由于这种机械排烟方式给控制区送入了大量的新鲜空气，为避免产生助燃的影响，它不适用于着火区，可用于非着火的有烟区。系统运行时可使系统的送风量稍大于排烟量，使控制区稍微正压。这种方式的优点是防烟排烟效果好，而且稳定，不受任何气象条件的影响，从而确保控制区域的安全；缺点是需要送、排风两套机械设备，投资较高，耗电量也较大。

2.　负压机械排烟方式

利用排烟机把着火房间中产生的烟气通过排烟口排到室外的排烟方式称为负压排烟方式。在火灾发展初期，这种排烟方式能使着火房间内压力下降，造成负压，烟气不会向其他区域扩散。但火灾猛烈发展阶段，由于烟气大量产生，排烟机如果来不及把其完全排除，烟气就可能扩散到其他区域中去；另外排烟机要求能承受高温烟气，而且还需要设防火阀，在超温时自动关闭停止排烟，所以这种方式不仅投资高，而且日常维护管理费用也高。

4.3.3.3　喷雾水流排烟

喷雾水流排烟是一种既方便又有效的排烟手段和方法。这种方法既有利于灭火，又能净化空气，还能减轻烟气对消防员的危害。使用时的一般要求是，选择在进风口的一面设置喷雾水枪，下风口的一面为排烟口，并注意在排烟口附近设置一定水枪保护，方可实施排烟。喷雾水流排烟的技术要求比较高。在走廊内排烟时，喷雾水流应将走廊的截面积全部遮住，阻止烟气的倒流；排烟时应逐步推进。在房间内排烟时，应以房间的入口处作喷雾前端，要求在能全部覆盖入口的位置上固定水枪，进入室内要注意形成负压，以防烟火倒流。如在面积较大的空间排烟时，应充分利用防火分隔物，依托防火分隔物缩小进风口横截面积，然后喷射水流。对于排烟一侧，须将开口部位全部开放。

4.3.4　隔烟设施

在防烟分区的区域边界上设置烟气阻隔设施，形成围挡，使烟气不能越过阻碍物继续流动。在火灾发展初期，烟气阻隔设施对阻止烟气的水平扩散十分有效。若及时启动排烟装置，烟气可以有效地控制在该区域；若不能及时排烟，烟气越聚越多，烟气层厚度增大，将越过阻隔装置向外扩散。用于阻隔烟气水平方向扩散的装置有挡烟垂壁和挡烟梁两类。挡烟垂壁通常有防烟卷帘、活动式挡烟板、固定式挡烟板等。

4.4 安全疏散

4.4.1 民用机场建筑安全疏散

（1）航站楼应根据其内部各功能区的建筑高度、建筑面积、人员分布和可燃物分布情况等因素，合理设置疏散楼梯等安全出口、疏散走道和疏散指示标志等。

（2）航站楼内每个房间的疏散门不应少于 2 个；建筑面积不大于 50 m² 的房间，可设置 1 个疏散门。

（3）航站楼内每个防火分区的安全出口不应少于 2 个，各防火分区的安全疏散可利用通向相邻防火分区的防火门作为安全出口。集中布置且建筑面积大于 500 m² 的办公区，至少应有 1 个直通室外的安全出口。当地下、半地下室利用相邻防火分区之间防火墙上设置的甲级防火门作为安全出口时，每个防火分区至少应设置 1 个直通室外或避难走道的安全出口或直通室外的疏散楼梯间。

（4）自动扶梯和电梯不应计作安全疏散设施。航站楼通向高架桥的门可作为安全出口。

（5）公共区内任一点均应有 2 条不同方向的疏散路径，公共区内任一点至最近安全出口的直线距离不应大于 40.0 m。当公共区的净空高度大于 15.0 m 时，其内部任一点至最近安全出口的最大直线距离可为 60.0 m。

（6）在非公共区内，房间内任一点到该房间疏散门的距离不应大于 15.0 m。位于两个安全出口之间的疏散门至最近安全出口的距离不应大于 40.0 m，位于袋形走道两侧或尽端的疏散门至最近安全出口的距离不应大于 22.0 m。

（7）航站楼内的疏散走道、安全出口、疏散楼梯和房间疏散门的各自总宽度应根据其设计疏散人数经计算确定，每层疏散走道、安全出口、疏散楼梯和房间疏散门的每百人净宽度不应小于表 7-2 的规定；当每层人数不等时，疏散楼梯的总宽度可分层计算，地上部分下层楼梯的总宽度应按其上层人数最多一层的人数计算；地下部分上层楼梯的总宽度应按其下层人数最多一层的人数计算。

（8）航站楼各功能区内的疏散人数应根据该区域的建筑面积和人员密度经计算确定，不同功能区的人员密度不应小于表 7-3 的规定。

表 7-2　疏散通道、安全出口、疏散楼梯和房间疏散门的每百人净宽　　　单位：m

建筑层数	净宽度
地上一、二层	0.65
地上三层	0.75
地上四层及四层以上	1.00
与地面出入口地面的高差不超过 10.0 m 的地下、半地下室	0.75
与地面出入口的高差超过 10.0 m 的地下、半地下室	1.00

表 7-3　航站楼内不同区域人员密度　　　　　　　　　　单位：人/m²

功能区	人员密度
出发区	0.45
安检区	1.0
候机区	0.5
到达区	0.1
行李提取区	0.6
非公共区及其他机场服务人员的工作场所	按核定人数确定

根据《建筑防火设计规范》的要求，候机楼安全出口的数目不应少于两个。地下或半地下厂房(包括地下或半地下室)，当有多个防火分区相邻布置，并采用防火墙分隔时，每个防火分区可利用防火墙上通向相邻防火分区的甲级防火门作为第二安全出口，但每个防火分区必须至少有 1 个直通室外的独立安全出口。当各层人数不相等时，其楼梯总宽度应分层计算，下层楼梯总宽度按其上层人数最多的一层人数计算，但楼梯最小宽度不宜小于 1.1 m。

底层外门的总宽度应按该层或该层以上人数最多的一层人数计算；但疏散门的最小宽度不宜小于 0.9 m；公共区的疏散楼梯净宽度不宜小于 1.4 m。

4.4.2　疏散走道与避难走道

疏散走道贯穿整个安全疏散体系，是确保人员安全疏散的重要因素。其设计应简洁明了，便于寻找、辨别，避免布置成"S"形、"U"形或袋形。

4.4.2.1　疏散走道

疏散走道是指发生火灾时，建筑内人员从火灾现场逃往安全场所的通道。疏散走道的设置应保证逃离火场的人员进入走道后，能顺利地继续通行至楼梯间，到达安全地带。

疏散走道的设置，应满足以下要求：

（1）走道应简洁，并按规定设置疏散指示标志和诱导灯。

（2）在 1.8 m 高度内不宜设置管道、门垛等凸出物，走道中的门应向疏散方向开启。

（3）尽量避免设置袋形走道。

（4）疏散走道在防火分区处应设置常开甲级防火门。

4.4.2.2　避难走道

避难走道是指采用防烟措施且两侧设置耐火极限不低于 3.00 h 的防火隔墙，用于人员安全通行至室外的走道。

避难走道的设置应符合下列规定：

（1）避难走道楼板的耐火极限不应低于 1.50 h。

（2）避难走道直通地面的出口不应少于 2 个，并应设置在不同方向；当走道仅与 1 个防火分区相通且该防火分区至少有 1 个直通室外的安全出口时，可设置 1 个直通地面的出口。任一防火分区通向避难走道的门至该避难走道最近直通地面的出口距离不应大于 60 m。

（3）避难走道的净宽度不应小于任一防火分区通向该避难走道的设计疏散总净宽度。

（4）避难走道内部装修材料的燃烧性能应为 A 级。

（5）防火分区至避难走道入口处应设置防烟前室，前室的使用面积不应小于 6.0 m，开向前室的门应采用甲级防火门。前室开向避难走道的门，应采用乙级防火门。

（6）避难走道内应设置消火栓、消防应急照明、应急广播和消防专线电话。

4.4.2.3　火场逃生

一场火灾降临，能否逃生，固然与火势大小，起火时间，楼层高度，建筑物内有无报警、排烟、灭火设施等因素有关，然而最的因素还是与受灾者的自救能力以及是否懂得逃生步骤和方法有关。能够火海逃生的原因不外乎两条：科学的逃生自救方法和良好的心理素质。

1. 火场致死因素

火灾中致人死亡的因素主要有 4 种，即有毒气体（特别是一氧化碳）、缺氧、烧伤和吸入烟气。根据统计资料，火灾中死亡的人员有 80% 以上不是直接被火烧死的，而是由于烟气（有毒气体、热气等）的危害造成的。

2. 火场逃生基本原则

财物诚可贵，生命价更高。火场逃生要迅速，动作越快越好，切不要为穿衣服或寻找贵重物品而延误时间，要树立"时间就是生命"和"逃生第一"的思想。

就近就便，因地制宜。疏散走道贯穿整个安全疏散体系，是确保人员安全疏散的重要因素。其设计应简洁明了，便于寻找、辨别，避免布置成"S"形、"U"形或袋形。

互相帮助，有序疏散。在火灾现场，每个人不仅应该想到使自己尽快疏散，还要积极帮助老、弱、病、残、妇女、儿童等有秩序地疏散，切忌乱作团而导致通道堵塞，酿成大祸。

3. 火场逃生方式

居安思危，未雨绸缪。首先要了解和熟悉自己工作、学习或居住的建筑物的结构及逃生路径。当你身处陌生的环境，如进入酒店、商场、娱乐场所时，也要留意疏散通道和安全出口的方位，一旦发生火灾，你就不会"走投无路"了。

清理通道，敞开出口。楼梯、通道、安全出口等是火灾发生时逃生的必经之路，将其堵塞无疑是自断后路。应清理所处建筑的通道和出口，保证这些地方随时畅通无阻。切不可为防盗而在出口处设闸上锁。

速灭小火，免酿大灾。火灾最容易被遏制的时候是它的初起阶段。如果发现火势不大，尚未对人造成很大威胁，周围又有足够的消防器材，如灭火器、消火栓的时候，应集中力量迅速将火扑灭。千万不能置小火于不顾而酿成大灾。

不贪财物，不履险地。人的生命是最重要的，身处险境，应尽快撤离，不要因害羞或贪恋贵重物品，而把宝贵的逃生时间浪费在穿衣或抢救贵重物品上。

明辨方向，迅速撤离。面对浓烟烈火，一定要让自己保持镇静。这样才能迅速辨明危险地带和安全地带，从而采取正确的逃生路线和方法。千万不要盲目地跟从人流，更不要乱冲乱窜。要尽量往低楼层跑（特殊情况除外），若通道已被烟火封阻，则应背向烟火方向离开，通过阳台、气窗、天台等往室外逃生。

蒙鼻避烟，匍匐前进。从火场逃生时往往会经过充满烟雾的路段，这时防烟就十分重要。毛巾、口罩都是防止烟气的好东西，而贴近地面匍匐撤离也是避免吸入烟气的好方法。如果必须穿越烟火封锁区，则应佩戴防毒面具、头盔、阻燃隔热服等护具；没有这些护具时，可向头部、身上浇冷水或用湿毛巾、湿棉被、湿毯子等将头、身裹好，再冲出去。

善用通道，莫入电梯。发生火灾时，要根据情况选择相对较为安全的楼梯通道撤离。紧急情况下，还可以通过阳台、窗台、屋顶等转移到附近的安全地点或是沿着水管、避雷线等建筑结构中的凸出物脱险。由于电梯的供电系统在火灾中会随时断电，且电梯井会形成"烟囱效应"直接威胁被困人员的生命，因此，千万不能乘普通电梯逃生。

滑绳自救，缓降逃生。高层、多层的公共建筑物内一般都配有高空缓降器或救生绳，被火灾围困的人员可以通过这些设施逃离危险楼层。如果没有这些专门设施，而安全通道又被封堵，你可以用绳索或床单、窗帘、衣服等自制简易救生绳，并用水打湿，沿绳缓慢滑到下面楼层或地面安全逃生。

暴露自己，寻求援助。被烟火围困暂时无法逃离的人员，应尽量待在阳台、窗口等易于被人发现和能暂时避免烟火近身的地方。在白天，可以向窗外晃动颜色鲜艳的衣物，或向外抛质量较轻的东西；在晚上可用发光的东西在窗口不停闪动或敲击东西，及时发出有效的求救信号，引起救援者的注意。在被烟气窒息失去自救能力前，应努力滚到墙边或门边，便于消防人员寻找、营救；此外，滚到墙边也可防止房屋结构塌落砸伤自己。

跳楼有术，减损求生。首先应强调的是：只有消防员准备好救生气垫并指挥跳楼或楼层不高（一般3层以下），同时，不跳楼就会马上丧生的情况下，才能采取跳楼逃生；即便已没有任何退路，若生命还未受到严重威胁，也要冷静地等待救援。迫不得已跳楼时，应尽量往救生气垫中部跳或往水池、软雨篷、草地等方向跳；如有可能，要尽量抱些棉被、沙发垫等松软物品或打开大雨伞跳下，以减缓冲击力；如果徒手跳楼，一定要扒住窗台或阳台边缘使身体自然下垂后才跳下，以尽量降低垂直距离；落地前要用双手抱紧头部，身体弯曲蜷成一团，以减少伤害。再次重申，跳楼会对身体造成一定伤害，须慎之又慎"只有绝望的人，没有绝望的处境"，面对滚滚的浓烟和熊熊的烈焰，只要冷静机智地运用火场自救与逃生知识，往往就能绝处逢生。

4.5 机场易燃易爆违禁品检查

1. 民航安全检查意义

机场货站危险品火灾爆炸风险辨识

民航安全检查简称民航安检,是指在民用机场实施的为防止劫(炸)飞机和其他危害航空安全事件的发生,保障旅客、机组人员和飞机安全所采取的一种强制性的空防安全技术性检查。

民航安全技术检查,是民航空防安全保卫工作的重要组成部分;是国务院民用航空主管部门授权的专业安检队伍,为保障航空安全,依照国家法律法规对乘坐民航班机的中、外籍旅客及物品以及航班货物、邮件进行公开的安全技术检查,防范劫持、爆炸民航班机和其他危害航空安全的行为,保障国家和旅客生命财产安全,具有强制性和专业技术性。

乘坐民航飞机的旅客在登机前必须接受人身和行李安全检查,这也是为了保证旅客自身安全和民用航空器在空中飞行安全所采取的一项必要措施。在登机前,须提前办理刀具类生活用品托运手续。而根据中国民航局最新颁发的规定,液体、打火机等物品也归入禁止随身携带的物品。

安检要求:

(1)安全检查事关旅客人身安全,所以旅客都必须无一例外地经过检查后,才能允许登机,安全检查不存在任何特殊的免检对象。

(2)安全检查的内容主要是检查旅客及其行李物品中是否携带枪支、弹药、易燃、易爆、腐蚀、有毒放射性等危险物品,以确保航空器及乘客的人身、财产安全。

(3)航站楼内的安检措施十分严格,乘客所有随身物品和行李都先要经过 X 光机检查,乘客也须走过金属探测器,以防有心人士携带武器劫机。

(4)为使安全检查达到预期效果,必须做好充分准备,即思想和业务上的准备,主要是发动群众,开展群众性的自检自查。

2. 机场违禁品、危险化学品的概念及分类

"违"本意指不遵照、不依从,"违禁"就是违反禁令。违禁物品就是指违反有关部门的法律、法规规定,制造、运输、出售、携带的物品。在不同的单位、不同的场合,所指的违禁物品并不相同。本章所阐述的违禁物品是指为了保障航空安全,由国务院或公安部、民航局制定的有关法律、法令、通告和内部规定中,明文规定禁止旅客随身带上飞机或在托运行李物品中夹带上飞机的物品。根据有关法律、法令、通告和内部规定,一般把违禁物品分成 11 类:

(1)枪支和警械。

(2)弹药和爆炸物品。

(3)管制刀具。

(4)管制刀具以外的利器或钝器。

(5)易燃易爆物品。

（6）毒害品。

（7）氧化剂。

（8）腐蚀物品。

（9）放射性物品。

（10）易传播病毒的物品。

（11）其他危害民用飞机飞行安全的危险物品。

在公安部、民航局（1981年7月）的文件中，对严禁登机旅客随身携带的物品做了明确规定。除特许者外，严禁旅客随身携带下列物品乘坐飞机：

（1）枪支和警械。各种类型的军用、民用枪支，包括气枪、运动枪、猎枪、信号枪、麻醉注射枪、样品枪和逼真的玩具枪等。各种警械，包括电警棍、电击器、催泪剂喷射器等。

（2）弹药和爆炸物品。炸弹、手榴弹、子弹、照明弹、训练弹、炸药、火药、引信、雷管、导火索、导爆索及其他爆炸物品和纵火器材。

（3）管制刀具。匕首、刺刀、三棱刀（包括机械加工用的三棱刮刀），带有自锁装置的弹簧刀（跳刀）以及其他属于管制刀具的单刃、双刃、三棱刀。

（4）管制刀具以外的利器或钝器。菜刀、大剪刀、大水果刀、大餐刀、工艺品刀、剑，文艺体育单位表演用刀、剑、矛、叉、棍，少数民族生活用的佩刀、佩剑、斧子、短棍，加重或有尖钉的手杖、铁头登山杖，以及其他被认为可能危害航空安全的各种器械。

（5）易燃易爆物品。酒精、煤油、汽油、硝化甘油、硝铵、松香油、橡胶水、油漆；白酒、丁烷液化气罐及其他瓶装压缩气体和液化气体，硫化磷、镁粉、铝粉、闪光粉、黄磷、硝化纤维胶片、金属钠、金属钾、烟花、鞭炮等。

（6）毒害品。氰化钾、砷、有毒农药、氯气、有害化学试剂、灭鼠药剂等各种有机、无机毒品。

化学品指由各种化学元素组成的化合及混合物（无论是天然的还是人造的）。化学品中具有爆炸、易燃、毒害、腐蚀、放射性等性质，容易造成人身伤亡和财产损毁而需特别防护的物质称为危险化学品。

目前常见的危险化学品有数千种，其性质各不相同，每种危险化学品往往具有多种危险性。但是在多种危险性因素中，通常有一种主要的即对人类危害最大的危险性因素。因此，在对危险化学品分类时，应掌握"择重归类"的原则，根据化学品的主要危险性来进行分类。

国家标准《化学品分类和危险性公示 通则》（GB 13690—2009），按主要危险特性把危险化学品分为八类，并规定了常用危险化学品的包装标志：二十七种（主标志十六种，副标志十一种）。

第一类：爆炸品。

第二类：压缩气体和液化气体。

第三类：易燃液体。

第四类：易燃固体、自燃物品和遇湿易燃物品。
第五类：氧化剂和有机过氧化物。
第六类：有毒品。
第七类：放射性物品。
第八类：腐蚀品。

4.6 机场火灾爆炸事故应急救援预案

机场火灾爆炸应急处置

4.6.1 机场应急救援概念与意义

机场应急属于航空交通灾害危机管理范畴，根本目的是在航空交通灾害及其他影响机场运行的紧急事件临近或已发生时，如何在有效时间内采取救援行动，尽量减少生命和财产损失，适用于灾害临近或已发生时的管理。理想的和绝对的安全是难以达到或者根本无法实现的。当事故或灾害不可避免时，有效的应急救援行动是唯一可以抵御事故或灾害蔓延并减缓危害后果的有力措施。在防范事故工作中，主动预测可能发生的重大事故，制订相应的事故应急救援预案，建立和完善安全应急救援体系，一旦在重大安全事故发生时，就能够沉着应对，及时采取必要的措施，按照正确的方法和程序对事故进行快速响应与有效控制，救助和疏散人员，最大限度地减少损失，降低事故的危害后果。

4.6.2 应急救援制定原则

应急救援计划的制定是应急救援的核心，对有效实施救援工作有重要的指导意义。制定应遵循如下原则：

（1）应当考虑极端的冷、热、雪、雨、风及低能见度的天气，以及机场周围的水系、道路、凹地。

（2）应当根据互助协议的内容明确规定应急救援互助单位的权利和义务。

（3）参与救援工作的单位应当根据机场应急救援计划制定本单位的应急救援实施预案，内容包括参加救援的人员构成、信息传递、通信联络、职责、处置步骤及救援设备清单。

（4）报民航上级部门审批，并征求当地人民政府意见。

4.6.3 编制事故应急救援预案

1. 编制目的

为了有效应对各类与民用航空运输相关的突发事件，充分整合机场地区应急资源，建立健全应急工作机制，明确责任，加强各驻场单位间的协调，提高针对机场突发事件应急处置能力，保证应急处置工作迅速、有效、协调、统一地进行，最大限度地减少人员伤亡及财产损失，保障机场公共安全，编制本预案。

2. 编制依据

依据《中华人民共和国安全生产法》《中华人民共和国突发事件应对法》《中华人民共和国航空法》《中华人民共和国搜寻救援民用航空器规定》《民用机场管理条例》等。

3. 应急预案的编制步骤

（1）成立工作组。结合本单位部门职能分工，成立以单位主要负责人为领导的应急预案编制工作组，明确编制队伍、职责分工，制定工作计划。

（2）资料收集。收集应急预案编制所需的各种资料。

（3）危险源与风险分析。在危险因素分析及事故隐患排查、治理的基础上，确定本单位的危险源、可能发生事故的类型和后果，进行事故风险分析，并指出事故可能产生的次生事故，形成分析报告，分析结果作为应急预案的编制依据。

（4）应急能力评估。对本单位应急装备、应急队伍等应急能力进行评估，并结合本单位实际，加强应急能力建设。

（5）应急预案编制。针对可能发生的事故，按照有关规定和要求编制应急预案。应急预案编制过程中，应注重全体人员的参与和培训，使所有与事故有关人员均掌握危险源的危险性、应急处置方案和技能。应急预案应充分利用社会应急资源，与地方政府应急预案、上级主管单位以及相关部门的应急预案相衔接。

（6）应急预案的评审与发布。评审由本单位主要负责人组织有关部门和人员进行。外部评审由上级主管部门或地方政府负责安全管理的部门组织审查。评审后，按规定报有关部门备案，并由生产经营单位主要负责人签署发布。

4. 工作原则

（1）以人为本、安全第一。保护人民的生命安全和身体健康及财产，最大限度地减少事故造成的人员伤亡和伤害为首要任务，切实加强应急救援的有效性，充分发挥应急救援队伍的作用。

（2）统一领导、分级负责。在上级部门的统一领导下，各成员单位按照各自的职责和权限，负责相关事故的应急管理和应急处置工作，认真履行职责，建立安全事故应急机制。

（3）预防为主、防治结合。贯彻落实"安全第一、预防为主、综合治理"的方针，坚持事故应急与防治工作相结合，做好预防、预测、预警和预报工作，做好常态下的风险评估、物资储备、队伍建设、装备完善、预案演练等工作。

4.6.4 现场（内部）事故应急救援预案

现场事故应急救援预案由本单位制定，主要依据或参照相关导则进行编写。内容主要包括：

（1）单位基本情况。

（2）危险目标及其危险特性，危险目标对周围的影响。

（3）危险目标周围可利用的安全、消防、个体防护的设备、器材及其分布。

（4）营救救援组织机构、组成人员和职责划分。

（5）报警、通信联络方式。

（6）事故发生后应采取的处理措施。

（7）人员紧急疏散、撤离。

（8）危险区的隔离。

（9）检测、抢险、救援及控制措施。

（10）受伤人员现场救护、救治与医院救治。

（11）现场保护与现场洗消。

（12）应急救援保障。

（13）预案分级响应条件。

（14）事故应急救援终止程序。

（15）演练计划。

（16）附件等。

现场预案包含总体预案和各危险单元预案。通常应包含针对重大危险源的预案，针对关键装置、重点部位的预案，针对不同事故类型的预案。

4.6.6　现场（外部）事故应急救援预案

场外预案由县级以上地方各级人民政府组织有关部门制定。场外预案的主要内容包括：

（1）应急救援信息。在应急救援体系中，针对各类重大危险源建立相应的专家组。专家组应对区域内潜在重大危险的评估、应急救援资源的配备、事态及发展趋势的预测、应急力量的重新调整和部署、个人防护、公众疏散、抢险、监测、清消、现场恢复等行动提出决策性的建议。

（2）医疗救治。应与医疗救治组织建立畅通的联系渠道，制定抢救措施，储备一定的医疗物资。

（3）抢险救援。场外预案，应与应急消防队、专业抢险队、部队防化兵和工程兵等，建立联系方式并确定调度方案。

（4）监测。环保监测部门、卫生防疫部门、军队防化侦察分队、气象部门等应对事故的危害区域、范围及危害性质，事故影响区域的空气、水体、设备（施）的污染情况进行监测。收集事故发生时的气候、水文和地理资料等。

（5）公众疏散和安置。根据现场指挥部发布的警报和防护措施，指导部分高层住宅居民实施隐蔽；引导必须撤离的群众有秩序地撤至安全区或安置区，组织好特殊人群的疏散安置工作；维护安全区或安置区的秩序和治安。

（6）警戒与治安。对危害区外围的交通通道实行交通管制，阻止事故危害区外的公众进入；指挥、调度撤出危害区的人员和车辆顺利地通过通道，及时疏散交通阻塞；对重要目标实施保护，维护社会治安。

（7）洗消去污。开设洗消点（站），对受污染的人员或设备、器材等进行消毒，组织地面洗消队实施地面消毒，开辟通道或对建筑物表面进行消毒；组成喷雾分队，降低事故区域有毒有害的空气浓度，减小扩散范围。

（8）后勤保障。计划、交通、电力、通信、市政、民政、物资供应等部门应提供应急救援所需的各种设施、设备、物资以及生活、医药等后勤保障。

（9）信息发布。宣传部门、新闻媒体、广播电视等部门负责事故和救援信息的统一发布，及时准确地向公众发布有关保护措施的紧急公告等。

（10）其他。包括参加现场救援的志愿者的协调和指挥，收集同类事故救援训练和演习，检查和评价预案落实状况，检查本地区场外预案与现场预案的接口，调整场外预案等。

课后作业

1. 建筑物的燃烧性能分为哪些？
2. 影响防火间距的因素有哪些？
3. 防烟和排烟方式有哪些？
4. 民用机场违禁品有哪些？
5. 编写机场事故应急救援预案。

任务 5　其他危险场所的防火与防爆

5.1　油　库

1. 油库的火灾爆炸危险性

油库贮存的石油产品如汽油、柴油和煤油等，具有易挥发、易燃烧、易爆炸、易流淌扩散、易受热膨胀、易产生静电以及易产生沸溢或喷溅的火险特性。有的油品如汽油的闪点很低，为 -39 ℃，在天寒地冻的严冬季节仍存在发生燃爆危险，即低温火灾爆炸的危险性。

油库发生着火爆炸的主要原因有：

（1）油桶作业时，使用不防爆的灯具或其他明火照明。

（2）利用钢卷尺量油、铁制工具撞击等碰撞产生火花。

（3）进出油品方法不当或流速过快，或穿着化纤衣服等，产生静电火花。

（4）室外飞火进入油桶或油蒸气集中的场所。

（5）油桶破裂，或装卸违章。

（6）维修前清理不合格而动火检修，或使用铁器工具撞击产生火花。

（7）灌装过量或日光曝晒。

（8）遭受雷击，或库内易燃物、油桶内沉积含硫残留物质的自燃，通风或空调器材不符合安全要求出现火花等。

2. 油库的分类

（1）根据油品火灾危险性的主要标志——闪点，《建筑设计防火规范》（GB 50016—2014）将油品按贮存的要求分甲、乙、丙三类，如表 7-4 所示。

表 7-4　油品贮存分类

规范名称	类别		油品闪点 /℃	举例
建筑设计防火规范	甲		<28	汽油、丙酮、石脑油、苯、甲苯、戊烷等
	乙		28～60	煤油、松节油、溶剂油、丁醚、樟脑油等
	丙		≥60	沥青、蜡、润滑油、机油、重油、闪点>60 ℃的柴油等
石油库设计规范	甲		<28	原油、汽油等
	乙		28～60	喷气燃料、灯用煤油、35 号轻柴油等
	丙	A	60～120	轻柴油、重柴油、20 号重油等
		B	>120	润滑油、100 号重油等

（2）按油库容量的大小分成四级，如表 7-5 所示。

表 7-5 石油库容量分级

等级	总容量/m³
一级	≥50 000
二级	10 000～50 000
三级	2 500～10 000
四级	500～2 500

3. 油库防火与防爆措施

（1）仓库应为耐火材料建造的单层建筑，其耐火等级和建筑面积如表 7-6 所示。油库内的建、构筑物耐火等级如表 7-7 所示。

表 7-6 桶装库房的耐火等级和建筑面积

油品闪点 °C	仓库耐火等级	建筑面积 /m²	防火隔墙间面积 /m²
<28	一、二级	750	250
28（含）～60	一、二级	1 000	—
28（含）～60	三级	500	—
≥60	一、二级	2 100	—
≥60	三级	1 200	—

表 7-7 油库内建、构筑物的耐火等级

建、构筑物名称	油品类别	耐火等级
油库房（棚）、阀室（棚）、灌油间、铁路装卸油品栈桥和暖库	甲、乙	二级
油库房（棚）、阀室（棚）、灌油间、铁路装卸油品栈桥和暖库	丙	三级
桶装油品仓库及敞棚	甲	二级
桶装油品仓库及敞棚	乙、丙	三级
消防泵房、化验室、计量室、仪表间、变配电间、修洗桶间、润滑油再生间、柴油发电机间、铁路装卸油品栈桥、高架罐支座（架）、空压机间、汽车油槽车间、消防车库	—	二级
油浸式电力变压器室	—	一级
机修间、器材库、水泵房、汽车库	—	三级

（2）库内地面应不渗漏油品和用不发火的材料铺设。应有 1% 的坡度，坡向库外集油沟或集油井。

（3）库房面积在 100 m² 以上，贮存汽油等轻质油品，以及面积超过 200 m² 贮存润滑油品的库房，最少要有两个大门，门的宽度不应小于 2.01～2.10 m，并且库内通行道上任一位置到最近的一个大门的距离不大于 30 m（轻质油库）或 50 m（润滑油库）。

（4）库房采用室外布线，库内应采用防爆型灯具和密闭式开关。

（5）库房应有良好的自然通风，通风孔应有防止飞火进入的防护装置。采用机械通风时，通风机壳和叶轮应用不产生火花的有色金属制作。

（6）进入库内不应穿带有金属钉子的鞋，应穿防静电的工作服，严禁穿化纤衣服。库内的操作工具应用铜制或铍铜合金等有色金属制造。工作完毕应切断电源。

（7）为防止油品流散和便于扑救工作，火灾危险性较大的油品堆码层高度应小些。甲类桶装油品堆码高度不应超过两层，乙类及丙类桶装油品不应超过三层，丙 B 类桶装油品不应超过四层。

桶装油品仓库单位建筑面积贮存容量如表 7-8 所示。

表 7-8 桶装油品仓库单位面积贮存容量

堆码层数 /层	单位面积桶数 /（桶/m²）	单位面积容量 /（m³/m²）
一	1.0	0.2
二	1.8～2.0	0.36～0.4
三	2.5	0.5
四	3.0	0.6

（8）油桶灌装油品的数量，应按季节气候情况确定，一般油桶的灌装系数保持在 93%～95%。在不同季节，200 kg 标准油桶的油品灌装量如表 7-9 所示。

表 7-9 桶装油品灌装量　　　　　　　　　　　　　　　单位：kg

油品	夏秋季	春冬季	油品	夏秋季	春冬季
车用汽油	138	140	0 号轻柴油	160	160
工业汽油	140	142	10 号轻柴油	162	162
120 号溶剂汽油	136	138	重柴油	175	175
200 号溶剂汽油	140	142	农用柴油	175	175
煤油	158	158	润滑油	170	170

5.2　天然气长输管道

5.2.1　天然气的火灾爆炸危险性

天然气长输管道输送的介质主要成分为甲烷，其火灾爆炸危险性有三点。

1. 易燃易爆性

甲烷在空气中的爆炸极限为 5%~15%（体积分数），根据《化学品分类和危险品公示 通则》（GB 13690—2009）的描述：甲烷属于易燃气体，与空气混合能形成爆炸性混合物，遇明火、高热会引起燃烧爆炸。根据《石油天然气工程设计防火规范》（GB 50183—2015）中石油天然气火灾危险性分类，天然气火灾危险等级为甲 B 类，爆炸危险组别为 T1、级别为 ⅡA。

2. 热膨胀性

天然气具有一定的热膨胀性，含有天然气的压力容器（管道）遇高热有容器（管道）开裂和爆炸的危险。

3. 易扩散性

天然气的密度比空气小，有良好的扩散性。研究表明，高压天然气管道发生泄漏，空气中天然气 5%浓度边界距泄漏点最远可达数十米，1%浓度边界最远可达上百米。因此,良好的扩散性增大了泄漏后发生火灾或爆炸的危险空间范围,显然危险性随之增大。

5.2.2 天然气长输管道的火灾爆炸特点

1. 扩散燃烧（射流火）

高压管道内的天然气发生泄漏，泄漏的天然气喷射到空气中，在泄漏点上方形成一个天然气浓度向外逐渐降低的高斯烟羽模型状区域。泄漏点天然气的流速可达亚音速甚至超音速，并在远离泄漏点方向上其流速迅速降低。泄漏的天然气扩散到空气中，遇火源发生燃烧，此种燃烧为典型的扩散燃烧。但由于火焰传播速度远低于泄漏点天然气流速，燃烧成喷射状，在管道泄漏点上方一定距离处形成射流火焰，近似成平截头圆锥体状。例如天然气站场放空火炬燃烧，这种燃烧火焰高、强度大、不易扑灭。

2. 动力燃烧（爆炸或者爆轰）

天然气管道或装置一旦失效，发生泄漏，短时间内泄漏的天然气并未遇火源燃烧，而是很快弥漫在管道或工艺装置周围，与空气混合形成爆炸性混合气（处在爆炸极限范围内），一旦遇到点火源，即发生动力燃烧，表现为爆炸或者爆轰。天然气爆炸（轰）波的传播速度可达 1 000~4 000 m/s，形成的初始冲击波面压力可达 100~200 MPa，能对爆炸点周围的建构筑物产生强烈的机械破坏作用，当人员接触峰值压力超过 0.075 MPa 的冲击波时，就会当场死亡。

3. 热伤害效应大

天然气的热值很高，平均达 33 MJ/m^3，燃烧温度可达 2 000 ℃ 以上。大量天然气发生燃烧或者爆炸，短时间内释放大量热量，迅速向外传递，会对燃烧或爆炸点周围一定半径内产生巨大热破坏，造成人员、牲畜、建筑物的伤害。若发生火灾周围存在其他可燃气体、液体管道，可能引发相邻管道的失效破坏。

4. 易引发管网连锁爆炸

当管道内因负压、空气置换不彻底等原因，致使空气混入管道内，与天然气形成了爆炸性混合物，一旦引燃，即可能发生全管段的超压物理性爆炸。在天然气站场内，由于管道连接着各种设备，管道发生火灾，会造成整个系统发生连锁反应，事故迅速蔓延和扩大。

5.2.3 天然气长输管道防火与防爆安全技术措施

火灾预防应坚持"预防为主，防消结合"的方针，坚持消防安全工程要与管道主体工程同时设计、同时建设和同时投入使用的"三同时"原则。天然气管道防火防爆可分为前期预防、初期探测及后期扑救等3个阶段，并渗透到设计、施工建设和运行管理各环节中。

5.2.3.1 前期预防

前期预防即指采用密闭输送方式，并采用本质安全设计消除管道内天然气发生泄漏或者管道内混入空气，生产厂区使用防爆电气设备等措施消除火种，使得天然气的燃烧或爆炸不具备基本条件，从而达到防火防爆的目的。

设计阶段。严格按照《输气管道工程设计规范》（GB 50251—2015）及《石油天然气工程设计防火规范》（GB 50183—2015）等国家标准及行业标准进行管道的强度设计、路由选择、防腐处理、总平面布置及防火防爆和防雷防静电设计等，以达到管道本质安全设计的要求，从设计上避免管道及设备发生破裂失效造成天然气泄漏。

施工建设阶段。施工建设过程极易造成管道本体损伤等现象，给投产运行期间留下隐患，所以施工建设阶段应该严格按照《油气长输管道工程施工及验收规范》（GB 50369—2014）进行施工和验收，保证施工质量。

运行管理阶段。天然气长输管道自投产运行起，其火灾爆炸危险性便随之产生，所以在管道设计和施工的基础上，运行管理阶段在天然气火灾爆炸预防上显得尤为重要。一般天然气长输管道在运行管理阶段主要从7个方面进行预防。

1. 用火作业管理

所谓"用火作业"系指在具有火灾爆炸危险场所内进行的施工过程，如焊接、烘烤、切割、使用非防爆电器等。对用火作业要实行严格管理，采用票证管理、分级审批、气体环境分析、双岗监护及领导带班作业等措施，实行"三不用火"规定（指没有经批准的"用火作业许可证"不用火，防火措施不落实不用火，用火监护人不在现场不用火），严格控制用火作业的风险，从而将天然气火灾爆炸的危险性降到最低。

2. 消防管理

天然气长输管道所有站场均安装设置火灾报警系统，按标准配备灭火器材等消防设施，在大型站场（如压气站）设置消防水系统，实现工艺装置区、生活区消防水、灭火器全覆盖。同时，建立防火档案，设置防火标志，确定火灾危险源（点），实行严格的管理；结合岗位职责，实行防火巡检；定期对职工进行消防安全培训；制定灭火和应急疏散预案，定期组织消防演练等。此外，定期对火灾自动报警系统、消防灭火系统进行日常检查、维护保养和定期检测，以确保消防系统完好。

3. 超限保护

超压、超限运行有可能造成管道、设备等失效，导致天然气泄漏。压力管道、压力容器上均安装压力安全泄放阀，一旦超压便自动泄放；同时通过 SCADA（Supervisory Control And Data Acquisition，数据采集与监视控制）系统实现对压力、温度等参数的实时监测，具备自动联锁保护功能，一旦出现压力、温度异常可采取截断、停机、放空等动作，消除压力、温度超限带来的破坏作用。

4. 设备检维修

天然气站场所用的工业阀门、仪表、压力容器等设备较多，而设备本体及连接处的动、静密封点数量众多，例如一个普通压气站，其动、静密封点可达 5 000~6 000 之多，而所有密封点均有存在天然气泄漏的风险，故加强日常巡检的检漏及定期对设备进行检维修尤为重要。巡检人员随身携带可燃气体报警仪及装有肥皂水的喷壶，对主要设备密封点进行检漏；每年春季及秋季两次对所有设备进行集中检维修和保养，如对所有阀门进行排污、注脂等，有效防止设备外漏。

5. 防雷防静电

按照《石油天然气工程设计防火规范》（GB 50183—2015）等标准要求，在站场、阀室等装置区要加强防雷防静电的防护，可采用埋设接地网、安装接地线等措施，同时按要求每半年进行接地电阻的测试，及时整改不合格点，保证接地保护有效。

6. 防腐及检测

管道防腐主要是采取外防腐层保护和阴极保护相结合的措施。例如：加强恒电位仪等阴保设备的运行管理和管道阴保测试，延缓管道腐蚀速度；通过对全线管道的外防腐层检测及时发现并修补防腐层缺陷点；通过发送漏磁和几何内检测器掌握管道焊接缺陷点、金属损伤缺陷点分布情况，及时采取措施修补，消除管道缺陷带来的天然气泄漏的火灾爆炸的隐患。以上措施可有效延长管道使用寿命，即可降低管道因腐蚀失效造成的天然气泄漏及火灾爆炸的危险性。

7. 线路巡护

由于长输管道线路较长，且存在较多危险因素，如地质灾害、第三方施工、恐怖破坏等，均有可能造成管道破坏而发生天然气火灾爆炸事故，且从行业内事故统计来看，长输天然气管道的火灾爆炸事故多发生在线路上，所以加强管道巡护力度，及时发现并制止威胁管道安全的行为，是管道运行管理的一项必要内容。例如，可建立管理处、巡线队和属地巡线员三级管道巡护机制，执行分段承包制度，并利用 GPS 巡检机等设备来不断提高管道巡护到位率，以保证及时发现和制止威胁管道安全的第三方施工、地质灾害等，以降低管道火灾爆炸的危险性。

5.2.3.2 初期探测

天然气燃烧或爆炸的形成必须具备 3 个条件，即泄漏的天然气、与空气混合形成爆炸混合气、点火源。虽然人们无法左右空气，但点火源可在前期预防中控制并消除，所以此阶段控制的重点就在于泄漏天然气的探测。有时微小的泄漏可能引发较小的火焰，而第一时间探测到小火，并及时扑灭，是抑制火灾扩大甚至爆炸的重要环节。因此，要求天然气的站场、阀室在设计和建设阶段应配备火灾报警系统，安装可燃气体探测报警仪及火焰探测仪，并实现远传和联动；在运行管理阶段，加强对火灾报警系统的维护，定期进行测试，确保其运行良好。

5.2.3.3 后期扑救

泄漏的天然气一旦燃烧或爆炸引发火灾，第一时间控制火势并设法扑灭，将大大减少其造成的损失。因此，火灾扑救的方法是否得当至关重要。由于长输管道天然气的火灾爆炸具有上述特点，决定了管道天然气火灾扑救难度大，且研究起来困难。国内外学者对天然气射流火、井喷火灾及灭火方法进行了大量研究，提出了以下扑救天然气火灾的方法。

1. 细水雾法

通过一些学者的研究发现，细水雾法灭火的机理主要是冷却火焰，应用该原理研制的灭火器材有便携式细水雾灭火器和细水雾灭火车等，并在实际天然气火灾扑救中得到了应用，在控制火势和扑灭火灾上都有一定效果。

2. 水枪交叉灭火法

通过多支水枪对准火焰根部喷射，利用隔绝可燃物与火源的原理达到灭火，此种方法被利用到了气田井喷火灾扑救上，对以射流火形式为主的管道天然气火灾具有指导意义。

5.3　气瓶库

1. 压缩与液化气瓶库

这类气瓶库主要贮存氧气瓶、氢气瓶、氮气瓶、氩气瓶和氦气瓶等压缩气瓶，以及液化石油气瓶、二氧化碳气瓶等液化气瓶。其防火防爆要求和措施如下：

（1）气瓶库应为单层建筑，其耐火等级不低于二级。

（2）装有压缩或液化气体的气瓶库和相邻的生产厂房、公用和居住建筑以及铁路公路之间的安全间距应当符合表 7-10 的规定。

表 7-10　压缩或液化气体气瓶库的安全间距

仓库容量（换算为 40 m³ 的气瓶数）	距离对象	间距/m（≥）
≤500	装有其他气体的气瓶仓库及生产厂房	20
>500，≤1 500	装有其他气体的气瓶仓库及生产厂房	25
>1 500	装有其他气体的气瓶仓库及生产厂房	30
无论仓库的容量多大	住宅	50
无论仓库的容量多大	公共建筑物	100
无论仓库的容量多大	铁路干线	50
无论仓库的容量多大	厂内铁路	10
无论仓库的容量多大	公用公路	15
无论仓库的容量多大	厂内公路	5

（3）库内温度不得超过 35 ℃，可燃易爆气瓶库严禁明火取暖。地板应采用不产生火花的材料（如沥青混凝土），库房高度自地板至垛口不得小于 7.5 m。

贮存气体的爆炸极限 <10% 时，仓库应设置易掀开的轻质顶盖，或设置必要的泄压面积。

（4）气瓶仓库的最大容量不应超过 3 000 瓶，并用耐火墙分隔成若干小间。每间限贮可燃气体 500 瓶，氧气及不燃气体 1 000 瓶。两个小间的中间可开门洞，每间应有单独的出入口。

（5）相互接触后有可能引起燃烧爆炸的气瓶（如石油气、氢气）及油质一类物品，不得与氧气瓶一起存放。如需在同一建筑物内存放时，应以无门、窗、洞的防火墙隔开。存放易燃气体气瓶的库房，如果室内装有电气设备，应采用防爆安全型。

2．溶解气瓶库

溶解气瓶库（以乙炔为例）应注意下列安全要求：

（1）乙炔瓶库与建筑物和屋外变、配电站的防火间距不应小于表 7-11 的规定。乙炔瓶库与铁路、道路的防火间距，库房结构，建筑耐火等级，库内电器装置以及与氧气瓶同库贮存时的安全要求同电石库。

表 7-11　乙炔瓶库与其他建筑物的防火间距　　　　　　　　　单位：m

乙炔实瓶贮量/个	其他建筑耐火等级			与民用建筑，屋外变、配电站的间距
	一、二级	三级	四级	
≤1 500	12	15	20	25
>1 500	15	20	25	30

当气瓶与散热器之间的距离小于 1 m 时，应采取隔热措施，设置遮热板以防止气瓶局部受热。遮热板与气瓶之间，遮热板与散热器之间的距离均不得小于 100 mm。

（2）乙炔瓶库可与氧气瓶库布置在同一建筑物内，但仍需以无门、窗、洞的防火墙隔开。

（3）乙炔瓶库的气瓶总贮量（实瓶或实瓶、空瓶贮量）不应超过 3 000 个，其中应以防火墙分隔，每个隔间的气瓶贮量不应超过 500 个。

（4）乙炔瓶库严禁明火采暖。集中采暖时，其热管道和散热器表面温度不得超过130 ℃，库房的采暖温度应≤10 ℃。

5.4 焊割动火场所

化工、炼油和冶炼等具有高度连续性生产特点的企业，有时还会在高温高压下对容器与管道进行焊接抢修，稍有疏忽就会酿成爆炸、火灾和中毒事故。因此对燃料容器与管道焊补操作采取切实可靠的防爆、防火与防毒技术措施，对安全生产有着重要意义。

5.4.1 发生火灾、爆炸事故的一般原因

燃料容器与管道的焊补，目前主要有置换动火与带压不置换动火两种方法。其发生火灾、爆炸事故的主要原因有以下几种：

（1）焊接动火前对容器内可燃物置换得不彻底，或取样化验及检测数据不准确，或取样检测部位不适当，结果在容器管道内或动火点周围存在着爆炸性混合物。

（2）在焊补操作过程中，动火条件发生了变化。

（3）动火检修的容器未与生产系统隔绝，致使易燃气体或蒸气互相串通，进入动火区域；或是一面动火，一面生产，互不联系，在放料排气时遇到火花。

（4）在尚具有燃烧和爆炸危险的车间、仓库等室内进行焊补检修。

（5）烧焊未经安全处理或未开孔洞的密封容器。

5.4.2 置换动火的安全措施

置换动火就是在焊补前实行严格的惰性介质置换，将原有的可燃物排出，使容器内的可燃物含量降低至不能形成爆炸性混合物，保证焊补操作的安全。

置换动火是人们从长期生产实践中总结出来的经验，是比较安全妥善的方法，在检修动火工作中一直被广泛采用。其缺点是容器需暂停使用。以惰性气体或其他惰性介质进行置换，置换过程中要不断取样分析，直至可燃物含量达到安全要求后才能动火。动火以后在投产前还要再置换。这种方法手续多，耗费时间长，影响生产。此外，如果系统设备的弯头死角和支叉较多，往往不易置换干净而留下隐患。为确保安全，必须采取下列安全技术措施，才能有效地防止爆炸着火事故的发生。

1. 安全隔离

燃料容器与管道停止工作后，通常是采用盲板将与之连接的出入管路截断，使焊补的容器、管道与生产部分完全隔离。为了有效地防止爆炸事故的发生，盲板除必须保证严密不漏气外，还应保证能耐管路的工作压力，避免盲板受压破裂。为此，在盲板与阀门之间应加设放空管或压力表，并派专人看守，否则应将管路拆卸一节。有些短时间的动火检修工作可用水封切断气源，但必须有专人在场看守水封溢流管的溢流情况，防止

水封失效。

安全隔离的另一种措施是在厂区和车间内划固定动火区。凡可拆卸并有条件移动到固定动火区焊补的物件，必须移至固定动火区内进行，从而尽可能减少在车间和厂房内的动火工作。固定动火区必须符合下列防火与防爆要求：

（1）无可燃物管道和设备，并且其周围距易燃易爆设备、管道 10 m 以上。

（2）室内的固定动火区与防爆的生产现场要隔离开，不能有门窗、地沟等串通。

（3）在正常放空或一旦发生事故时，可燃气体或蒸气不能扩散到固定动火区。

（4）要常备足够数量的灭火工具和设备。

（5）固定动火区内禁止使用各种易燃物质，如易挥发的清洗油、汽油等。

（6）周围要划定界线，并有"动火区"字样的安全标志。

（7）在未采取可靠的安全隔离措施之前，不得动火焊补检修。

2. 严格控制可燃物含量

焊补前，通常采用蒸气蒸煮，接着用惰性介质吹净等方法将容器内部的可燃物质和有毒性物质置换排出。常用的置换介质有氮气、二氧化碳、水蒸气或水等。

在置换过程中要不断地取样分析，严格控制容器内的可燃物含量达到合格量，以保证符合安全要求，这是置换动火焊补防爆的关键。在可燃容器外焊补，操作者不进入容器，容器内部的可燃物含量不得超过爆炸下限的 1/5；如果确需进入容器内操作，除保证可燃物不得超过上述的含量外，由于置换后的容器内部是缺氧环境，所以还应保证含氧量为 18%～21%，毒物含量应符合《工业企业设计卫生标准》的规定。

未经置换处理，或虽已置换而分析化验气体成分尚未合格的燃料容器，均不得随意动火焊补。

3. 容器清洗的安全要求

置换作业后，容器的里外都必须仔细清洗，特别应当注意有些可燃易爆物质被吸附在容器内表面的积垢或外表面的保温材料中，由于温差和压力变化的影响，置换后也还会陆续散发出来，导致焊补操作中容器内可燃气浓度发生变化，形成爆炸性混合物而发生爆炸着火事故。

4. 空气分析和监视

在置换作业过程中和检修动火开始前 0.5 h 内，必须从容器内外的不同地点取混合气样品进行化验分析，检查合格后才可开始动火焊补。而且在动火过程中，还要用仪表监视。除了可能从保温材料中陆续散发出可燃气体外，有时虽经清水或碱水清洗过，焊补时也会爆炸。这往往是由于焊接的热量把底脚泥或桶底卷缝中的残油赶出来，蒸发成可燃蒸气而爆炸。所以焊补过程中需要继续用仪表监视，发现可燃气浓度上升到危险浓度时，要立即暂停动火，再次清洗直到合格为止。

5. 打开容器

动火焊补时应打开容器的人孔、手孔、清洗孔和放散管等。严禁焊补未开孔洞的密封容器。进入容器内动火气焊时,点燃和熄灭焊枪的操作均应在设备外部进行,防止过多的乙炔气聚集在设备内。

6. 安全组织措施

(1)在检修动火前必须制定计划,计划中应包括进行检修动火作业的程序、安全措施和施工方案。施工前应与生产人员和救护人员联系,并应通知厂内消防队。

(2)在工作地点周围 10 m 内应停止其他用火工作,并将易燃物品移到安全场所,电焊机的二次回路线及气焊设备的乙炔胶管要远离易燃物,防止操作时因线路发生火灾或乙炔胶管漏气而起火。

(3)检修动火前除应准备必要的材料、工具外,还必须准备好消防器材。在黑暗处或在夜间工作,应有足够的照明,并准备好带有防护罩的手提低电压(12 V)灯等。

5.4.3　带压不置换动火的安全措施

带压不置换动火,目前在燃料油和燃料气容器、管道的焊补中都有采用。主要是严格控制氧含量,使可燃气体浓度大大超过爆炸上限,从而不能形成爆炸性混合物;并且在正压条件下让可燃气以稳定不变的速度,从容器的裂缝向外扩散逸出,与周围空气形成一个燃烧系统,并点燃可燃气体。只要以稳定条件保持这个扩散燃烧系统,即可保证焊补工作的安全。

带压不置换法不需要置换容器原有的气体,有时可以在不停车的情况下进行(如焊补气柜),需要处理的手续少,作业时间短,有利于生产。但是它的应用有一定局限性,只能在容器外面动火,而且需在连续保持一定正压的条件下进行。没有正压就不适用,因为无法肯定容器内是否为负压、有无进入空气等,而且在这种情况下取样分析也不可能准确反映系统的气体成分。

5.5　服装厂

服装厂生产过程的火灾危害性部位主要来自:生产设备的打火、原料的选择、整烫及其他工艺流程中火源电源的管理等。可以说,做好重点部位的防火工作,整个安全生产工作就有了保障。

1. 建筑防火要求

(1)服装生产属丙类生产。厂房的耐火等级、防火间距等应按丙类生产设计。

(2)生产厂房、原料、半成品、成品库和生产区,应分别布置,不应混连或并为一系。

(3)厂房及库房内要设良好的通风装置。库房内应经常保持阴凉干燥,防止物资蓄热自燃。厂房内要保持较高的相对湿度,以防止废絮、线绒、布屑等飞扬。

2. 设备防火要求

(1)机台布置要合理,横向相隔两行,纵向相隔十排,即需留出不少于 2 m 宽的纵横相连的通道，四周要留出不少于 1.2 m 宽的墙距，不能在通道上和墙距里堆码原料或成品。

（2）生产车间和储存原料及成品的仓库内禁止一切明火。

（3）车间、库房内的电气设备宜采用防潮封闭型的，要加防护外罩。总开关应设在车间、库房的门外。进入车间、库房的动力、照明电线束或电缆束，应穿套软塑管或硬塑管，电气设备要有良好的保护接地或接零。

（4）电气和机械设备要加强维修，定期检修，使用额定功率，保障正常运行。高速转动的轴、轮等部位要定期按时注入润滑剂。

（5）各种型号的烫熨设备和电熨斗，应有温度调节自控装置，熨斗通电时应有显示的标志。熨斗暂停使用时，要放在用非可燃材料制成的托架上。烫熨结束后必须指定专人及时断开电源，将熨斗全部收存在金属铁皮箱内，并在下班后由专人负责进行认真检查。

3. 加强防火安全管理

（1）对棉、布、绒毛等原料，要认真进行加工前的检验，防止把硝、磷、火柴、铁屑、砂粉等杂物带入加工工序。

（2）建立与健全岗位防火责任制，并及时清除废絮、布屑等杂物。

（3）对长期堆放的棉花，为防止其受潮蓄热自燃，要注意经常检查棉堆内部的温度，如遇温度升高，应翻垛散热。

（4）设置与生产情况相适应的消防装置和灭火器材。棉花堆垛着火时，要用泡沫液、直流水等对棉花有渗透性的灭火剂扑灭，并在灭火后仔细检查堆垛内部深处有无持续阴燃的现象。

（5）服装生产中的新工艺、新材料、新设备、新技术应用，推动了服装业的发展，但必须制定相应的防火措施（如整烫机、黏合机等使用中的防火措施）；要注意太空棉、防燃服等生产工艺中的防火问题，同时注意工艺生产中新能源的应用随之产生的特殊防火要求。

1. 油库的防火防爆安全技术措施有哪些？
2. 天然气长输管道防火防爆安全技术措施有哪些？
3. 气瓶库的防火防爆安全技术措施有哪些？
4. 焊割动火场所发生火灾、爆炸事故的一般原因有哪些？

 典型案例

典型案例事故分析（七）

模块 8

消防安全综合实训项目

本模块主要内容是围绕着防火与防爆技术中核心技能设定的实训项目，包括可燃性液体闪点的测定、常见消防设施器材使用、安全疏散规划与演练以及自动喷水灭火系统，通过专项实训，学习者可加深对火灾爆炸知识理解，提升火灾爆炸控制措施能力。

实训 1　可燃性液体闪点的测定

1.1　实训目的

（1）通过实验直观认识可燃液体的闪点。
（2）明确闪点的实用意义，重点是闪点对可燃液体火灾的重要意义。
（3）掌握实验测量的原理和用开口杯、闭口杯测量闪点的方法。
（4）熟练使用开（闭）口闪点全自动测量仪测量液体的开（闭）口闪点，并掌握混合液体的闪点的变化规律。

1.2　实训原理

1. 闪燃和闪点

研究可燃液体火灾危险性时，闪燃是必须掌握的一种燃烧类型。闪燃，是指可燃液体遇火源后，在其表面上产生的一闪即灭（少于 5 s）的燃烧现象。闪燃是可燃液体着火的前奏，是火险的警告。在规定的实验条件下，可燃液体表面能产生闪燃的最低温度，即为闪点。闪点是衡量可燃液体火灾危险性的重要依据。闪点越低，液体火灾危险性越高。闪点是可燃液体火灾危险性的分类、分级标准：

甲类危险可燃液体：闪点<28 ℃。

乙类危险可燃液体：28 ℃≤闪点<60 ℃。

丙类危险可燃液体：闪点≥60 ℃。

油品根据闪点划分，在 45 ℃ 以下叫易燃品；45 ℃ 以上的为可燃品。在储存使用中禁止将油品加热到它的闪点，加热的最高温度，一般应低于闪点 20～30 ℃。根据可燃液体的闪点，确定其火灾危险性后，可以相继确定安全生产措施和灭火剂供给强度的选择。

2. 开口闪点和闭口闪点

同一种物质，开口闪点总比闭口闪点高，因为开口闪点测定器所产生的蒸气能自由地扩散到空气中，相对不易达到闪燃的温度。通常开口闪点要比闭口闪点高 20～30 ℃。

3. 混合液体的闪点

纯组分可燃液体的闪点可以通过查阅文献资料来获得。但是随着化学工业的不断发展及化工产品的多样化，许多行业在实际生产中却常常大量使用混合可燃液体，如油漆、涂料、冶金、精细化工、制药等。这些行业场所的危险等级都取决于混合液体的闪点，而混合液体的闪点随组成、配比的不同而变化，很难从文献上查得。需要实际测量混合闪点，为研究其变化规律提供依据。重质油使用过程中，即使混入少量轻组分油品，闪点也会降低。

可燃液体与可燃液体混合后的闪点，一般低于各组分闪点的算术平均值，并接近于含量大的组分的闪点。可燃液体与不可燃液体混合后的闪点，闪点随不可燃液体含量的增加而升高，当不可燃液体含量超过一定值后，混合液体不再发生闪燃。

1.3 实训装置和实验器材

该实训项目主要的实训装置和实验器材包括 VKK3000 型开口闪点全自动测定仪和 VBK3001 型闭口闪点全自动测定仪。其工作原理如下：

（1）VKK3000 型开口闪点全自动测定仪按照《石油产品闪点和燃点的测定 克利夫兰开口杯法》(GB/T 3536—2008)、《石油产品闪点与燃点测定法（开口杯法）》(GB 267—88)规定的升温曲线，由 CPU 控制加热器对样品加热，蓝色 LED 显示器显示状态、温度、设定值等，在样品温度接近设定的闪点值时（低于设定值 10 ℃），CPU 控制电点火系统自动点火，自动划扫。在出现闪点时仪器自动锁定闪点值，同时自动对加热器进行风冷。

（2）VBK3001 型闭口闪点全自动测定仪按照《石油产品闪点与燃点测定法（闭口杯法）》(GB/T 261—83) 规定的升温曲线加热，气点火时在温度接近闪点值时微机控制气路系统自动打开气阀、自动点火，当出现闪点时，仪器自动锁定显示，打印结果，同时自动对加热器进行冷却。电点火时无需使用气源和气路系统。

该实验还需要实验器材包括：机械油、煤油等可燃液体以及烧杯、量筒、搅拌棒、清洗布等。

1.4 实训步骤

（1）开机准备，检查所有连接是否正确无误，然后打开电源开关。

（2）接通电源后，仪器测试头自动抬起，按显示器提示进行设定。

（3）首先进入"方法选择"，具体要求根据标准 GB 267—88、GB/T 261—83 和预测试进行选择。

（4）"预置温度"设定，按"△"或"▽"键设定温度，完毕后按"确认"键返回主菜单。

（5）日期设定、大气压设定、打印设置等都按"△"或"▽"键设定，选择设置好后，按"确认"键回主菜单。

（6）混合液配比：选取两种样品，配置三种以上不同比例的混合液。分别测定其闪点。

（7）将样品杯用石油醚或汽油清洗干净，把样品倒入到杯中至刻度线，将其放入仪器加热桶内。在主菜单中选择"测试闪点"并按"确认"键，测试头自动落下，测试开始。

（8）当出现闪点时，测试头自动抬起锁定显示、报警，并打印结果。如果在测试中需要终止实验，可按两次"确认"键，即结束实验。

（9）当样品温度预置过低或样品温度过高时会自动结束实验，并在"状态"栏中显示"预置过低"或"样温过高"。当样品试验温度超过预置温度 50 ℃ 未发生闪点时，仪器会自动终止实验。

（10）测试完毕，待仪器冷却后，更换样品，按"确认"键进行第二次测试。如需更改仪器设置，可按"△"或"▽"键，返回主菜单进行更改。

1.5 实训数据记录与结果处理

（1）记录两种纯样品，以及配置的混合液的开口闪点和闭口闪点。
（2）比较纯样品和混合样品闪点，作出曲线图，得出变化规律。
（3）在表 8-1 中记录实训数据。

表 8-1　实训数据

序号	预置温度 /℃	煤油体积分数（%）	机油体积分数（%）	开口闪点值/℃	闭口闪点值/℃
1	170	0	100		
2	80	20	80		
3	70	50	50		
4	60	80	20		
5	50	100	0		

注：气压：101.3 kPa；方法：GB 267—88、GB/T 261—83

1.6 注意事项

（1）仪器因有点火装置，须在通风橱内操作（不要开风机），防止外部气流造成测试误差。
（2）温度传感器由玻璃制成，使用时不要与其他物体相碰。
（3）每次换样品都要将样品杯清洗干净，加热桶内不要有其他物体放入，否则将无法进行实验。
（4）测试头部分为机械自动传动，切勿用手强制动作，否则将造成机械损伤。
（5）当仪器不能正常工作时，应及时与指导教师联系。

思考题

1. 理解闪燃、闪点的概念和测量闪点的意义。
2. 理解开口闪点和闭口闪点的区别和联系。
3. 找出混合液体开（闭）口闪点的变化规律。

实训 2　常见消防设施器材使用

2.1　实训目的

（1）掌握常见灭火器的使用方法。
（2）了解消火栓的工作过程和使用方法。
（3）掌握正压式呼吸器的使用方法。

2.2　实训内容

2.2.1　灭火器

2.2.1.1　手提式干粉灭火器

1. 使用方法

手提式干粉灭火器使用时，应手提灭火器的提把，迅速赶到火场，在距离起火点 5 m 左右处，放下灭火器。使用前先把灭火器上下颠倒几次，使筒内干粉松动。使用时应先拔下保险销，如有喷射软管的需一只手握住其喷嘴（没有软管的，可扶住灭火器的底部），另一只手提起灭火器并用力按下压把，干粉便会从喷嘴喷射出来。

干粉灭火器扑救可燃、易燃液体火灾时，应对准火焰根部扫射，如果被扑救的液体火灾呈流淌燃烧时，应对准火焰根部由近而远，并左右扫射，快速推进直至把火焰全部扑灭。

干粉灭火器扑救固体可燃物火灾时，应对准燃烧最猛烈处喷射，并上下、左右扫射，如条件许可，操作者可提着灭火器沿着燃烧物的四周边走边喷，使干粉灭火剂均匀地喷在燃烧物的表面上，直至将火焰全部扑灭。

2. 注意事项

（1）在室外使用时注意占据上风方向。
（2）干粉灭火器在喷射过程中应始终保持直立状态，不能横卧或颠倒使用，否则不能喷粉。
（3）在扑救容器内可燃液体火灾时，应注意不能将喷嘴直接对准液面喷射，防止射流的冲击力使可燃液体溅出而扩大火势，造成灭火困难。

2.2.1.2　手提式二氧化碳灭火器的使用方法

使用时，可手提或肩扛灭火器迅速赶到火灾现场，在距燃烧物 5 m 左右处放下灭火器。灭火时一手扳转喷射弯管，如有喷射软管的应提住喷筒根部的木手柄，并将喷嘴对准火源，另一只手提起灭火器并压下压把，液态的二氧化碳在高压作用下立即喷出且迅速气化。

2.2.2 消火栓

1. 室内消火栓的操作方法

发生火灾时,应迅速打开消火栓箱门,紧急时可将玻璃门击碎。按下控制按钮,启动消防栓,取出水枪,拉出水带,同时把水带接口一端与消火栓栓口连接,另一端与水枪连接,在地面上拉直水带,把室内栓手轮顺开启方向旋开,同时双手紧握水枪,喷水灭火。

灭火完毕后,关闭室内栓及所有阀门,将水带冲洗干净,置于阴凉干燥处晾干后,按原水带安置方式放在栓箱内。

2. 室外消火栓的操作方法

(1)将消防水带铺开。

(2)将水枪与水带快速连接。

(3)连接水带与室外消火栓。用室外消火栓专用扳手逆时针旋转,把螺杆旋到最大位置,打开消火栓。

3. 注意事项

(1)室外消火栓使用完毕后,打开排水阀,将消火栓内的积水排出,以免结冰将消火栓损坏。

(2)DN100、DN150出水口专供灭火消防车吸水用。DN65出水口供连接水带后放水灭火用。当使用DN100、DN150出水口时,必须将两DN65的出水口关闭。同理,使用DN65出口时,必须将不用的出水口关紧,防止漏水,以免影响水流压力。

2.2.3 正压式空气呼吸器

空气呼吸器是消防及抢险救护工作时必备的安全防护设备,其使用需要按照规范程序进行,才能够保障消防抢险工作的安全性。呼吸器在使用前应做好以下准备:

(1)检查空气呼吸器各组部件是否齐全,无缺损,接头、管路、阀体连接是否完好。

(2)检查空气呼吸器供气系统气密性和气源压力数值。

(3)关闭供气阀的旁路阀和供气阀门,然后打开瓶阀开关,将全面罩正确地戴在头部深吸一口气,供气阀的阀门应能自动开启并供气。

(4)检查气瓶是否固定牢固。

使用时需按照以下方法进行:

1. 佩戴呼吸器

从包装箱中取出呼吸器,检查系统的完整性;检查气瓶压力,观察瓶阀上压力表的读数。如果配备的是不带表瓶阀或自锁瓶阀的呼吸器,则打开瓶阀,观察呼吸器具上高压表的读数;使气瓶的平地靠近自己,气瓶有压力表的一端向外,让背带的左右肩带套在两手之间，两手握住背板的左右把手，将呼吸器举过头顶，两手向后向下弯曲，将呼吸器落下，使左右肩带落在肩膀上。拉下肩带使呼吸器处于合适的高度，也不需要调得过高，只要感觉舒服即可；插好胸带。插好腰带，向前收紧调整松紧至合适。

2. 检查报警哨的报警性能

确保供气阀是关闭的；打开气瓶阀约半圈，观察压力表，待压力稳定后关闭气瓶阀；报警性能检查：用左手的手心将供气阀的出口堵住，留一小缝，右手轻压供气阀的排气按钮慢慢排气，观察压力表的变化，当压力下降到约 6.5 MPa 时，应减小排气量，注意观察压力表，同时注意报警哨声响，报警哨应在（5.5±0.5） MPa 之间发出声响；检查好报警性能后，打开气瓶阀至少两圈。

3. 佩戴面罩并检查佩戴气密性

拿出面罩，将面罩的头带放松；将面罩的颈带挂在脖子上；套上面罩，使下颌放入面罩的下颌承口中；拉上头带，使头带的中心处于头顶中心位置；拉紧下面两根头带至合适松紧，注意拉紧方向应向后；拉紧中间两根头带至合适松紧；拉紧上部一根头带至合适松紧；检查佩戴的气密性：用手心将面罩的进气口堵住，深吸一口气，如感到面罩有向脸部吸紧的现象，且面罩内无任何气流流动，说明面罩和脸部是密封的。

4. 连接供气阀，进入工作现场

将供气阀的出气口对准面罩的进气口插入面罩中，听到轻轻一声卡响表示供气阀和面罩已连接好；深吸一口气将供气阀打开；呼吸几次，无感觉不适，就可以进入工作场所；工作时注意压力表的变化，如压力下降至报警哨发出声响，必须立即撤回到安全场所。

5. 脱卸呼吸器

工作完后，回到安全场所。① 脱开供气阀：吸一口气并屏住呼吸，按供气阀的红色按钮关闭供气阀，右手握住供气阀并使阀体在手心中，大拇指、食指和中指握住供气瓶的手轮使其转动一角度，拉动供气阀脱离面罩。② 卸下面罩：用食指向外拨动面罩头带上的不锈钢带扣使头带松开，抓住面罩上的进气口向外拉脱开面罩，取下并放好面罩。③ 卸下呼吸器：大拇指插入腰带扣里面向外拨插头的舌头脱开腰带扣；脱开胸带扣；向外拨动肩带上的带扣脱开肩带；抓住肩带卸下呼吸器。④ 关闭气瓶阀：按供气阀上保护罩绿色按钮，将系统内的余气排尽，否则不能脱开气瓶和减压器。

6. 气瓶的安装、拆卸

安装气瓶：将气瓶塞到背板的气瓶带中使气瓶和背板竖直；将气瓶阀出口中心和减压器手轮中心对准；旋转手轮，将减压器和气瓶连接上。

气瓶的拆卸：观察压力表，确保系统内无压力扳动气瓶带上的扳手松开气瓶带旋转减压器上的手轮，脱开气瓶。

实训 3　安全疏散规划与演练

火灾时，被困人员有烟气中毒、窒息以及被热辐射、热气流烧伤的危险，或人们虽然未受到火的直接威胁，但处于惊慌失措的紧张状态（如影剧院、医院等公共场所发生火灾），有造成伤亡事故的危险，这都要求合理迅速地组织疏散，撤离火灾现场。建筑的安全疏散设计是否符合国家规范标准是能否安全撤离出火场的重中之重。通过本次实训，使学生加深对安全疏散相关知识的综合理解，掌握安全疏散设计的标准及要求。

3.1　实训目的

（1）掌握常见安全疏散设施设置要求。
（2）掌握安全疏散基本参数。
（3）能够运用安全疏散相关知识进行建筑安全疏散设计。

3.2　实训内容

通过查阅规范、搜索知网、图书馆等，对建筑的某一层进行平面调研。要求学生按寝室分组，对建筑的某一层进行安全疏散检验，包括安全出口宽度和安全疏散距离的检验，最终以 PPT 或 WORD 的形式讲解，包括如下内容：
（1）建筑概况简介。
（2）安全出口宽度计算。计算结果与现场测量的安全出口的实际宽度进行对比；检验结果是否满足在允许疏散时间范围内。
（3）安全疏散距离验证。现场测量该层建筑某一房间疏散门与最近的安全出口的距离，然后与规范规定进行对比，检验是否符合要求。
（4）得出结论。

3.3　报告撰写

（1）实训结束后，每个学生应提交实训作业。
（2）指导教师根据学生的实训作业、学生在实训过程中的态度以及遵守纪律情况等对学生的实习进行综合评价。

实训 4　自动喷水灭火系统

自动喷水灭火系统实训装置是依据《自动喷水灭火系统设计规范》相关标准设计的，该系统具有喷水灭火系统典型结构，能够完成火灾探测、火灾报警、现场灭火等演示性实训项目，同时还能清楚地展示喷淋灭火系统的典型设备构成和系统工作原理，通过该装置的操作学习，学生可以对楼宇中喷水灭火系统的结构有一个全面的了解，掌握建筑物内部主要灭火设备的应用，熟悉楼宇中湿式报警阀、水流指示器、压力开关等灭火设备的结构和原理，熟悉灭火系统的控制原理和工作过程。

4.1　实训目的

（1）认识自动喷水灭火系统的组成及各元件的外形和作用。
（2）掌握自动喷水灭火系统实训装置的基本操作过程。
（3）了解自动喷淋灭火系统各设备的工作原理，以及其在系统中起的作用。

4.2　实训内容

自动喷水灭火系统实训装置为湿式喷水灭火系统，构成该系统的主要部件有：喷淋水泵、湿式报警阀、水力警铃、延迟器、压力开关、水流指示器、闭式洒水喷头、试验阀、火灾探测器、火灾报警器等设备。

4.2.1　自动喷水灭火系统区域划分

1. 灭火区

灭火区为两个区域结构设计，用于模拟建筑物内部的两个房间，靠近水泵房的为第一区域，模拟超市为第二区域。第一区域设有 1 个水流指示器、1 个试验阀、1 个玻璃球自动洒水喷头；第二区域设有 1 个感烟探测器、1 个感温探测器、1 个水流指示器、1 个玻璃球自动洒水喷头。

请在对象装置上找到相应的设备，熟悉其外观结构和安装位置。

2. 泵房区

请在对象装置上找到相应的设备，熟悉其外观结构和安装位置。

3. 控制区

控制区主要是湿式报警阀组，其中包含了湿式报警阀、信号蝶阀、延迟器、水力警铃、压力开关和位于上、下腔的两个压力表。请在对象装置上找到相应的设备，熟悉其外观结构和安装位置。

4.2.2 自动喷水灭火系统的组成

1. 消防喷淋水泵

消防喷淋泵是对满足自动喷水灭火系统流量与压力的专用泵。

2. 湿式报警阀

湿式报警阀是一种只允许水单向流入喷水系统并在规定流量下报警的一种单向阀（见图 8-1）。

图 8-1　湿式报警阀

3. 水力警铃

水力警铃是一种全天候的水压驱动机械式警铃，能在喷淋系统动作时发出持续警报（见图 8-2）。

工作原理：水力警铃是由水流驱动发出声响的报警装置，通常作为自动喷水灭火系统的报警阀配套装置。水力警铃由警铃、击铃锤、转动轴、水轮机及输水管等组成。当自动喷水灭火系统的任一喷头动作或试验阀开启后，系统报警阀自动打开，则有一小股水流通过输水管，冲击水轮机转动，使击铃锤不断冲击警铃，发出连续不断的报警声响。

图 8-2　水力警铃

4. 延迟器

延迟器是一种储罐式容器，安装在湿式报警阀与水力警铃之间，防止产生误报警（见图 8-3）。

图 8-3 延迟器

5. 压力开关

压力开关是一种简单的压力控制装置（见图 8-4），当被测压力达到额定值时，压力开关可发出警报或控制信号。压力开关的工作原理是：当被测压力超过额定值时，弹性元件的自由端产生位移，直接或经过比较后推动开关元件，改变开关元件的通断状态，达到控制被测压力的目的。

图 8-4 压力开关

6. 水流指示器

水流指示器是装设在一个受保护区域喷淋管道上，用于监视水流动作。如果发生火灾，喷淋头受高温而爆裂，这时管道水会流向爆裂的喷淋头，流动的水力就会推动水流指示器动作（也是一个橡胶叶片置入管道中）。水流指示器是起水流监视作用，不联动其他设备。

7. 闭式喷头

闭式喷头（见图 8-5）用于消防喷淋系统，当发生火灾时，水通过喷淋头溅水盘洒出进行灭火，目前分为下垂型洒水喷头、直立型洒水喷头、普通型洒水喷头、边墙型洒水喷头等。

图 8-5 闭式喷头

8. 试验阀

试验阀也叫末端试水装置,是安装在系统管网或分区管网的末端,检验系统启动、报警及联动等功能的装置(见图 8-6)。

图 8-6 试验阀

9. 声光报警器

声光报警器(又叫作声光警号)是一种用在危险场所,通过声音和各种光来向人们发出示警信号的一种报警信号装置。当生产现场发生事故或火灾等紧急情况时,火灾报警控制器送来的控制信号启动声光报警电路,发出声和光报警信号,完成报警目的。也可同手动报警按钮配合使用,达到简单的声、光报警目的。

4.3 注意事项

(1)在启动系统前一定要按照上面的方法依次检查系统的工作状态,保证系统启、停正常,同时水泵是正方向运转。

(2)要严格按照实训步骤操作,否则可能造成水泵等关键设备的损坏。

(3)为保证人身安全,请将该装置外壳可靠接地。

参考文献

[1] 张宏宇. 工业企业消防安全[M]. 北京：化学工业出版社，2019.

[2] 姜琴，施鹏飞. 防火防爆技术与应用[M]. 南京：南京大学出版社，2022.

[3] 龚志刚. 建筑防火设计理论与实践[M]. 武汉：华中科技大学出版社，2024.

[4] 张格梁. 建筑防火设计指南[M]. 北京：中国建筑工业出版社，2023.

[5] 张艳艳，孙辉，陈晨[M]. 成都：西南交通大学出版社，2019.